W0045140

Anne M. Schüller / Alex T. Steffen
Die Orbit-Organisation

Anne M. Schüller · Alex T. Steffen

DIE ORBIT-ORGANISATION

In 9 Schritten zum Unternehmensmodell
für die digitale Zukunft

Externe Links wurden bis zum Zeitpunkt der Drucklegung des Buches geprüft.
Auf etwaige Änderungen zu einem späteren Zeitpunkt hat der Verlag keinen Einfluss.
Eine Haftung des Verlags ist daher ausgeschlossen.

Bibliografische Information der Deutschen Nationalbibliothek

Die Deutsche Nationalbibliothek verzeichnet diese Publikation
in der Deutschen Nationalbibliografie; detaillierte bibliografische Daten
sind im Internet über http://dnb.d-nb.de abrufbar.

ISBN 978-3-86936-899-3

Lektorat: Eva Gößwein, Berlin | www.textstudio-goesswein.de
Umschlaggestaltung: Martin Zech Design, Bremen | www.martinzech.de
Grafik des Orbit-Modells: Reisserdesign
Weitere Grafiken: Anne M. Schüller / Alex T. Steffen
Autorenfoto Anne M. Schüller: privat
Autorenfoto Alex T. Steffen: Danylo Torbovskyi
Satz und Layout: Das Herstellungsbüro, Hamburg | www.buch-herstellungsbuero.de
Druck und Bindung: Salzland Druck, Staßfurt

2. Auflage 2019
© 2019 GABAL Verlag GmbH, Offenbach

Alle Rechte vorbehalten. Vervielfältigung, auch auszugsweise,
nur mit schriftlicher Genehmigung des Verlags.

Printed in Germany

www.gabal-verlag.de
www.facebook.com/Gabalbuecher
www.twitter.com/gabalbuecher

Inhaltsverzeichnis

Das Orbit-Modell

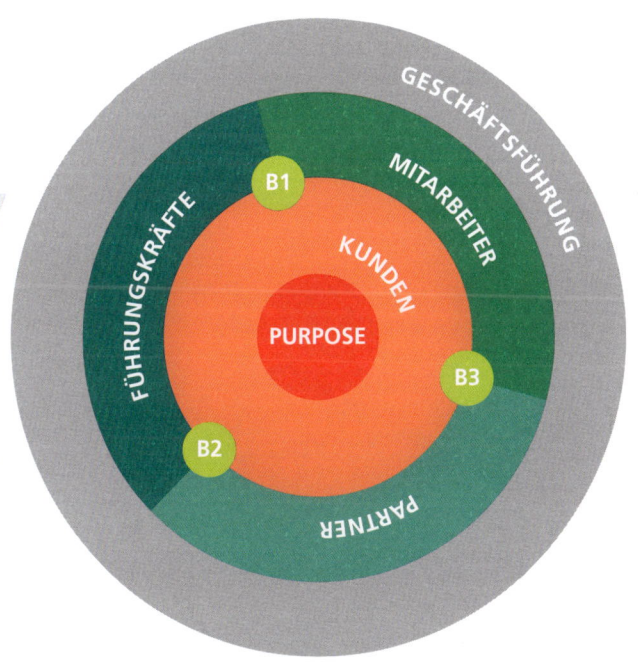

B1 Kundenfokussierte Brückenbauer
B2 Mitarbeiterfokussierte Brückenbauer
B3 Empfehler / Influencer als Brückenbauer

Intro: Neue Zeiten brauchen ein neues Organisationsmodell

Willkommen in der Zukunft. Die Zeitenwende ist da. Menschen, humanoide Roboter und künstliche Intelligenzen bewegen sich mit beeindruckendem Tempo aufeinander zu. Gemeinsam sind wir auf dem Weg in eine Zeit, in der alles anders sein wird als jemals zuvor. Gemeinsam sind wir auch verantwortlich dafür, dass dieser Weg ein guter wird: für den Lebensalltag der Menschen, für das eigene Unternehmen, für die Wirtschaft als Ganzes, für die Gesellschaft. Und die Weichen dafür stellen sich *jetzt*.

Eines ist dabei klar: Der Fortschritt lässt sich nicht am Fortschreiten hindern. Die Innovationen werden sich überschlagen. Sie kommen urplötzlich und oft aus ganz anderen Ecken als erwartet. Nichts ist mehr auf Jahre hinaus planbar. Permanente Umbrüche sind völlig normal. Von nun an wird man sich aufmachen müssen, ohne den genauen Weg schon zu kennen. »Dem Gehenden legt sich der Weg unter die Füße«, heißt es so schön.

Dies hat fundamentale Auswirkungen auf das organisationale Design eines Unternehmens. Adaptiv, antizipativ und agil muss es sein. Alle Welt redet davon, dass traditionelle Unternehmen sich nicht schnell genug digitalisieren und welche Folgen das haben wird. Doch in Wirklichkeit geht es gar nicht um die Digitalisierung per se, sondern um die bahnbrechend neuen Geschäftsideen, die durch sie ermöglicht werden. Und dazu braucht es eine passende organisationale Struktur. Digitale Expertise kann zugekauft werden. Anpassungsvermögen und Um-

> Nichts ist mehr planbar, permanente Umbrüche werden zur Normalität.

setzungsgeschwindigkeit hingegen lassen sich nur von innen heraus entwickeln. Dies erfordert zweierlei: eine Erneuerung der internen Strukturen *und* ein Vorrücken der zwischenmenschlichen Beziehungsarbeit. Denn das Konzeptionelle verknüpft sich immer mit dem Sozialen.

Künstliche Intelligenz kann die Kraft zwischenmenschlicher Beziehungen niemals ersetzen, sondern nur unterstützen. Je höher der Digitalisierungsgrad in einem Unternehmen, desto mehr Aufmerksamkeit braucht der Mensch. Hemmschwellen sinken in der Anonymität. Je mehr Fakes also im Web ihr Unwesen treiben, desto kostbarer wird Face-to-Face. Augenkontakt verändert das Verhalten der Menschen zum Guten. Viel anfänglich Begeisterndes aus dem digitalen Paralleluniversum gehört inzwischen eh schon so sehr zum Alltag, dass es wie selbstverständlich in den Hintergrund rückt. Lebensqualität schiebt sich fröhlich nach vorn. Dabei wird das Beste aus beiden Welten, also das Reale mit dem Virtuellen, nach Lust und Laune gemixt. Genau das müssen auch die Anbieter tun. Eine humanorientierte Digitalökonomie ist die Antwort.

Eine humanorientierte Digitalökonomie vereint das Beste aus zwei Welten: Menschlichkeit und Technologie.

Anbieter, die weit vorne spielen, haben zudem verstanden, dass allein die Kunden darüber entscheiden, welche Produkte und Lösungen ihr Geld wert sind – und welche nicht. »Wir müssen mit einem Kundenerlebnis beginnen und uns dann zurückarbeiten zur Technologie«, hat Steve Jobs den Unternehmen schon vor Jahren ins Stammbuch geschrieben. Wer durchstarten will, muss sich radikal auf die Seite des Kunden stellen. Alles, was nicht dem direkten Kundenwohl dient, muss konsequent abgebaut werden. Customer-Obsession[1], also eine Obsession für Kundenbelange, ist bei den neuen Überfliegern der Wirtschaft fest in der DNA.

Der wahre Bremsklotz: Die traditionelle Unternehmensstruktur

Die rasanten technologischen, ökonomischen und gesellschaftlichen Veränderungen zwingen die Unternehmen zum raschen Handeln. »Wir sind dran, aber das dauert«, hört man fast überall. Bei manchen ruckt es tatsächlich erfreulich. Doch viele laufen sich viel zu langsam warm. Oft genug spürt man förmlich den fehlenden Handlungswillen. Vorne wird besänftigt, vertröstet und eingelullt. Hintenherum aber wird gemauert, weil man persönlich mehr zu verlieren als zu gewinnen hat, zumindest gefühlt. Natürlich fällt der Abschied von Routinen, die früher mal funktionierten, nicht allen leicht. Er ist aber unumgänglich. Wo bleibt also der Gestaltungswille, mit dem sich die Macher im Management so gerne schmücken? Abwarten ist keine Option. Und Hoffen kein Plan. Denn »später« heißt heute nicht selten »zu spät«.

In der Digitalökonomie wird Zögerlichkeit knallhart bestraft. Warum es dann trotzdem dauert und dauert und dauert? Weil man den wahren Grund für das Zaudern beim Aufbruch ins Neuland nicht wirklich anpacken will. Es ist das ganz große Ding, die heilige Kuh: das organisationale System, der Bremsklotz Unternehmensstruktur. Die gleichen Manager[2], die sich regelmäßig das neueste Smartphone nebst neuem Dienstwagen leisten, bleiben einem Organisationsmodell verhaftet, das aus dem tiefsten letzten Jahrhundert stammt. Dies hat sich bereits derart verfestigt, dass andere Konstellationen vielen als praktisch undenkbar erscheinen.

Alte Organisationen haben alte Mitarbeiter und alte Kunden. Wo das hinführt, ist klar. Arbeitsstile und Mindsets von damals waren damals goldrichtig. Doch neue Businesszeiten können nicht auf traditionelle Weise gemanagt werden. In einer Umgebung von gestern kann man nicht auf Gedanken für morgen kommen. Hohe Dynamik kann nicht durch starre Prozesse entstehen. Exponentielle Entwicklungen sind in linearen Organisationen nicht machbar. Und zentrale Steuerung funktioniert nicht in komplexen Systemen. Solange sich an den Grundstrukturen nichts ändert, ist alles andere nur Puder und Schminke. Ohne einen organisationalen Umbau ist digitale Transformation gar nicht möglich. Mit Top-down-Formationen kommt man fortan nicht weit. Gegen quirlige Netzwerkorganisationen sind sie chancenlos.

Es reicht einfach hinten und vorne nicht mehr, in hektischer Betriebsamkeit immer nur weiter an Wandel-Wehwehchen herumzudoktern und ein paar kleine Spielwiesen freizugeben, um *etwas* agiler zu werden. Die neuen Methoden sind alle da. Doch bei einem alten »Betriebssystem« bringt das wenig. Damit kuriert man höchstens Symptome. Besser, man geht an die Wurzel des Übels und kümmert sich um die Gesamtkonstitution. Es ist die ureigene Aufgabe des Managementkreises, das nun endlich anzupacken.

Im Kern ist das Wettrennen zwischen herkömmlichen Unternehmen und den neuen Topplayern der Wirtschaft demnach keins um die bessere Idee, sondern eins um das bessere Organisationsmodell. Denn je schwerfälliger eine Organisation, desto anfälliger ist sie für Überholmanöver. Für die »Next Economy« wird eine »Next Organisation« gebraucht. Dies macht flotte, kreative neue Vorgehensweisen überhaupt erst möglich. Wer also dem digitalen Zeitgeist folgen, sich dynamisieren, kundenfit werden und die Zukunft erreichen will, der benötigt:

ein neues Organisationsmodell.

Und das ist höchst dringlich, quasi unaufschiebbar. In der Next Economy kommt man um eine hochflexible, kundenzentrierte Unternehmensorganisation nicht herum. Sie ist nicht nur geprägt von einem hohen Digitalisierungsgrad und einer Kultur des ständigen Wandels, sondern auch von Kollaboration und Wertschöpfungsnetzen. Wie das Grundmodell dazu aussehen kann, zeigt die Grafik auf der Seite vor diesem Intro. Es ist das erste Organisationsmodell, das den Kunden systematisch in den Mittelpunkt stellt.

Es ist zudem das erste Modell, das die zunehmend notwendigen Brückenbauer-Rollen gezielt integriert. Denn Transformation bedeutet immer auch Transition, also Übergang. Hierfür werden Menschen gebraucht, die Verbindungen schaffen, Separiertes zusammenführen, Kundenprojekte synchronisieren und Wege ins Neuland ebnen. Dazu zählen auch Koordinatoren, die die gesamte Firma »agilisieren«, das Zusammenspiel zwischen künstlicher und menschlicher Intelligenz organisieren und Mensch-Maschinen-Interaktionen geschmeidig machen. Firmenintern sind technologische Brücken zu bauen, weil die Digitalisierung alle betrifft, sie lässt sich *nicht* in eine Abteilung sperren. Neuartige Partnerschaften zwischen Alt- und Jung- unternehmen müssen zusammengekoppelt werden. Schließlich werden Menschen gebraucht, die als Ad- vokat der Kunden im Unternehmen agieren. Die eigentlichen Probleme, die Kunden bekommen, passieren ja meist crossfunktional: Kommunika- tions- und Abstimmungsprobleme im Gerangel um Zuständigkeiten zwischen Bereichsegoismen und Effizienz. Kluften schaffen Konflikte. Auf dem Weg in die Zukunft sind Verbundenheit, Partizipation und Kooperation die bessere Wahl.

Wir brauchen Menschen, die Brücken bauen.

Die Next Economy: Der Wandel als Dauerzustand

Die Next Economy? Das ist eine Hochgeschwindigkeitswirtschaft, in der sich menschliche und künstliche Intelligenzen miteinander ver- binden. Überleben werden in diesem Kontext nur solche Organisatio- nen, in denen permanenter Wandel möglich ist. Hier ein Innovatiön- chen und dort ein Klacks Tünche, um sich einen modernen Anstrich zu geben? Das reicht nicht. Verbale Aufgeschlossenheit bei anhalten- der Verhaltensstarre? Ist tödlich! An einer neuen Managementlogik kommt niemand vorbei.

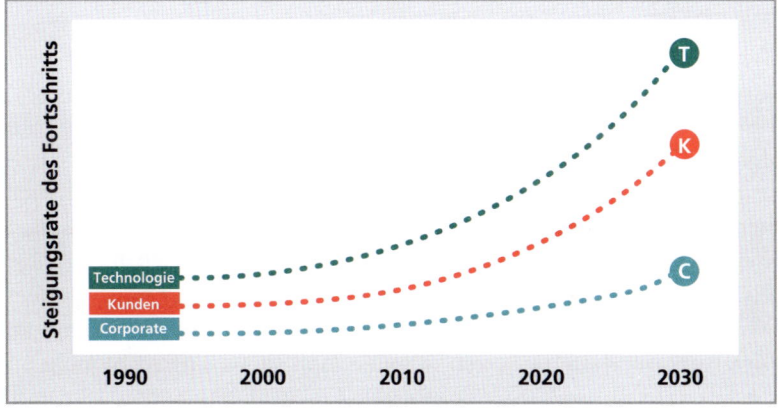

Abb. 1: Die Entwicklung von Unternehmen, Kunden und Technologien

Digitaltechnologien entwickeln sich um ein Vielfaches schneller als herkömmliche Organisationen, die linear agieren und aufs Verbessern zielen. Digitaltechnologien hingegen bauen aufeinander auf, arbeiten simultan und vernetzen sich miteinander. Dies erfordert ein Denken und Handeln in neuen Geschwindigkeiten. Linear ist wie addieren. Exponentiell ist wie multiplizieren. Und das wiederum heißt: erst langsam, dann plötzlich ganz schnell.[3] Jede technologische Verbesserung führt dazu, dass die nächste Verbesserung rascher erreicht werden kann. Quantencomputer werden das Tempo noch einmal toppen. Die sind wie auf Speed. Sie werden zu technologischen Sprüngen von nie gekannten Ausmaßen führen. Quasi in jedem Jahr kann nun ein sogenannter Gutenberg-Moment passieren. Ein Gutenberg-Moment ist eine radikale Idee, welche die Menschheit neu handeln lässt und damit die ganze Welt ein Stück weit verändert.

Digitaltechnologien entwickeln sich exponentiell – also rasend schnell.

Angezogen von der Faszination innovativer Technologien, sind auch die Kunden schnell unterwegs, viel schneller als die meisten Anbieter im Markt. Genügend Menschen können es kaum abwarten, jede Neuerung auszuprobieren. Aus den positiven Erfahrungen solcher Early Adopter, Vorreiter und Pioniere erwachsen schnell steigende Anforderungen an alle Player im Markt. So wird das Neue zu einem unverzichtbaren Teil unseres Lebens. Haben die »Corporates«, also klassische Unternehmen, die Next Economy dann endlich erreicht, ist diese längst im Next Next unterwegs.

Tradierte Manager stützen ihre Entscheidungen auf »bewährtes« Wissen. Doch der digitale Umbruch fegt fast alle vertrauten Spielregeln hinweg. Und das Heil ist nicht nur in Technologien zu finden. Wer in der Digitalökonomie vorne mitspielen will, braucht eine adaptive Unternehmensstruktur *und* eine gute Beziehungskultur. Denn letztlich wird jeder Erfolg von den handelnden Menschen bestimmt. So stehen viele Old-School-Unternehmen kurz vor dem Aus, weil ihr Gefüge für die Anforderungen der Next Economy nicht länger passt. Zudem wirft mangelndes Verständnis für neue Märkte sie aus dem Rennen. Vielerorts wandern die besten Talente schon ab, weil sie nicht mehr an die Zukunftsfähigkeit ihres derzeitigen Arbeitgebers glauben. Und gute neue Talente kommen erst gar nicht an Bord.

Damit das nicht passiert, müssen überholte Management-Artefakte, die den Unternehmen zäh wie Kaugummi an den Sohlen kleben, endlich weg, nicht nur ein bisschen, sondern komplett. Verkrustete Strukturen müssen aufgebrochen, behäbige Planungen dynamisiert und unsinnige Prozesse schnell entsorgt werden. Stattdessen gilt es, leichtfüßige Abläufe einzuführen, um mit dem Wandel Schritt halten zu können. Oder, viel besser: dem Wandel immer ein Stück voraus zu sein. Hierzu braucht es einen organisationalen Rahmen, der ständigen Wandel begünstigt. Und Menschen, die Erneuerung freudig begrüßen. Nur wer sich permanent anpassen kann, überlebt. Feste Pläne gehen zwar an den größten Risiken, aber auch an den größten Chancen vorbei. Und sie versperren den Blick auf Optionen. Genauso wie Staaten erstarken Unternehmen nicht aufgrund von Planwirtschaft, sondern aufgrund von umtriebiger Freiheit. Und ganz generell: Es ist immer die *neue* Technologie, die gewinnt, wenn sie Dinge schneller, schöner, billiger, besser macht als die alte davor.

Customer first: Was Kundenzentrierung wirklich bedeutet

Heute erreichen Unternehmen eine Vorrangstellung nicht länger durch das, *was* sie tun, sondern darüber, *wie* der Kunde dies wahrnimmt – und was er Dritten dazu erzählt. Der Kunde ist der wichtigste Mensch im Unternehmen. Doch klassische Organisationen haben ihn nicht mal im Organigramm. Auch in neuen Organisationsmodellen sucht man die Kunden vergeblich. Selbst bei Firmen, die sich Kundenorientierung groß auf die Fahne schreiben, fehlen die Kunden im Schaubild der Organisation. Wie will man da von Customer-Centricity, sprich Kundenzentrierung, reden? Sie wird zwar gelobt, aber nicht gelebt.

Tradierte Unternehmen hecheln dem, was Interessenten und Konsumenten wünschen und wollen, meist nur hinterher. Viele werden diesen Wettlauf verlieren. Während nämlich herkömmliche Manager vor allem an die Konkurrenz, ihre Quartalsziele und die Kosten denken, hat die Elite der Jungunternehmer längst verstanden, dass sich alles, wirklich alles um das Wohlwollen der Kunden dreht. Dort wird nicht

Ingenieurskunst abgefeiert, sondern ganz gezielt nach Problemen und einer passenden Lösung dafür gesucht. Sämtliche Produkte, Prozesse und Technologien werden von allen Beteiligten strikt um die Kundenbedürfnisse herum orchestriert. So was lässt sich nicht an Service, Sales & Marketing wegdelegieren. Jeder im Unternehmen muss sich um das Wohlwollen der Kunden kümmern. Denn ihre Erwartungshaltung steigt täglich. Und sie haben ein Smartphone, ihr Allmachtsgerät. Wem etwas nicht passt, der ist mit einem »Swipe« weg. Im Web wird man ständig zur Untreue verführt. »Alles für den Kunden« lautet also das Credo. Aber ist das nicht völlig normal? Nein, ganz und gar nicht.

Der Kunde ist der wichtigste Mensch im Unternehmen.

Die meisten Unternehmen agieren selbstbezogen und effizienzgetrieben. Tunlichst sollen sich die Kunden in die von den Anbietern vorgedachten Abläufe fügen, umständliche Formalien akzeptieren und im Takt der altersschwachen Unternehmenssoftware ticken. Heißt: Die Klientel soll ackern, damit man selbst nicht so viel Arbeit hat. Manche Unternehmen sind richtig gut darin, Vorgehensweisen mühsam zu machen, einem die Zeit zu stehlen und schlechte Gefühle zu verbreiten. Niemand glaube doch bitte im Ernst, dass die Leute so was noch lange erdulden! Längst liegt die Macht bei den Kunden. Mit ihren Aktionen, bei denen sie sich zu virtuellen Schwärmen verbinden, können sie über Leben und Tod eines Anbieters entscheiden. Das geht heute ruckzuck.

Während sich also draußen alles vernetzt, agieren klassische Organisationen noch immer in »Silos«. Aufgaben werden entlang von internen Berichtslinien organisiert. Zukunftsunternehmen hingegen strukturieren sich entlang der Kundenaufgaben. Aus Kundensicht müssen Prozesse crossfunktional ablaufen und sich reibungslos miteinander verzahnen. Wer Prozesse zwar optimiert, aber nicht auf die Kundenbedürfnisse abstimmt, wird immer besser darin, das Falsche zu tun. Wirklich kundenorientiert ist nur der, der sämtliche möglichen Ärgernisse vom Kunden zum Anbieter verschiebt, sodass aufseiten des Kunden nur noch positive Erlebnisse übrig bleiben. Und das ist mehr als ein feiner Unterschied. Denn jede einzelne kundenrelevante Unannehmlichkeit ist ein Einfallstor für Disruptoren. Also gilt:

Erst der Kunde, dann die interne Effizienz. Erst der Kunde, dann das Produkt, die Lösung, die Technologie.

Eine kundenzentrierte Organisationsentwicklung ist unabdingbar. Unternehmen werden heute von den Kundenwünschen gesteuert. Was den Kunden nervt oder ihn kalt lässt, fällt von jetzt auf gleich durch. Schonungslos. Nur wenn es den Kunden gut geht, geht es auch dem Unternehmen gut. Zahlungsbereite Menschen, Toptalente und auch die Gesellschaft erwarten zudem längst, dass ein Unternehmen hehrere Ziele verfolgt als Marktführerschaft und Maximalrenditen. Sie wollen wissen, welchen Nutzwert ein Anbieter den Menschen bietet. Dieser Nutzwert, der Daseinssinn, das Warum heißt im Englischen »Purpose«. Er bestimmt die Identität eines Unternehmens, erzeugt qualitatives Wachstum und macht Wettbewerbsvorsprünge sehr wahrscheinlich.

Im besten Fall ist dieser Purpose ein MTP: ein massiv transformativer Purpose.[4] Er ist sinnstiftend, inspirierend, vorausschauend, kühn, verändernd und zugleich so attraktiv, dass er sowohl Kunden als auch Toptalente magisch anzieht. Er erzeugt pulsierenden Tatendrang, ein Treibhausklima für Spitzenleistungen, ein Biotop für brillante Ideen. Den Unternehmen, die das nicht haben, gehen bald drei Dinge aus: die Innovationen, die Leistungsträger und die Einnahmenbringer. In Kapitel eins dazu mehr.

Company-Redesign: Aufbruch in die Erneuerung

Ein Company-Redesign ist, wie in unserem gemeinsamen Buch *Fit für die Next Economy* bereits angerissen, längst unumgänglich, um mit der anrollenden Hochgeschwindigkeitszukunft Schritt halten zu können. So propagieren wir den konsequenten Übergang von einer aus der Zeit gefallenen pyramidalen zu einer zirkulären Unternehmensorganisation. Wir beschreiben den Weg von einer auf Effizienz getrimmten Arbeitswelt hin zu einer lebendigen Innovationskultur und zugleich den Wandel von einer Wettbewerbs- zu einer Kooperationskultur.

Das Ziel? Eine Organisation, die nicht länger hierarchisch, also kraft formell verliehener Macht, von oben nach unten und von innen nach außen agiert, sondern eine, die sich dezentralisiert und weitgehend selbstorganisiert auf das Kundenwohl fokussiert.

Gibt es Patentrezepte dafür? Nein, gibt es nicht. Businesssituationen sind verschieden, also müssen es auch die Methoden sein. Jede Firma muss ihren eigenen Weg für sich finden, experimentieren und ausprobieren. Wenn es Blaupausen gäbe, dann wäre ein Business irrelevant, denn jeder würde einfach der Blaupause folgen und alle würden ein identisches Resultat erzielen. Standardrezepte sind sogar höchst gefährlich. Denn keine zwei Unternehmen sind gleich. Branchen und Märkte sind genauso individuell wie Geschäftsmodelle und Kundenstrukturen. Die Unternehmensgröße spielt eine Rolle. Landestypische Gegebenheiten und kulturelle Besonderheiten sind zu beachten. Restriktionen, die einem Unternehmen durch Gesetze, Behörden, Börsenvorschriften, Investoren und Anteilseigner auferlegt werden, müssen berücksichtigt werden.

Die Führungsspitze muss sich ausdrücklich zum Wandel bekennen.

Der größte Fehler: Fix-und-fertig-Lösungen einzukaufen und der Organisation einfach überzustülpen. Die gebrauchsanweisungssüchtigen Manager von früher sind obsolet. Damit Akzeptanz, gepaart mit hohem Engagement, entsteht, muss in einem geschützten Raum von Versuch und Irrtum eine ureigene Form entwickelt werden. Natürlich ergibt es Sinn, sich von externen Profis inspirieren zu lassen. Außerdem können Pioniere wertvolle Denkanstöße liefern. Doch gedankenlos nacheifern darf man ihnen nicht. Was bei dem einen großartig funktioniert, kann anderswo grandios scheitern.

Eins braucht es allerdings in jedem Fall: den Grundsatzentscheid, den Umbau als solchen loszutreten. Denn ohne einen ausdrücklich bekundeten Willen, der von der Führungsspitze ausgehen muss, wird jede organisationale Metamorphose zum Rohrkrepierer. Zudem hat die oberste Stelle die strikte Obliegenheit, das Umbauprojekt zu schützen, zu unterstützen und zu begleiten. In Kapitel neun dazu mehr.

Doch kann der organisationale Erneuerungsschalter in einem Ruck umgelegt werden? In wenigen Einzelfällen ist das sicher möglich. Doch normalerweise, das sagen alle, die Transformationsprozesse hinter sich haben, sollte das Pendel nicht zu überhastet oder zu hart in Richtung Hierarchiefreiheit und Selbstorganisation schwingen. Wer alle Wände gleichzeitig einreißt, dem fällt das Dach auf den Kopf. Nur ganz wenige meinen, man müsse zunächst einen Radikalschnitt machen. Das sind wohl in erster Linie die, die an Lizenzen oder Beratungsmandaten verdienen. Utopien sind zwar schön, doch praxistaugliche Vorgehensweisen sind besser. Eine entscheidende Frage ist damit diese:

Was ist die minimal notwendige Machthierarchie, die minimal notwendige Ordnungsstruktur und die maximal mögliche Form der Selbstorganisation?

Anstatt sich in monströsen Transformationsprojekten zu vertrödeln, die ewig dauern, obwohl doch eigentlich niemand noch länger warten kann, empfehlen wir, mit einzelnen Trittsteinen rasch zu beginnen. Viele der im Verlauf dieses Buches vorgestellten Maßnahmen lassen sich für einen schrittweisen Übergang nutzen, ohne dass gleich alles komplett über Bord gehen muss. Denn wir Menschen sind von Natur aus auf schnelle Ergebnisse aus. Kleine, schnell umsetzbare Schritte kommen dieser Neigung entgegen. Außerdem machen Erfolgsstorys zügig die Runde – und dann Hunger auf mehr.

Wenn man so vorgeht, werden zentrale Instanzen zwar aufgebrochen, Führung ist aber noch vorhanden, vor allem da, wo es um strategische Entscheidungen geht. Wer versucht, Hierarchien mit Gewalt einzuebnen, sorgt für ein Vakuum, in dem sogleich wieder Machthierarchien entstehen. Denn Gemeinschaften brauchen ein Ordnungssystem – und genügend Struktur, um die unerlässliche Qualität sicherzustellen und Abwege möglichst frühzeitig auszuschließen. Das muss auch jedes Start-up lernen, sobald es größer wird.

Doch niemand braucht einen Wasserkopf. Klassische Managementformationen sind die meiste Zeit mit sich selbst beschäftigt. Sie unterhalten ausufernde Planungs-, Kontroll- und Reportingstrukturen. Sie verlieren sich in endlosen Abstimmungsschleifen und verirren sich im eigenen Vorschriftengeflecht. Binnenorientierte Bürokratie kostet unglaublich viel Kraft, weil alles in starren Vorgehensweisen und politischen Spielchen versinkt. Massenhaft wird geklagt, dass für die eigentliche Arbeit höchstens die Hälfte der Zeit übrig bleibt, ein Großteil gehe für »Organisation« drauf, das ganze ärgerliche Drumherum. Das ist doch der helle Wahnsinn! Pure Ressourcenverschwendung, die nur kostet, aber zu keinerlei Wertschöpfung führt!

»Es gibt nichts, was nutzloser wäre, als mit großer Effizienz eine Arbeit zu verrichten, die überhaupt nicht verrichtet werden sollte«, sagt Managementpapst Peter Drucker. Und der Publizist Wolf Lotter ergänzt: »Die alte Organisation ist von und für Bürokraten gemacht. Sie ist innovationsfeindlich. Sie drängt Erneuerungen an den Rand.« Kein einziges Unternehmen kann sich das heute noch leisten. Eine »Next Organisation« ist bitter vonnöten. Dafür haben wir das Orbit-Modell entwickelt.

Die Orbit-Organisation: Unternehmensmodell für die digitale Zukunft

Wer das Organisationsredesign lostreten will, den bringen Appelle (»Wir müssen jetzt endlich agiler werden!«) nicht weit. Fehlen nämlich die Perspektiven, dann gerät Wandel schnell zur Bedrohung. Hier tritt unser Denkmodell auf den Plan. Es zeigt die Grundidee einer Unternehmensstruktur für heute und morgen, die für alle Seiten einträglich ist. Wir nennen sie das Orbit-Modell.

Orbit-Unternehmen erzeugen Anziehungskraft. Für die Kunden sind sie ein Sehnsuchtsort. Und für die Mitarbeiter sind sie ein Heimathafen. Sie sind geprägt von Miteinander statt Gegeneinander und von ständiger Bereitschaft zum Wandel. Hier arbeiten Hochleistungsteams zugleich für das Wohl ihres Arbeitgebers *und* das der Kunden. Am Ende des Wegs steht eine Organisation, die für unsere digitale Zukunft hervorragend aufgestellt ist: zugleich hochrentierlich – und zutiefst human.

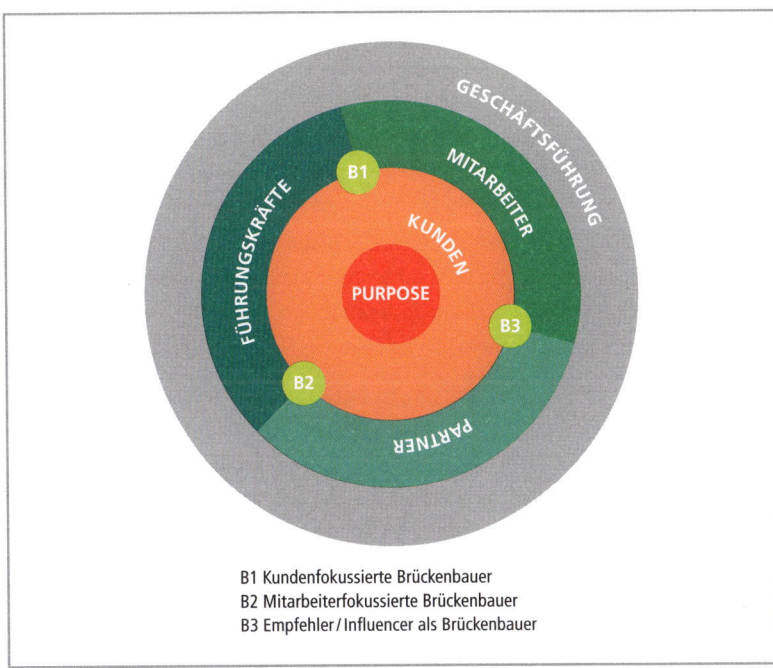

B1 Kundenfokussierte Brückenbauer
B2 Mitarbeiterfokussierte Brückenbauer
B3 Empfehler / Influencer als Brückenbauer

Abb. 2: Das Orbit-Modell© von Schüller / Steffen mit seinen Aktionsfeldern

Das Orbit-Modell ist eine Organisationsinnovation. Das grundsätzlich Neue daran zeigt sich wie folgt:

○ **Der Purpose:** Im Zentrum der Organisation steht ein kraftvoller Purpose, der Daseinssinn eines Unternehmens für die Kunden und alle Mitarbeitenden. Wie der Kern einer Frucht sichert dieser Purpose das Überleben am Markt.

○ **Die Stellung der Kunden:** Die viel beschworene Kundenzentrierung wird in diesem Modell sofort sichtbar. Die Kunden scharen sich um den Purpose, weil er für sie anziehend und unterstützenswert ist. Alle Mitarbeitenden, Führungskräfte und Partner kreisen um die Kunden – auf Augenhöhe und in dynamischer Interaktion.

- **Die Stellung der Mitarbeiter:** Sie stehen nicht länger unten in einer Hierarchie, sondern agieren gleichrangig in einem Kreis mit den Führungskräften und den Partnern des Unternehmens gemeinsam auf das Kundenwohl hin. Operative Entscheidungen treffen die Mitarbeiter dezentral und crossfunktional.

- **Die Stellung der Führungskräfte:** Die Führungskräfte sind *nicht* von den Kunden separiert. So wird Kundennähe in unserem Modell nicht nur sichtbar gemacht, sondern auch tatsächlich gelebt. Die Zusammenarbeit mit den Mitarbeitern und Partnern des Unternehmens funktioniert gleichberechtigt und Hand in Hand.

- **Die Bedeutung der Partner:** Längst bringen die Schwächen, die sich bei herkömmlichen Corporates in Bezug auf den transformativen Wandel zeigen, immer mehr Unternehmen dazu, an Innovationszentren anzudocken, eigene Innovation-Labs aufzubauen, digitale Einheiten auszugründen und / oder mit passenden Start-ups zu kooperieren. Solche strategischen Alliierten sind die neuen Innovationshelfer und Wachstumstreiber. Die jungen »Davids« machen die alten »Goliaths« stark – und katapultieren sie in die Zukunft.

- **Die Brückenbauer:** Wenn sich in der Außenwelt alles vernetzt, muss das auch drinnen im Unternehmen passieren. Hierzu werden Brückenbauer gebraucht, die interdisziplinäre Verbindungen schaffen und das »Sowohl-als-auch« moderieren. Sie schließen die Kluft zwischen drinnen und draußen, zwischen oben und unten, zwischen Mensch und Denkmaschine. Zudem werden externe Fürsprecher und Mitgestalter benötigt, die dafür sorgen, dass neue Kunden kommen und kaufen.

- **Die Stellung der Geschäftsleitung:** Die Geschäftsleitung symbolisiert nicht die Spitze, sondern das Fundament einer Firma und sorgt für die notwendige Stabilität. Sie ist verantwortlich für die Transformationsstrategie. Sie ist zudem das Bindeglied in Richtung Öffentlichkeit. Und sie ist Brückenbauer in Richtung Zukunft.

- **Die eingebaute Dynamik:** Kreise sind ein typisches Merkmal sich dezentralisierender Organisationen. Doch auch Kreise brauchen Dynamik, indem sie sich miteinander verbinden. Hierbei entsteht ein System, in dem Facetten der Erneuerung von jedem an jeder Stelle und jederzeit initiiert werden können.

In einem dynamischen System erneuert sich eine Organisation aus sich heraus permanent selbst. So muss es in Zukunft auch sein. Wandlungsfähigkeit wird zur Daueraufgabe. Nichts ist mehr auf ewig in Stein gemeißelt. In Transformationszeiten ist der Experimentiermodus ständig auf »on«. Ein Ankommen kann es nicht geben, höchstens eine kleine Verschnaufpause hie und da. Denn der Fortschritt ist nicht zu stoppen. Und sein Tempo ist hoch. Die wichtigsten Qualitäten einer Organisation und ihrer Mitarbeiter sind zusammengefasst demnach diese:

o Digitale Expertise
o Emotionale Intelligenz
o Beschleunigungskraft
o Adaptionskompetenz

Wir schreiben dieses Buch für alle, die mit ihrem Unternehmen in Zukunft abheben wollen. Der Perspektivenwechsel wird unser ständiger Begleiter sein. Dazu wollen wir das Alte zwar hinterfragen, aber nicht grundsätzlich negieren. Vieles daran war und ist ja auch gut. Wir verstehen uns als Impulsgeber, Brückenbauer und Trittsteinleger. Wir wollen die wachsende Kluft zwischen »jungen« und »alten« Unternehmen überwinden helfen und das Beste aus beiden Welten miteinander verbinden. Wir engagieren uns für alle, denen es wirklich wichtig ist, beseelte Organisationen aufzubauen, die einen guten Umgang mit Kunden, Mitarbeitern, Partnern und unserer Umwelt pflegen. Wir haben keinen Zweifel daran, dass die allermeisten dazu bereit sind. Wir sehen eine so unfassbar hohe Zahl großartiger Menschen, die einen Superjob machen wollen und enorme Resultate erzielen könnten, wenn das organisationale System sie nur ließe. Schritt für Schritt werden wir deshalb nun praxisnah zeigen, wie das klappt.

> Eine Orbit-Organisation erneuert sich permanent selbst.

Das Kapitel »Zukunft voraus« befasst sich ausführlich damit, *warum* der Aufbruch in die Erneuerung notwendig ist. Die Folgekapitel behandeln danach detailliert, *was* hinter den Aktionsfeldern unseres Orbit-Modells steckt und *wie* das Abheben in die Zukunft gelingt. In Kapitel neun finden Sie schließlich unseren Vorschlag für einen Fahrplan zum Ziel. Bitte nehmen Sie aus der Vielzahl von Handlungsoptionen mit und setzen Sie um, was für Sie und Ihre Situation am besten passt. So kann es gelingen, dass Sie zusammen mit Ihren Leuten, wie Steve Jobs einmal sagte, eine Delle ins Universum schlagen. Wir freuen uns sehr, Ihnen dabei zu helfen.

Zukunft voraus: Next Economy und Next Organisation

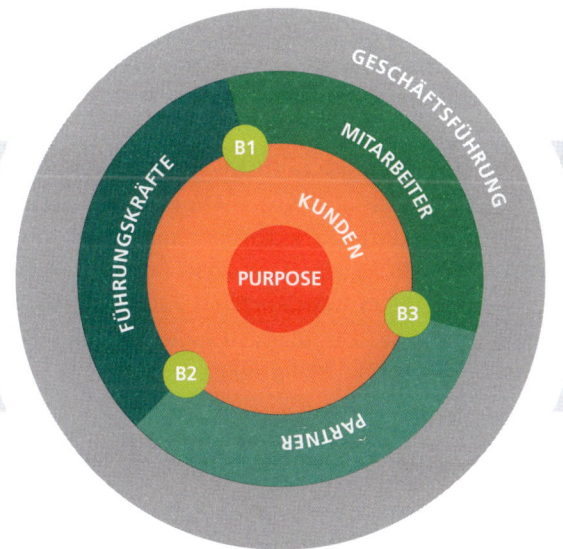

Was Forschung, Wissenschaft und Praxis über die Evolution von künstlicher Intelligenz (KI) und den mit ihr verwandten Bereichen berichten, ist atemberaubend. In den nächsten Dekaden werden wir technologische Sprünge sehen, die alles bisher Erlebte in den Schatten stellen. Es werden Dinge möglich sein, die wir aus Science-Fiction-Filmen zwar kennen, uns aber im wahren Leben noch gar nicht so recht vorstellen können. Und sie werden nicht erst in hundert Jahren kommen, sondern in fünf oder zehn oder zwanzig Jahren.

Was derart schnell derart anders wird, macht vielen Menschen zunächst Angst. Das ist verständlich. Manche sehen am Ende dieser Entwicklung eine apokalyptische Katastrophe, eine düstere Dystopie. Andere sehen eine Welt des Überflusses und der Glückseligkeit. Die großen Probleme der Menschheit, Krankheiten, Hunger, Energiebedarf, Wassernot und Umweltverschmutzung, würden durch Technologien gelöst. Also Himmel auf Erden? Oder Überwachungsstaat? Oder Weltuntergang? Viel näher als eine eventuelle technologische ist eine durchaus reale, schon jetzt greifbare soziale Gefahr. Es ist die, die von denen ausgeht, die sich von der Entwicklung abgehängt und zurückgelassen fühlen. Der Zugang zu Wohlstand muss auf der Welt gleichmäßiger verteilt werden. »Ein Ungleichgewicht zwischen Arm und Reich ist die tödlichste Krankheit aller Republiken«, schrieb schon der antike griechische Philosoph Plutarch. Die wichtigste Verantwortung liegt also darin, eine humanistische Digitalökonomie zu schaffen.

Das Ziel sollte sein, eine humanistische Digitalökonomie zu schaffen.

Narrative Zukunftshypothesen sind insofern hilfreich, als man unternehmerische Vorgehensweisen von dort aus zurückdenken kann. Mögliche Szenarien für das Jahr 2040 finden Interessierte zum Beispiel in *Wertschöpfung neu gedacht* von KPMG und Trend One.[5] Uneingeschränkte Blauäugigkeit ist sicher nicht angebracht. Folgt man aber dem Historiker Steven Pinker in seinem Opus *The Better Angels of Our Nature*, dann sind wir im Laufe der Jahrtausende immer friedvoller geworden. In Vorzeiten starb wohl jeder zweite Mann eines unnatürlichen Todes. Das ist längst nicht mehr so. Hoffnung auf eine lebenswerte Zukunft ist realistisch. Und der Glaube an das Gute als Langzeit-Regulativ ist durchaus berechtigt. Immer hat am Ende die Liebe dazu geführt, dass die Menschheit überleben konnte. Müssen wir also den künstlichen Intelligenzen Liebe einpflanzen? Jedenfalls sei eine naive Technikglorifizierung ohne Humanorientierung und ohne gesellschaftliche Verantwortung eine ernste Gefahr, erklärt uns der Digital-Vordenker Winfried Felser, Betreiber der Competence Site.

Nicht künstliche Intelligenz sei eine Gefahr für die Menschheit, sondern natürliche Dummheit, meint der israelische Historiker Yuval Noah Harari.[6] Das sollten wir nicht auf uns sitzen lassen. Anstatt also

Horrorvisionen nachzuhängen, die, wenn überhaupt, in weiter Ferne liegen, sollten wir uns besser damit befassen, wie eine Mensch-Maschine-Kooperation zum Wohl aller schon heute und morgen aussehen kann. KI & Co. haben auf vielen Gebieten das Potenzial, tief greifende Veränderungen zum Positiven hin zu bewirken. Eine gute Beziehung zwischen Mensch und Denkmaschine ist deshalb elementar. Wenn beide einträglich zusammenarbeiten, sind sie als Tandem sowohl dem Menschen allein als auch der Maschine allein überlegen. Kernfragen sind also diese:

- Was kann KI besser als Menschen?
- Was können Menschen besser als KI?
- Welche neuen Leistungen können Menschen mit Unterstützung der KI erbringen?
- Wann überlassen wir die Arbeit voll und ganz der KI – und wann schreiten wir ein?
- Wie kann es gelingen, das Beste von beidem so miteinander zu verknüpfen, dass daraus ein perfektes Ergebnis entsteht?

Intuition, Fantasie, Mitgefühl, Ethik, Werte, Moral: Die Technologie per se kennt all das nicht. Sie kann und wird aber viel von uns lernen. Sie übernimmt das Gute und das Schlechte in uns. Wer eine mächtige Technologie entwickelt, löst immer einen Wettlauf zwischen Gut und Böse aus. In den Händen der Falschen ist sie ein Teufelszeug. KI braucht also einen ethischen Rahmen und KI-Sicherheit. Jeder von uns kann zudem etwas tun und Verantwortung übernehmen: Als Unternehmer kann er Entscheidungen treffen. Als Mitarbeiter kann er bestimmen, wen er wie mit seiner Arbeit voranbringt. Als Investor kann er festlegen, wer sein Geld wofür erhält. Als Kunde kann er beschließen, wen er unterstützt – und wen nicht. Als Bürger kann jeder zumindest dort, wo das möglich ist, seine Meinung lautstark bekunden und Protestbewegungen starten. Die kollektive Macht engagierter Menschen kann mithilfe des Web eine breite Öffentlichkeit mobilisieren. Gemeinsam können Mitarbeiter, wie etwa bei Google geschehen, ihre Firma daran hindern, Unstatthaftes zu tun. Und jeder profilierte Influencer, der seine Stimme erhebt, kann die Dinge zum Besseren wenden.

Himmel oder Hölle? Die Verschmelzung von KI und MI

Menschliche Intelligenz (MI) kann durch einen ungeheuren Variantenreichtum punkten. Unter anderem gibt es die logische, sprachliche, musikalische, räumliche, somatische und emotionale Intelligenz. Um uns zukunftsfit zu machen, müssen wir nun noch rasch zwei neue Intelligenzen entwickeln:

- **die adaptive Intelligenz,** die sich auf die ständig neuen, unaufhaltsam auf uns einprasselnden Umstände schnell und flexibel einstellen kann,
- **die digitale Intelligenz,** die Technologien so weit durchdringt, dass sie das Echte vom Falschen und das Gute vom Bösen unterscheiden kann.

Ist das erlernbar? Ja, natürlich. Durch fortwährendes Üben. Ab 50 lernt man nichts mehr? Pah! Unser Gehirn ist eine lebenslange Baustelle, die Wissenschaft nennt das Neuroplastizität. Durch ausreichendes Wiederholen entwickeln sich Automatismen, die vom Bewussten ins Unterbewusste, den sogenannten Autopiloten, rutschen. Hierdurch werden Abläufe routinierter, gewandter und wirkungsvoller. Was menschenmöglich ist, erweitern wir, seitdem es uns Menschen gibt. Die Evolution favorisiert ehrgeiziges Leben, das sich an die jeweiligen Umstände aktiv anpassen kann.

Bedeutsam ist zudem die auf den Persönlichkeitspsychologen Raymond Bernard Cattell zurückgehende Unterscheidung zwischen fluider und kristalliner Intelligenz. Fluide Intelligenz umfasst Fähigkeiten wie schnelle Auffassungsgabe, bewegliches Handeln und das Hervorbringen origineller Problemlösungen. Die fluide Intelligenz nimmt tendenziell mit dem Alter ein wenig ab. Die kristalline Intelligenz hingegen nimmt zu. Zu ihr gehören ein breites Wissen, durch Erfahrung genährte Intuition und der Blick für Zusammenhänge. Fluide *und* kristalline Intelligenzen werden in Unternehmen gebraucht. Sie müssen miteinander verknüpft werden und zusammenwirken.

Und künstliche Intelligenz? Wenn es um Effizienz, Schnelligkeit, große Stückzahlen, Informationsberge, niedrige Kosten, reine Routinen und / oder das Bewältigen repetitiver, anstrengender, schmutziger, ungesunder und gefährlicher Arbeiten geht, liegt sie vorn. In ziemlich allen Belangen der Wissensarbeit wird sie uns bald haushoch überlegen sein. Sie lernt irre flott, weil sie auf riesige Datenmengen zugreifen, diese in Bruchteilen von Sekunden verarbeiten und alles miteinander vernetzen kann. Sie braucht höchstens Stunden da, wo Menschen Wochen, Monate, Jahre brauchen.

Selbstlernende Softwareprogramme können nicht nur von sich aus intelligenter werden, sie sind längst auch kreativ. Einige beginnen bereits, autonom nach Betätigungsfeldern zu suchen, weil man ihnen Belohnungsprogramme eingepflanzt hat. Sie bringen sich selbst etwas bei. Sie können Geschichten schreiben, Symphonien komponieren, eigene Kunstwerke erschaffen, Emotionen interpretieren und scheinbar Mitgefühl zeigen. Zu Gruppen zusammengeschlossen, entwickeln sie Schwarmintelligenz. KI kann sich selbst programmieren und sich replizieren, also selbstständig neue Intelligenzen gebären. Dabei bildet sie keine menschliche Intelligenz nach, sondern geht eigene Wege, die die Entwickler heute zum Teil noch nicht verstehen – was in der Tat beunruhigend ist. Die Menschen lernten allerdings auch nicht fliegen, indem sie den Flügelschlag der Vögel kopierten, sondern weil es ihnen gelang, die Gesetze der Aerodynamik zu beherrschen.

KI braucht einen ethischen Rahmen und KI-Sicherheit.

Schon heute kann KI zigtausend Dinge tun, die im unternehmerischen Alltag wertvoll sind und die qualitative Arbeit der Mitarbeiter unterstützen, unter anderem Prozesse optimieren, Interaktionen automatisieren, Wahrscheinlichkeiten algorithmieren, Vorhersagen treffen. Algorithmen sind immer dann die bessere Wahl, wenn es darum geht, eine komplizierte Aufgabenstellung zu lösen, wie etwa diese: Welche der 500 Varianten ist die beste für Szenario A oder B? Menschen hingegen sind genau dann gefragt, wenn es kontextbezogene frische Herangehensweisen braucht, die man auch mit einer Fülle von Daten nicht »berechnen« kann. Ideen mit Charakter sozusagen.

Im Unterschied zur einstigen Verarbeitung von Vergangenheitsdaten schaut KI mithilfe von Echtzeitdaten in die Zukunft. Sie ist eine Meisterin der Prognose. Jedes Mal, wenn jemand mit Siri, Alexa oder

Cortana redet, trainiert er eine künstliche Intelligenz. Folgen wir den Vorschlagsalgorithmen von Google, Amazon & Co., machen wir diese schlauer. Wenn Sie mit IBMs Watson interagieren, lernt der nicht nur selbst, sondern auch von und mit Ihnen. Und wenn er Lungenkrebs zwei Jahre früher und um 50 Prozent treffsicherer erkennt als ein menschlicher Arzt, wem vertrauen Sie dann?

Infolge des Wandels werden Arbeitsplätze verschwinden, das war in der Vergangenheit auch schon immer der Fall. Vielen alten Jobs trauern wir nicht hinterher. Manche Jobs werden sich umfassend verändern. Zudem werden viele neue Berufsbilder entstehen. Künstliche Coworker müssen programmiert, betreut, trainiert und vor Angriffen geschützt werden. Nur die wenig Qualifizierten arbeiten diesen als Handlanger zu. Gut bezahlt werden hingegen in Zukunft sowohl die, die künstliche Intelligenzen zur Hochform auflaufen lassen, als auch die, die mehr können als das, was Software kann.

Künstliche Intelligenzen sind Spezialisten. Menschen hingegen sind Generalisten. Sie punkten mit Humor, Empathie, Instinkten, Impulsivität, Spiritualität, mit dem Spiel der Sinne, mit Fingerspitzengefühl, Improvisationstalent, Verhandlungsgeschick, gesundem Menschenverstand. Und mit der Lust am Sozialen, mit dem, was der Anthropologe Lionel Tiger »Sociopleasure« nennt. Wer auf solchen Gebieten gut ist und sich ständig weiterentwickelt, ist im Digitalzeitalter vorn. Die neuen Berufe haben vor allem mit Innovieren, Adaptieren, Kombinieren, Experimentieren, Koordinieren, Kollaborieren, Flexibilisieren, Individualisieren und Emotionalisieren zu tun. Sie verlangen Wandlungsvermögen und, ganz besonders wichtig:

Gespür *sowohl* für die Menschen *als auch* für die neueste Technologie.

»Wenn künstliche Intelligenz unsere Aufgaben übernimmt, wird Menschlichkeit unser neues Alleinstellungsmerkmal«, sagt Miriam Meckel, Herausgeberin der *Wirtschaftswoche*, in einer ihrer Kolumnen. So sorgt KI nicht nur für Fortschritt. Sie schafft auch Freiraum, damit man sich im Unternehmen auf das Wesentliche konzentrieren kann: die Arbeit am Kunden.

Das Nonplusultra: Dezentrale Intelligenz und die Weisheit der Vielen

Das MIT Center for Collective Intelligence und viele andere Forschungs-einrichtungen haben anhand von Untersuchungen immer wieder ge-zeigt: Zwar ist die Intelligenz einzelner Mitglieder einer Gruppe von Bedeutung, wenn es um Ergebnisse geht, die kollektive Intelligenz spielt jedoch eine noch viel größere Rolle. Wir favorisieren hierbei den Begriff der »Weisheit der Vielen«. Darunter versteht man eine sich mehr oder weniger selbst orga-nisierende gemeinschaftliche Intelligenz, die jenseits von Administration und Bürokratie eine Vielfalt von Innovationen hervorbringen kann. Wenn ge-nügend kluge Köpfe zusammenkommen, lässt sich jedes Problem lösen. Gemeinsam gelingt es am bes-ten, Ideen zu entwickeln, die zuvor noch niemand hatte und auf die man allein nicht gekommen wäre.

Wenn genug kluge Köpfe zusammen-kommen, lässt sich jedes Problem lösen.

Einen zweiten gebräuchlichen Terminus, den der Schwarm-intelligenz, nutzen wir nicht, denn leider gibt es ja auch sehr dum-me, lärmende, fehlgeleitete Schwärme. So erzeugen Obrigkeiten über Macht, Angst, Gängelei und Kontrolle den supergefährlichen blin-den Gehorsam. Wer einfach die Regeln befolgt und tut, was ihm via Dienstanweisung gesagt wird, hat eben nichts zu befürchten. Entschei-dungsmonopole und Dauerbefehle von oben, verbunden mit Wissens-defiziten, Opportunismus und Konformität, machen jede Organisation »schwarmdumm« (Gunter Dueck). Und das wiederum führt ins Aus – und nicht in die Zukunft.

Bereits 2004 hat der Soziologe James Surowiecki in seinem Weltbest-seller *Die Weisheit der Vielen* anhand vieler Beispiele gezeigt, dass eine Gruppe in aller Regel »klüger ist als ihr gescheitestes Mitglied«[7]. So steigt zum Beispiel die Innovationskraft mit der Anzahl gleichberech-tigt involvierter Personen, sofern die Gruppe inhomogen ist und ihr Wissen wertschätzend teilt. Wieso inhomogen? Homogene Gruppen, also solche mit gleichartigen Mitgliedern, neigen zum Gleichklang und zum Griff nach Routinen, jedoch kaum zum kühnen Erkunden von Neuem. Der Zugewinn einer inhomogenen Gruppe ergibt sich aus der Meinungsvielfalt, der Öffnung für unterschiedliche Denkweisen und einer damit verbundenen Experimentierfreudigkeit. Eine inhomogene Zusammensetzung berücksichtigt beide Geschlechter, Jung und Alt, Denker und Macher, Routiniers und Novizen, unterschiedliche Disziplinen, verschiedene Hierarchiestufen und, wenn passend, auch einen Nationalitätenmix.

Drei besondere Faktoren erhöhen den Gruppen-IQ: mindestens zwei Frauen in der Gruppe, einfühlsames Verhalten der Mitglieder und gleichberechtigter Austausch auf Augenhöhe, so die Organisationsprofessorin Anita Woolley.[8] Vielredner und Selbstdarsteller hingegen vermindern den Gruppen-IQ, was gleichermaßen für aufgeblasene »Gockel« als auch für »Diven« gilt. Nur-Männer-Gruppen und dabei vor allem Führungskräfte verplempern viel wertvolle Zeit mit Wichtigkeitsgehabe und Positionierungsgerangel. Sie sind deshalb weniger produktiv. Nur-Frauen-Gruppen verbleiben oft zu sehr in einem zögerlichen Konsens. Und Nörgler zerstören jegliche Energie.

Kluge Entscheidungen kann eine Gruppe immer nur dann gut treffen, wenn

- jeder Teilnehmer in seiner Meinungsbildung unabhängig ist,
- jeder Zugang zu allen entscheidungsrelevanten Informationen hat,
- jeder Einzelne seine Meinung äußern darf und angehört wird,
- man sich autoritätsfrei auf ein passendes Vorgehen einigen kann.

Ferner braucht es einen zugleich konstruktiven und respektvollen Umgang. Schließlich muss sich die Gruppe auch treffen können – virtuell *und* real. Zunehmend wird nämlich erkannt, dass Menschen am besten zusammenwirken, wenn sie sich sehen. Warum das so ist? Worte können lügen. In Gestik und Mimik zeigt sich die wahre Gesinnung. Dies erzeugt in uns Resonanz. Ein gutes Intuitionsradar kann das spüren und decodiert friedliche Absichten oder Ruchlosigkeit. Körpersprachliche Signale können aber nur bei physischer Nähe wirklich gut entschlüsselt werden, weil dann alle Sinne beteiligt sind.

Stimmen die Rahmenbedingungen, dann steigt nicht nur die Aussicht auf eindrucksvolle Erfolge. Es steigt auch die Chance auf den Serendipity-Effekt. Das ist das Stolpern über glückliche Zufälle, was durch die »Weisheit der Vielen« begünstigt wird. Die in der Sharing-Economy sozialisierte junge Generation hat im Übrigen längst verstanden, wie arm man bleibt, wenn man alles für sich behält, und wie reich man wird, wenn man teilt. Das gilt vor allem für Wissen. Es verflüchtigt sich, wenn man es hortet. Wenn Wissen hingegen frei seine Bahnen zieht und sich weitläufig vernetzt, kann dies zu erstaunlichen Fortschritten führen.

Der Unterschied zwischen Book-Smarts und Street-Smarts

Book-Smarts, die High Potentials der Old Economy, werden im Zuge des Wandels von den Street-Smarts abgelöst.[9] Book-Smarts sind diejenigen, die Zusammenhänge theoretisch verstehen und ausgezeichnet analysieren. Sie setzen auf Wissen und Logik und malen sich vom Schreibtisch aus eine perfekte Landkarte einer nicht so perfekten Welt. Excelsheets und Dashboards können sie zwar virtuos lesen, das Gesicht ihres Gegenübers jedoch kaum. Im Zahlengeflimmer vor ihrer Nase hat sich der gesunde Menschenverstand verflüchtigt. Balken, Torten und Diagramme sind ihre Realität. Mit dem gleichen Management-Standardrepertoire, das alle von der Uni her kennen, wird die gesamte Unternehmenswelt unreflektiert überschwemmt. Denn ja, leider schicken die meisten Business-Schools und BWL-Fakultäten ihre Absolventen noch immer mit Methoden von anno dazumal in eine sich drastisch verändernde Wirtschaft.

Book-Smarts werden zunehmend von Street-Smarts abgelöst.

»Ich mach mein Studium nur zu Ende, weil in allen Stellenausschreibungen, die mich interessieren, ein abgeschlossenes Studium Voraussetzung ist. Ich kann aber 90 Prozent von dem, was ich da lerne, niemals brauchen«, erzählt uns Laura. Was für eine Verschwendung! Und es kommt noch schlimmer. »Die Anforderungen, die ihr an uns junge Leute stellt, sind ganz enorm: ein abgeschlossenes Studium, beste Noten, Auslandserfahrung, ein breites Wissen, Kreativpotenzial. Sind wir dann bei euch, werden wir als Erstes zurechtgestutzt und sollen uns an haarklein vorgeschriebene Abläufe halten, die aber nur auf dem Papier gut funktionieren.« Das sagt Sven, damit das Generationendilemma auf den Punkt bringend.

In größeren Unternehmen haben die meisten Abteilungsleiter noch nie mit Kunden gesprochen. Deshalb fallen viele Entscheidungen auch so theoretisch aus. Sogar im Marketing sitzen fast ausschließlich Book-Smarts. Ihre Kunden kennen sie nur noch von Charts. Endlos brüten sie über Daten und nennen das »Customer-Insights«. Wie es den Menschen im wahren Leben ergeht, das haben sie nie erforscht. Wenn Messe ist, engagieren sie schicke Hostessen, statt sich selbst ins Kundengetümmel zu stürzen. Dafür ist ihnen ihre Zeit viel zu schade. Doch zu einem Street-Smart kann man nur werden, wenn man rausgeht zum Kunden und dessen Lage wirklich hautnah durchlebt. So hat ein Hersteller von Inkontinenzprodukten seine Manager angewiesen, eine Woche lang rund um die Uhr Erwachsenenwindeln zu tragen und diese auch zu verwenden.

Mit Lehrbuchwissen kommt man heute nicht weit. Die Wirklichkeit ist immer anders.

Street-Smarts sind diejenigen, die sich auf dem Weg durch den Dschungel nicht auf eine Landkarte verlassen. Sie wissen, dort hilft sie rein gar nichts. Sie leiten Lösungen aus bereits gemachten Erfahrungen ab oder konsultieren ihr Netzwerk, quasi das Wissen der Straße. Und dieses steht nicht im *Wöhe*, der Bibel der Betriebswirtschaftslehre. Mit Lehrbuchwissen kommt man heute nicht weit. Denn die Wirklichkeit ist immer anders. Und Street-Smarts wissen das ganz genau. Sie sind umtriebig, unbekümmert, einfallsreich und situationserprobt. Sie sind veränderungsinteressiert und komplexitätserfahren. Genau das ist es, was die Next Economy braucht.

Natürlich ist Bücherwissen nicht grundsätzlich schlecht – danke übrigens, dass Sie dieses Buch lesen. Problematisch ist nur, wenn man abstrakte Kenntnisse wie eine Schablone benutzt, anstatt sich Gedanken darüber zu machen, wie man das erlernte Vorgehen auf eine jeweilige Situation passgenau überträgt. So wie die gleiche Arznei nicht für alle Krankheiten taugt, so kann nicht die gleiche Managementtechnik für alle Unternehmen die richtige sein.

Die Book-Smarts, Stubenökonomen nennt man sie auch, agieren in einer abgeschotteten Welt. Sie analysieren und analysieren. Und das dauert und dauert. So verplempern sie wertvolle Zeit, die in Zukunft niemand mehr hat. Außerdem hocken sie auf Know-how, das in der Next Economy kaum noch was wert ist. Zu schnelllebig sind die benötigten Experten. Niemand ist heute mehr *aus*gebildet. Wenn Wissen schneller veraltet als jemals zuvor, dann ist Vorratslernen nur noch marginal sinnvoll. Die Herangehensweise ans Lernen ändert sich demgemäß gerade fundamental. Selbstbefähigung und permanenter Entwicklungswille sind fortan ein Muss, sowohl in Bezug auf fachliche Tiefe als auch breit angelegt und vernetzt. »T-shaped« werden solche Personen genannt. Sie vereinen in sich, symbolisiert durch das T, Fähigkeiten von Spezialisten und von Generalisten.

Wer sein Qualifizierungsniveau nicht ständig durch eigenen Antrieb erhöht, entsorgt sich in Zukunft selbst. Den Street-Smarts kann das nicht passieren. Werden Informationen benötigt, um an ein neues Thema heranzugehen, dann warten sie nicht bis zum nächsten Lehrgang. Sie starten vielmehr flugs eine Onlinerecherche. Alles Wesentliche steht längst im Web. »YouTube das mal!« ist heute ein gängiger Spruch – und symptomatisch für neue Formen der Selbstlernkompetenz. Wer die klügsten Fragen ans Internet stellt und weiß, wo man am besten sucht, der gewinnt. 62 Prozent der Wissensarbeiter kümmern sich selbst um ihre Weiterbildung und 59 Prozent entwickeln ihre Themengebiete in ihrer Freizeit weiter, so die Wissensarbeiterstudie 2017.[10]

Disruption oder Selbstdisruption? Sie haben die Wahl

»Disruptiv« bedeutet, dass ein bestehendes Geschäftsmodell, eine bekannte Technologie, eine übliche Dienstleistung oder eine tradierte Kategorie durch eine schlagartig auftauchende Neuheit abgelöst wird. Im Gegensatz zu einer evolutionären Innovation, die Existierendes verbessert und weiterentwickelt, bezeichnet die disruptive Innovation eine radikale, bahnbrechende Verdrängung. So löste einst auf den Weltmeeren das Dampfschiff das Segelschiff ab. Kein einziger Hersteller von Segelschiffen meisterte diesen Technologiesprung. Im Gegenteil: Diese versuchten, der neuen Antriebskraft mit mehr Segeln Paroli zu bieten. Heutzutage kommen umwälzende Disruptionen vor allem von Branchenneulingen aus der Digitalwirtschaft. So ist der Onlinehandel nicht von einem stationären Händler, das internetbasierte Bezahlen nicht von einer Bank und iTunes nicht von der Musikindustrie erfunden worden.

Disruption ist demnach kein Weitermachen im Trippelschritt-Modus auf vertrautem Terrain. Disruption ist völliges Neuland, der Sprung durch die Feuerwand der Unsicherheit. Doch darauf lässt man sich besser ein. Brandschutzmauern errichten? Bringt in diesem Fall gar nichts. Vor urplötzlichen Angriffen ist niemand sicher. Ihnen kann das nicht passieren? Sie sind ja schließlich Weltmarktführer! Das ist der Zukunft egal. Dem digitalen Wandel kann sich niemand entziehen. Wer nicht agiert, wird weginnoviert. Also sich selbst disrupten? Heutzutage: Na klar! Bevor es andere tun, tun Sie's lieber selbst, um sich Wettbewerbsvorteile und finanzielle Erfolge zu sichern.

»Ganz nett, aber erzähl niemandem davon.« Ein Satz, der in die Geschichte einging. Zu hören bekam ihn Kodak-Mitarbeiter Steven J. Sasson, als er bereits 1975 eine von ihm erfundene Digitalkamera vorstellte. Der technologische Fortschritt zwingt *jeden* dazu, sich immer wieder neu zu erfinden. Selbstdisruption bringt dabei ganz gezielt Produkte in den Markt, mit denen man sich selbst Konkurrenz machen kann. Apple hat wiederholt den Mut dazu gehabt: beim iPhone, das dem iPod Marktanteile raubte, und auch beim iPad, das die Mac-Verkäufe kannibalisierte. Und obwohl man sich das kaum vorstellen kann, wird es Handys oder auch Suchmaschinen in ihrer heutigen Form eines Tages nicht mehr geben. Selbst Disruptoren sind nicht sicher vor Disruption. Deshalb sorgen sie vor. So hat sich Google unter der Dachmarke Alphabet mit wegweisenden Zukunftstechnologien längst neu aufgestellt. In Organisationen alter Schule hingegen, in denen Abteilungsleiter regieren und jeder sein Territorium hermetisch bewacht, weil daran Vorgaben, Planzahlen und Zielerreichungsboni hängen, wird Selbstdisruption torpediert. So machen sich klassische Unternehmen zu Gefangenen ihrer eigenen Managementmethoden, nämlich solchen, mit denen sie früher mal siegreich waren. Doch auch das ist der Zukunft egal.

Disruptionen werden von etablierten Anbietern zudem meist unter-
schätzt, weil sie bei ihrem Auftauchen zunächst unbedeutsam
und vage erscheinen. Sie verlaufen praktisch niemals nach
Plan. Sie lassen sich nicht vorbudgetieren und auch
nicht bis ins Detail vorkalkulieren. Märkte, die noch
nicht existieren, können nicht analysiert, höchstens
hoffnungsvoll vorgeschätzt werden. Ein Albtraum
für den Controller. Der will genaue Zahlen. »Haben
wir denn wenigstens unsere Kunden befragt, was
die dazu sagen?«, insistiert er. Besser nicht. Denn
Neues ist nur in den Kategorien des Bekannten für die
Kunden fassbar. Anschlussfähigkeit wird gebraucht. Wer
also das *vollkommen* Neue mit klassischer Marktforschung bei
angestammten Kunden testen will, erntet eher Fehlprognosen, etwa
so: Niemand brauche ein Mobiltelefon für 500 Dollar, das nicht mal
eine Tastatur habe, erklärte der frühere Microsoft-Chef Steve Ballmer
2007 in einem Interview zum ersten iPhone überheblich.[11] Kacheln im
Handy? Die Leute wollen telefonieren, war sich ein hochrangiger No-
kia-Manager sicher. Wenn selbst absolute Vollprofis bei Disruptionen
derart danebenliegen, wie will da ein »Normalo« akkurate Vorhersagen machen? Wer dies fordert, zwingt die Leute zur Zögerlichkeit und
strandet auf Nummer sicher in vertrauten Gefilden. Neue Business-
logiken lassen sich nicht mit alten Management-Denkmustern lösen.

> Disruption bringt
> *jeden* dazu,
> sich immer wieder
> neu zu erfinden.

Ein zusätzliches Manko: Große Unternehmen brauchen große Zahlen,
viele Kunden, jede Menge Umsatz und hohe Margen, um die geforderten Wachstumszuwächse zu erreichen. Ressourcen-Allokationen
gehen dorthin, wo die großen Zahlen sind. Unter solchen Umständen
kümmert sich niemand um Außenseiter. Kein Marketer hängt sich in
etwas Vages rein, und kein Manager setzt seine Karriere aufs Spiel, solange er an Kurzfrist-Vorgaben gemessen wird. Wie soll unter solchen
Umständen Disruptives entstehen? Wer immer zuerst nach Kennzahlen fragt und das Verfehlen von Plansolls öffentlich ahndet, macht sich
zum Totengräber von Innovation und Kundenzentrierung. Nicht nur
das, was man potenziell hinzugewinnt, sondern auch die verpassten
Gelegenheiten und all das, was man dadurch auf Dauer verliert, müssen mit einkalkuliert werden. Investitionen in demnächst unrentable
Technologien müssen dezimiert und Freiräume für wirklich innovative Geschäftsmodelle geschaffen werden.

Doch selbst die jüngste Wirtschaftsgeschichte zeigt, dass Firmen sich fast immer dafür entscheiden, die bestehenden Einnahmequellen zu schützen. Mit oft verheerendem Ausgang, wie man regelmäßig der Presse entnimmt. Das wahre Grundproblem rückt dabei allerdings kaum in den Vordergrund: die hoffnungslos veraltete Organisationsstruktur. Sie muss als Erstes disruptet werden. Eine Vielzahl von Pionierunternehmen hat dies längst in Angriff genommen. Die große Mehrheit der etablierten Unternehmen hingegen klebt weiter fest an ihrem pyramidalen System.

Hoffnungslos veraltet: Die Pyramidenorganisation

Schauen wir uns zunächst an, wie pyramidale Systeme grundkonzipiert sind. Das erkennen wir gut in Abbildung 3:

- Der Geschäftsführer, Vorstand beziehungsweise CEO (Chief Executive Officer) wird durch Attribute wie Macht und ein exzessives Salär stark herausgehoben.
- Unter ihm gibt es mehrere Führungsebenen: eine obere, heutzutage meist C-Level genannt (CMO, CIO, CFO usw.), eine mittlere und eine untere.
- Der Pulk der Mitarbeiter trägt die ganze Last. Es sind »die da unten«, das Fußvolk, das Humankapital, Spielfiguren des Managements, Mittel zum Zweck.
- Alles Streben der Organisation gilt der »Sonnenanbetung«, Profitmaximierung genannt.

Ein solches Denkmodell hängt der männlich-heroischen Ansicht nach, dass es ein paar wenige weit oben gäbe, die »den ganzen Laden schmeißen«. Viele Symptome des Abblockens neuer Organisationsstrukturen, aber auch das weitläufige Fehlen weiblicher Führungskräfte im obersten Stock, haben ihren Ursprung in diesem veralteten Mindset.

Visuell manifestiert sich dieses Denkmodell als Top-down-Organigramm. Es ist derart Standard, dass man es, scheinbar alternativlos, in klassischen Organisationen quasi überall findet. Im Wesentlichen wird darin dokumentiert, wer wem vorgesetzt und wer wem untergeben

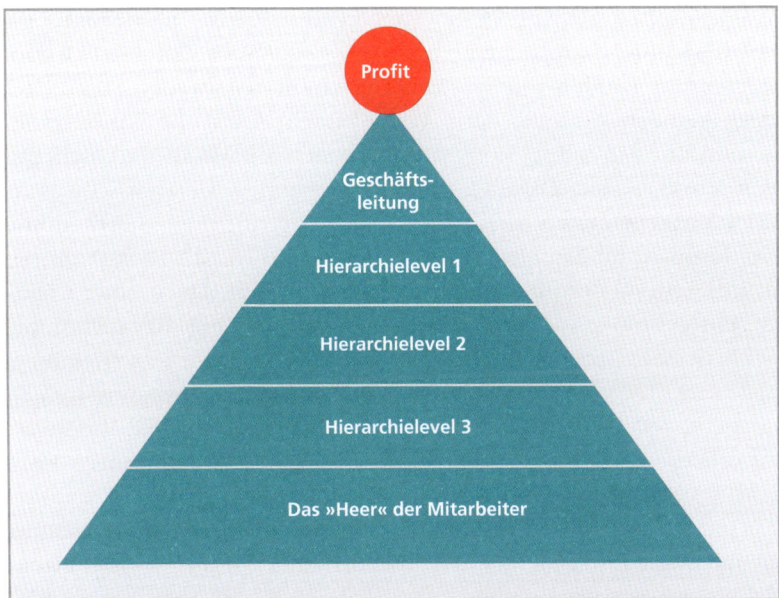

Abb. 3: Das Pyramidenmodell einer klassischen Unternehmensorganisation

ist. In einer Selbstschau strukturiert man sich nach Funktionen oder Geschäftsbereichen. Die Kommunikation läuft hierarchisch von oben nach unten und wieder zurück. Was bedeutet: Oben wird gedacht, unten wird gemacht. Führungskräfte werden vor allem dafür bezahlt, dass die Mitarbeiter wie gewollt spuren. »Dienst nach Vorschrift« ist üblich. Ganze Abteilungen sind dazu da, andere zu kontrollieren.

Gearbeitet wird zentralistisch organisiert in Formationen, die man gerne »Silos« nennt. Querverbindungen gibt es nur oben, zwischen den unteren Ebenen offiziell nicht. So weiß oft die rechte Hand nicht, was die linke tut, und genau das ist die Krux: Silodenke ist mit der Flexibilität, die die Märkte und Kunden heute verlangen, nicht vereinbar. Funktionssilos sind Anomalien. Sie stehen für Abschottung und Isolation, Netzwerke hingegen für Dialog und Zusammenarbeit. Silos sorgen für den gefährlichen Tunnelblick, Netzwerke für eine reiche Rundum-Perspektive. Wirklich Neues entsteht an Schnittstellen, in Randbezirken und dort, wo flexible Einsatztruppen interdisziplinär agieren – aber niemals in Silos.

Was vermittelt uns zudem ein Organigramm? Der Chef thront ganz oben, darunter, in Kästchen eingesperrt, seine brave Gefolgschaft. Dokumentiert werden nur die Leitungsfunktionen, weder Mitarbeiter noch Kunden kommen darin vor. Vielmehr kreist die Führungsriege rein um sich selbst. Sie konzentriert sich auf Macht und nicht auf den Markt. Solche Organigramme haben übrigens militärische Wurzeln. Sie zementieren Hierarchien und Unterwürfigkeit, Starrheit und Konformität. Im digitalen Sturm haben sie, so wie die Monokulturen in unseren Wäldern bei einem Orkan, nicht den Hauch einer Chance. Ein gesunder »Mischwald« wäre besser geeignet. Kreativität, die Schlüsselressource der Zukunft, wird durch Top-down-Organigramme abgetötet. Indem man Mitarbeitern Macht und Bewegungsfreiheit entzieht, reduziert man ihre Effizienz. Und die Fähigkeit, ihr Bestes zu geben, verkümmert. Wer Menschen nach Vorgaben tanzen lässt, macht sie zu Hampelmännern. Und zwängt man seine Leute in ein Korsett aus Befehl und Gehorsam, fallen sie in Ohnmacht. Soweit die ziemlich erschütternde Erstdiagnose. Schauen wir uns das im Folgenden noch etwas genauer an.

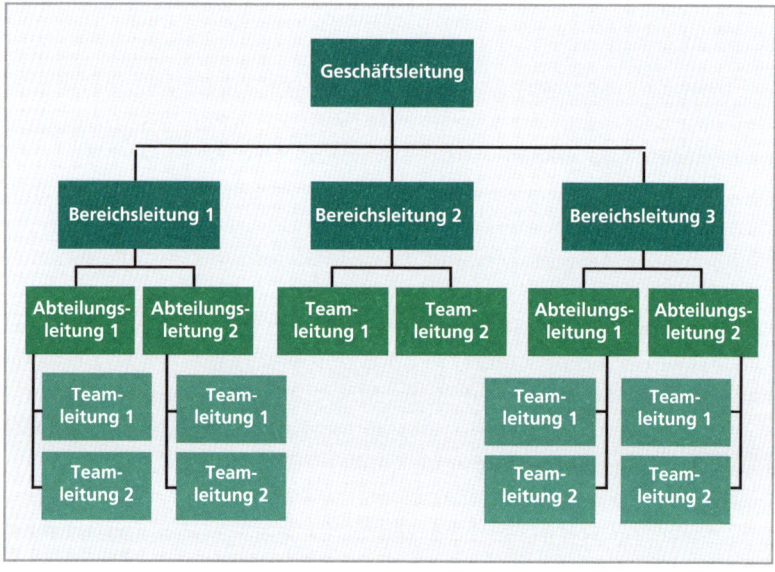

Abb. 4: Ein klassisches Organigramm, wie man es fast überall findet

Old School: Wie klassische Organisationen funktionieren

Klassische Old-School-Organisationen nennen wir in diesem Buch bisweilen tradiert, etabliert, herkömmlich, traditionell, fragmentiert, autokratisch, alteingesessen, pyramidal. Ihre Wurzeln liegen im Industriezeitalter. Sie kommen also aus einer Zeit, in der Entwicklungen linear und Märkte überschaubar waren. Folgende Merkmale gehören in aller Regel zu größeren klassischen Unternehmen:

- Eine hierarchische Top-down-Organisationsstruktur
- Von Zahlen und finanziellen Ergebnissen angetrieben
- Fokus auf Marktführerschaft und Gewinnmaximierung
- Hohe Kapitalbindung durch Besitz von Wirtschaftsgütern
- Effizienzgetriebene Prozesse und große Vorschriftendichte
- Flexibilitätsmangel, Risikointoleranz und Fehleraversion
- Abschottung, Abteilungsegoismen, Insellösungen
- Wettbewerbsverhalten im Firmeninneren und am Markt
- Lineares Denken, von der Vergangenheit ausgehend in die Zukunft gerichtet
- Planungs-, Vorgaben-, Genehmigungs- und Kontrollbürokratie
- Mitarbeiter sind »Humankapital«, also Mittel zum Zweck
- Managementtools werden schablonenhaft implementiert
- Innovationen in Form von kontinuierlichen Verbesserungen

Wer so aufgestellt ist, kann ganz offensichtlich nur wenig spontane Wandeldynamik entfalten. Hauptaufgabe ist ja der Systemerhalt – und die Verwertung. Steuernd und regelnd geht es der Führung vor allem darum, das Maximum aus der Organisation herauszuholen und zugleich den Status quo abzusichern. Deshalb hat die Finanzseite das Sagen. Sie ist defizitorientiert und die Fixierung auf Kosten ist hoch. Doch Fortschritt lässt sich nicht ersparen, schon gar nicht zulasten der Kunden. Der Rotstift sollte mal besser beim Verwaltungsapparat tanzen. Was der kostet und wie viel Wertschöpfung einem durch seine Pflichtprogramme entgeht, das ist monströs. Und zugleich desaströs.

Querdenken? Muster brechen? Innovieren? In so einer Welt? Wird zwar gefordert, ist aber eigentlich gar nicht erwünscht. Die Menschen in den Unternehmen spüren das intuitiv – und verhalten sich lieber still. Querdenker stören, Musterbrecher destabilisieren das System und Innovationen sind ungewiss. Schwingt sich zudem einer zum Neuerer auf, hat er die Nutznießer des alten Systems zum Feind. Mithin sind Beharrungstendenzen erklärlich. Das klingt dann so: »Unsere Mitarbeiter wollen das nicht!« – »Unsere Führungskräfte ziehen nicht mit!« – »So was funktioniert bei uns eh nicht!«, gern zur Verstärkung ergänzt um ein »Isso!« mit Ausrufezeichen. Ein derart kapitulierendes Denken macht Transformationsversagen sehr, sehr wahrscheinlich.

»Es ist ziemlich sinnlos, die Schuld für Mangel an Veränderung, Innovation, Verbesserung immer abwechselnd ›den Mitarbeitern‹ oder ›den Führungskräften‹ in die Schuhe zu schieben. In Wirklichkeit haben die meisten Unternehmen nicht ein Personalproblem, sondern ein gewaltiges System-Problem: Ihre Organisationsmodelle sind auf Bürokratie, Hierarchie und Fremdkontrolle hin ausgelegt. Da muss man sich nicht wundern, wenn Selbstverantwortung, unternehmerisches Denken und Teamgeist aus der Organisation verschwinden. Man kann eben mit Weisung und Kontrolle kein Unternehmertum erzeugen«, sagt der international renommierte Organisationsexperte Niels Pfläging, der sich selbst Management-Exorzist nennt.[12]

Abb. 5: Wesentliche Begriffe in Old-School-Unternehmen

Die Auswirkungen veralteter Management-Mindsets

Hierarchiegeprägte Top-down-Organisationen schaffen ein Mindset, also eine Denk- und Handlungslogik, die genau das Verhalten hervorbringt, das zu diesem Mindset passt: Man erzieht sich lauter Mündel, die meinungslos auf Anweisungen warten. Mit anderen Worten: Man macht seine Mitarbeiter führungsbedürftig. Vorgezeichnete Wege hemmen die Fantasie und zerstören damit die Möglichkeit, eigene, andere, bessere Wege zu einer Zielerreichung zu finden. Und das ist verheerend. Denn die Zukunft ist unklarer als jemals zuvor. Der Planungshorizont wird immer enger, die Vorhersagbarkeit geht gegen null. In allen Branchen wird es nun Pioniere geben, die die Digitalisierung für völlig neue, noch nie dagewesene Anwendungen nutzen. Wir wissen nicht, ob sie kommen oder wann sie kommen, doch wenn sie kommen, dann kommen sie schnell.

> **Veraltete Mindsets machen Mitarbeiter führungsbedürftig.**

Der Chef als Leitstern, der alles weiß und alles kann? Tempi passati. Vorbei. Früher war sein Machtwort sicher oft brauchbar. In einem unantizipierbaren Umfeld jedoch wird es schnell zum Irrlicht im Moor. Besser, man schafft einen lebendigen Rahmen, der das Wissen und Können von vielen, möglichst der Besten, rege miteinbezieht. »Früher habe ich versucht, gute Antworten zu geben. Heute versuche ich, gute Fragen zu stellen«, erzählt uns ein Manager. Bingo! Genauso aktiviert man dezentrale Intelligenz.

Als traditionelle Unternehmen entstanden, war die Komplexität niedrig. Insofern war Planung gut machbar. Entscheidungen »von oben« passten zum damaligen Zeitgeist. Top-down-Konstrukte waren eine logische Folge. Doch sie haben auch eine Menge Kollateralschäden erzeugt. Weil Effizienz im Vordergrund stand, ist die Menschlichkeit schnell auf der Strecke geblieben. Managerwichtigkeit wurde in »Kontrollspanne« gemessen. Schlechte Führung? Wurde wissentlich toleriert, solange die Ergebnisse stimmten. Despoten, Menschenschinder, autoritäre Walzen? Keine Seltenheit. Hinter vorgehaltener Hand wurde von »Chefs aus der Hölle« gesprochen.

Ein ganzes Arsenal dirigistischer Managementmoden hielt unhinterfragt Einzug, »weil es alle so machen«. Man kannte es eben nicht anders. So wurden ganze Managergenerationen sozialisiert: »Wir sind nur den Anteilseignern verpflichtet, alle anderen Anspruchshaltungen interessieren uns nicht.« Ansichten wie diese waren zu Shareholder-Value-Zeiten völlig normal. Die brachiale Egomanie vieler Konzerne und ihrer Spitzenmanager hält leider bis heute an. Dies wird aufgrund einer einseitig auf Kapitalperformance ausgerichteten Unternehmensbewertung durch Analysten auch noch begünstigt. Profitmaximierung wird zum alles überstrahlenden Selbstzweck.

Externalitäten bedeutet: Profit wird auf Kosten Dritter erzielt.

Das Erzeugen von Externalitäten ist in solchen Systemen gängige Praxis. Externalitäten sind unkompensierte Effekte, die auf Bereiche außerhalb des Unternehmens abgewälzt werden und dort erhebliche Schäden verursachen, ohne dass jemand dafür die Verantwortung übernimmt. So wird Profit auf Kosten Dritter oder des Allgemeinwohls erzielt, oft auf dem Rücken der Ärmsten und Schwächsten. Denken wir nur an Kinderarbeit, moderne Sklaverei, erschütternde Produktionsbedingungen, das Plastikdesaster, den Pestizidwahnsinn, das Palmöldrama, die Elektroschrottberge, die Giftmülldeponien, die Massentierhaltung, das Artensterben, die Plünderung von Bodenschätzen, den ungebremsten Raubbau an der Natur, die Abermillionen von Toten durch Umweltsünden. Margen, Preisdruck und Gier lassen Ethos, Anstand und Achtung der Menschenwürde manchmal völlig versanden. Und nein, ein bisschen Corporate-Social-Responsibility-Aktionismus wäscht einen ganz sicher nicht rein. Wer auf solche Art modernen Ablasshandel betreibt, wird sehr schnell durchschaut.

Auch der sogenannte Homo oeconomicus, der seine Entscheidungen rein vernunftmäßig trifft und selbstsüchtig seinem Nutzen frönt, fällt in die alte Businesszeit. Er ist eine traurige Erfindung weltfremder Wirtschaftsökonomen. In Wahrheit hat es ihn nie gegeben. Doch das ehemals vorherrschende Menschenbild spukt als Poltergeist noch immer in vielen Köpfen herum. Es geht zum Beispiel davon aus, dass Mitarbeiter träge und arbeitsunwillig seien, anspruchslose Aufgaben bevorzugten und Verantwortung scheuten, weshalb sie gefügig gemacht und zur Arbeit angetrieben werden müssten. Dies entspricht der weitläufig bekannten Theorie X von Managementprofessor Douglas McGregor, die er 1960 in seinem Buch *The Human Side of Enterprise* beschrieb. Darin hat er Gott sei Dank auch seine Theorie Y entwickelt. Sie steht für die Hypothese vom grundsätzlich engagierten Mitarbeiter, der Arbeit als Möglichkeit zur Selbstverwirklichung sieht und Freude daran hat, Leistung zu bringen. Befruchtendes Führen und gute Rahmenbedingungen ermöglichen seine volle Entfaltung. Tatsache ist: Von Haus aus gibt es keine Theorie-X-Menschen. Schlechte Führung lässt sie so werden. Ed Catmull, Leiter der überaus erfolgreichen Pixar Animation Studios, hat das einmal so ausgedrückt: »Wir beginnen mit der Annahme, dass unsere Mitarbeiter talentiert sind und einen Beitrag leisten wollen. Wir akzeptieren, dass unser Unternehmen ungewollt dieses Talent auf unzählige Weisen einengt. Aber wir versuchen, diese Hindernisse zu finden und zu beseitigen.«[13]

Tatsächlich lassen sich Mitarbeiter auf ganz andere Weise unterscheiden: Einerseits gibt es die erfahrenen Mitarbeiter, die Könner. Das sind jene, die sich in ihrem Bereich sehr gut auskennen. Andererseits gibt es weniger erfahrene Leute. Dementsprechend sollte Führung ausschließlich nach diesem Kriterium unterscheiden: entweder *begleitend* oder *Freiraum schaffend*. Den erfahrenen Mitarbeitern muss Freiheit gegeben werden, damit sie ihre eigenen Lösungen entwickeln können. Demgegenüber ist es wichtig, die noch wenig erfahrenen Einsteiger an die Hand zu nehmen. Führungskräfte müssen ihnen Zeit geben, damit diese Mitarbeiter aus ihren Fehlern für die Zukunft lernen und so zu Könnern werden. Wie schon Albert Einstein sagte: »Alles wirklich Große und Inspirierende wird von Menschen geschaffen, die in Freiheit arbeiten können.«

Was zwischen Old School und New School zeitlich geschah

Die Frage, die sich nun stellt: Was hat eigentlich den Umbruch zwischen Old-School- und New-School-Unternehmen herbeigeführt? Das Aufkommen des Internets und die Entstehung der sozialen Netzwerke, verbunden mit einem permanenten mobilen Zugang, haben zu dreierlei Zuständen geführt:

- einer exponentiellen Vernetzungsdichte,
- einer hohen Spontanaktivität und
- zu viralen Effekten mit Tendenz zur Selbstaufschaukelung.

Dieser Dreiklang und die dazugehörigen Wechselwirkungen führen dazu, dass die Komplexität ständig steigt und niemand Vorhersagen darüber machen kann, wohin sich das Ganze entwickelt. Der Schmetterlingseffekt, so formuliert es der leider verstorbene Organisationspsychologe Peter Kruse, steckt immer dazwischen.[14]

Für die Menschen ergibt sich aus dieser Entwicklung dreierlei:

- Sie erhalten quasi überall und jederzeit Zugang zu allem Wissen der Welt.
- Sie erleben Selbstwirksamkeit und können Spuren hinterlassen.
- Sie können sich in Netzwerken organisieren und zu Bewegungen zusammenschließen.

Dies wiederum führt zu einer grundlegenden Machtverschiebung vom Anbieter zum Nachfrager. Nicht der Anbieter entscheidet, wohin die Reise geht, der Nachfrager entscheidet, was zählt. Macht wird also umdefiniert. Das »Reh« hat nun die Flinte in der Hand. Wir bekommen extrem starke Kunden – und sehr starke Mitarbeiter.

Die Ökosysteme der Netzwerkwelt werden eine solche Dynamik entfalten, so Peter Kruse, dass Unternehmen es sich schlichtweg nicht leisten können, sich nicht zu verändern. Was das aber bedeutet: Nicht die Menschen müssen verändert werden, sondern das organisationale System. Man muss stimmige Rahmenbedingungen schaffen, damit die Anpassung an die Flutwelle des Wandels gelingt. Oder, um es mal martialisch zu sagen: Mit alten Waffen kann man keine neuen Kriege gewinnen. In der Produktionswelt von gestern ging es um das Steuern und Stabilisieren. In der Digitalwelt von morgen sind hohes Tempo, adaptive Beweglichkeit und ständiges Innovieren in einem komplexen Umfeld die Norm.

Komplex: Was in vernetzten Systemen passiert

Komplexe Systeme steuern sich in hohem Maß selbst. Nehmen wir als Anschauungsmaterial die komplexesten knapp anderthalb Kilo, die die Natur je erschaffen hat: unser Gehirn. Es ist der beste Beweis für funktionierende Selbstorganisation. Kein Neuronenklumpen sagt so was wie: »Wenn ihr Vorschläge habt, reicht die mal hoch, damit ich entscheiden kann, wie wir diesen Menschen zum Laufen bringen.« Vielmehr passt sich unser Denkapparat ganz ohne Befehl von »oben« in einem permanenten Selbstlernmodus blitzschnell an die sich laufend ändernden Außenbedingungen an. Dazu greift er auf einen Mix aus genetischen Programmen, gespeicherten Erfahrungen, etablierten Routinen und vorherrschenden Mindsets zurück. Seine Verschaltungen laufen nicht linear, sondern über vernetzte Knotenpunkte, etwa 20 an der Zahl. So kann unser Hirn auf mehr als einem Weg zu guten Ergebnissen kommen. Zudem bezieht es eine hohe Zahl heterogener Sinneseindrücke mit ein, bevor es entscheidet. Diese Eindrücke werden auf Relevanz überprüft und dann gewichtet. Schließlich kontrollieren permanente Rückkoppelungsschleifen, ob eine getroffene Entscheidung die richtige war.

> **Unser Gehirn ist ein Musterbeispiel für funktionierende Selbstorganisation.**

Nervenbahnen, die nicht regelmäßig benutzt werden, verwildern wie Trampelpfade im Wald. »Use it or loose it« nennt man dieses Prinzip. Neuronale Baupläne werden andauernd aufgebaut, umgebaut und auch wieder abgebaut. Stockt alles und führt nichts zum Ziel, kennt das Gehirn sogar einen Selbstreinigungsmodus. Nicht mehr dienliche Synapsenverschaltungen werden komplett weggeräumt, um Platz zu schaffen. Es kommt zu einer neuronalen Neuvernetzung. Als die Menschen sesshaft wurden, war das zum Beispiel der Fall. Die Fähigkeit, in freier Natur zu überleben und seinem Jagdglück zu frönen, verkümmerte kläglich. Sicher haben damals Berufspessimisten vor dem kollektiven Verhungern gewarnt. Doch siehe da: Die Sesshaftigkeit hat Zivilisation und damit auch Kooperation in großem Stil überhaupt erst ermöglicht. »Die Steinzeit ist nicht zu Ende gegangen, weil den Menschen die Steine ausgingen, sondern weil sie sich neuen Technologien zuwandten«, so die Archäologen.

Auch die Mutter der Digitalisierung, das Internet, hat keinen Boss. Im Internet vernetzen sich die Menschen zu Schwärmen, die mal in die eine und mal in die andere Richtung ziehen, immer auf der Suche nach Neuem, Anderem, Besserem. Dabei geht es nicht nur um eine Vernetzung von Daten, sondern auch um die Vernetzung von Wissen. Wie das funktioniert? Im Web ist dies ein sich selbst steuernder permanenter Prozess, der über vielerlei Knotenpunkte, also Plattformen, Portale und soziale Netzwerke, läuft.

Wenn die Komplexität zunehmend steigt, sind sich selbst organisierende Strukturen tauglicher als starre Systeme. In Netzwerken gibt es kein Oben und Unten. Weil Netzwerke sich dezentral organisieren, sind sie schnell, anpassungsfähig, robust und flexibel. Sie sind ein Brutkasten für die Kreativität genialer Köpfe, die ideenreich Neues hervorbringen können und wollen. Doch Kreativität ist ein sensibles Gewächs, das die richtigen Umstände braucht. Autonomie und ein teilendes Miteinander gehören dazu. Innovative Energie und damit auch Disruptionen brauchen also eine vernetzungsfreundliche Organisation. Und sie brauchen angstfreie Räume. Deshalb wird in florierenden Jungunternehmen auch so viel Wert auf ein Wohlfühlklima gelegt. Reale Begegnungen, ein angenehmes Umfeld, intensiver Austausch und gute Stimmung gehören dazu. Nur wem es gut geht, der macht gute Arbeit.

Angst tötet Kreativität und innovative Energie.

Überall im Unternehmen müssen »Möglichkeitsräume mit Innovationspflicht« geschaffen werden, in denen eigeninitiatives Handeln den Vorzug vor Direktiven erhält. Um dabei gut voranzukommen, sind umfangreiche Freiheitsgrade, Vertrauen, kurze Entscheidungswege, ein Höchstmaß an Flexibilität und eine kollaborative Vernetzung vonnöten. Analog den Knotenpunkten werden Brückenbauer gebraucht, die als flinke Weichensteller für optimale Verschaltungen sorgen. So kann es gelingen, die kollektive Intelligenz der besten Ratgeber zu mobilisieren, die es da draußen gibt: der eigenen Mitarbeiter und der sozial vernetzten Kunden. Pyramidale Strukturen sind dazu *nicht* geeignet. Weil diese nur in eine Richtung zeigen, nämlich von oben nach unten, verbauen sie den Blick auf andere, womöglich weitaus bessere Wege zum Ziel.

Ein wichtiger Aspekt an dieser Stelle: Selbstorganisation ist eine Wahl. Das hat mit dem inzwischen vielfach üblichen »Empowern« der Mitarbeiter, also der »gnädigen« Abgabe von Macht, nichts zu tun. Ermächtigung wird von oben gewährt, insofern ist sie nur eine abgemilderte Spielart des alten Systems. »Enablen« hingegen, also das Möglichmachen, geschieht auf Augenhöhe mit dem Ziel einer zunehmenden Autonomie.

Selbstorganisation bedeutet natürlich nicht, dass alles sich komplett selbst überlassen bleibt und nach dem Prinzip »irgendwie« funktioniert. Ein grundlegender Rahmen ist unumgänglich, damit nicht alles im Chaos versinkt. Unbestreitbar braucht es in manchen Fällen auch strikte Ablaufpläne, wie etwa im Flugverkehr und bei der Feuerwehr. Doch grundsätzlich dürfen Ordnungssysteme nie so einengend sein, dass dadurch Anpassung verlangsamt und Fortentwicklung ausgebremst wird.

Auch die Wikipedia, eines der eindrücklichsten Beispiele für Selbstorganisation, hat ein klares Regelset, das Wildwuchs verhindert und die Webgemeinde vor Fake News bewahrt. Was wenig bekannt ist: Nupedia, die Vorläuferin der Wikipedia, ist mit Pauken und Trompeten gescheitert. Und warum? Zunächst durften nur ausgewiesene Experten Enzyklopädie-Einträge schreiben. Hierzu wurde ein siebenstufiger Prozess mit Zuweisung, Doppelgutachten, Zwischen- und Endkontrolle definiert. Nach 18 Monaten und 250 000 ausgegebenen US-Dollar hatte die Nupedia 12 fertige Artikel und 150 im Entwurfsstadium.[15] Anfang 2001 stellten Jimmy Wales und Larry Sanger dann auf eine offene Verfahrensweise um, sodass *jeder* seitdem unter Beachtung einiger weniger Vorgaben Einträge verfassen und redigieren kann. So begann der überwältigende Siegeslauf eines Disruptors. Ende 2017 stand das universell zugängliche Onlinelexikon mit 47 Millionen Artikeln in 295 Sprachversionen unter den meistaufgerufenen Webseiten der Welt nach Google, YouTube, Facebook und Baidu auf Platz fünf.[16]

New School: Die Architektur von Jungunternehmen

New-School-Organisationen schaffen eine Kultur, die mit dem schnellen Wandel Schritt hält, und die notwendigen Rahmenbedingungen, um dies möglich zu machen. Bisweilen bezeichnen wir sie in diesem Buch auch als Netzwerkorganisationen oder agile, innovative Jungunternehmen. Ihre Gründung fällt in die Internetzeit, weshalb sehr viele von ihnen in der Digitalwirtschaft tätig sind. Wie solche Unternehmen agieren:

- Sie lieben ihre Kunden (und deren Daten).
- Sie hassen Bürokratie, da sie Verschwendung verursacht.
- Ihr Vorgehen ist offen, wendig, flexibel und schnell.
- Sie nutzen agile und kollaborative Arbeitsmethoden.
- Sie agieren niedrighierarchisch mit Minimalstrukturen.
- Die Mitarbeiter arbeiten weitestgehend selbstorganisiert.
- Die Kernbelegschaft wird durch Externe (Freelancer) ergänzt.
- Die Vermarktung geschieht über Wertschöpfungsnetzwerke.
- Wenig Besitz, vielmehr kostengünstiges Mieten und Teilen.
- Sie denken ihre Geschäftsmodelle von Anfang an digital.
- Sie streben nach hoher Skalierbarkeit bei minimalen Kosten.

Die Architektur innovativer Jungunternehmen ist geprägt von Offenheit und Vernetzung. Die Prozesse sind stets hochflexibel und laufen sehr zügig ab. Die Orte der Arbeit sind meist minimalistisch und sehr funktional. Sie bieten die Grundlage für Kollaboration und Konnektivität. Zwar haben steife Vorgaben in Jungunternehmen keinen Platz. Mehr noch als in Großunternehmen würden sie hier zu Verzettelung, Frust und Effizienzverlust führen. Dennoch braucht es ein Mindestmaß an Strukturen ebenso wie die Standardisierung von Basisprozessen. Sie geben Halt und sorgen für Sicherheit.

Kundenorientierung erfordert, dass die Prototypisierung beim Kunden beginnt – und nicht in der Entwicklungsabteilung. Es ist nämlich ziemlich intelligent, wenn man erst den Kunden versteht, bevor das Produkt entsteht. Deshalb bauen Jungunternehmen ihre Teams interdisziplinär um Kundenprojekte herum, und zwar entlang der Prozesskette, in der die Kundenleistung entsteht: Der Entwickler, der Designer, die Produktion, der Vertrieb, der Kundendienst und wer sonst noch wichtig ist, agieren gemeinsam, damit das Ganze wie aus einem Guss funktioniert. Eine Führungskraft im klassischen Sinne ist nicht mit dabei. Denn Macht killt Kreativität. Sie verlangsamt Entscheidungsprozesse. Sie züchtet das Jasagersyndrom. Und sie stört den Fortlauf der operativen Arbeit.

Neue Mindsets: Die Kultur von Jungunternehmen

Agile Jungunternehmen binden die Kunden aktiv in die Entwicklung mit ein. Dies hilft ganz enorm, den Kunden so gut zu verstehen, dass man Angebote erstellen kann, die dessen Bedürfnisse perfekt bedienen. Was nicht dem Kunden dient, ist Verschwendung. Was aus Kundensicht nutzlos ist, wird sofort ausgemustert. Und darüber hinaus: Jungunternehmererfolg hat fast immer mit Software, Daten, Algorithmen, neuesten Technologien, Communitys, Plattformen und Netzwerkeffekten zu tun. Sie beschäftigen sich zuvorderst mit Problemstellungen, die durch digitale Ideen gelöst werden können.

Jungunternehmer müssen keinen Markt verteidigen und keine Rücksicht auf tradierte Geschäftsmodelle nehmen. Sie sind nicht in überholten Strukturen und veralteten Mindsets gefangen. Sie brauchen weder auf hierarchische Tabus noch auf politische Spielchen zu achten. Sie probieren alles Mögliche aus, preschen schnell vor, wenn sich Erfolgsaussichten am Horizont zeigen, brechen aber genauso schnell wieder ab, wenn ihr Plan nicht zündet. Ihre Maximen: Versuch und Irrtum statt Befehl und Gehorsam. Und: Mut zum Spielraum statt Steuerung nach Plan. In der Szene gilt, klar auf Englisch:

Start many, try cheap, fail early, learn fast.

Die Kultur innovativer Jungunternehmen basiert auf ständiger Weiterentwicklung. Alles steht immer auf dem Prüfstand, um sich permanent zu verbessern und nie den Anschluss zu verpassen. Das kann in unserer digitalen Welt sehr schnell passieren. (So können wir auch keine Garantie dafür übernehmen, dass die in diesem Buch genannten Unternehmen noch am Markt sind, wenn Sie es lesen.)

Jungunternehmen arbeiten vornehmlich in sich selbst organisieren-‾ den Teams. Die Begegnungsqualität ist dabei sehr hoch. Sie haben ganz einfach verstanden, wie wichtig Zugehörigkeit, Zusammenhalt, Verbundenheit, ein enges Miteinander und ein starkes Wirgefühl sind. Die Führungskräfte zeichnet häufig Demut und Willenskraft aus. Sie wissen, dass schlechte Führung ein zentraler Grund für das Ausscheiden von High Potentials ist. Sie schaffen ein Umfeld, in dem Mentoring, konstruktives Feedback und eine ausgeprägte Lernkultur etabliert sind. Versuch und Irrtum führen zu permanenten Fortschritten. Neupositionierungen erfolgen, wenn nötig, sehr zügig.

Neue Geschäftsmodelle: Von Game-Changern gemacht

Kommt wie aus dem Nichts plötzlich ein Branchendisruptor daher, sind die Reaktionen fast immer gleich: erst belächeln, verspotten, kleinreden, niedermachen – dann Aufschrei, Empörung, Skandal! Oder klagen und jammern. »Jetzt kaufen unsere Kunden doch tatsächlich bei diesen Jungspunden ein. Hätten wir nicht gedacht. Da müssen wir uns aber bald mal was einfallen lassen.« Zu spät. Selbst mit Geldgeschenken sind die Nicht-mehr-Kunden nicht mehr zu locken.

Das Neuland wird längst von ambitionierten Digital Natives beackert. Sie lehnen sich, und das ist der wohl größte Unterschied zur Transformationsgeneration der 68er, nicht gegen Altes auf. Sie machen, ganz unaufgeregt, einfach neu. Interessanterweise arbeiten sie gar nicht gezielt auf den Untergang der Old Economy hin. Sie machen einfach ganz genau *das*, was für die Kunden erfreulicher, einfacher, praktischer, besser, schneller ist als das, was alteingesessene Unternehmen dem Markt derzeit bieten. Jedes ungelöste Kundenproblem kann für sie zu einem erfolgreichen Startpunkt werden.

»In unserer Branche geht so was nicht!« Das hören wir in konventionellen Umfeldern oft. Disruptoren wissen das nicht – und es ist ihnen auch völlig egal. Sie betreten keinen bestehenden Markt, sie erzeugen einen neuen. Digital fit, superagil, vielseitig interessiert, global geprägt und ständig auf der Suche nach guten Ideen, erkennen die unternehmerischen Millennials (ab etwa 1985 geboren) Potenziale blitzschnell, können Marktdifferenzen rasch identifizieren und Lösungen ganz neu kombinieren. Sie sind Zukunftsversteher. Und Transformationsexperten per se. Game-Changer nennen sie sich. So haben sie, von tradierten Modellen völlig entkoppelt, längst eine Parallelwelt erschaffen, die sich der Old Economy, wenn überhaupt, nur ansatzweise erschließt.

Sie versuchen erst gar nicht, alte Technologien aufzupeppen. Sie überspringen sie einfach. Herkömmliche Branchengesetze sind ihnen völlig egal. Gewohntes wird radikal infrage gestellt. Sie entwickeln nicht weiter, sondern kreieren unbekümmert, wagemutig und vor allem digitalbasiert die Dinge völlig anders und neu. Dabei entstehen Innovationen, die die Welt so umfassend verändern wie niemals zuvor. Mit Nischengespür packen sie jede Chance beim Wickel, die sich durch die fortschreitende Digitalisierung ergibt. Sie brauchen keine Fabrik, nicht mal eine Garage, um Geschäftsmodelle zu entwickeln, die Traditionsunternehmen erzittern lassen. Denken wir nur mal daran, wie WhatsApp mit anfangs einer Handvoll Mitarbeitern das SMS-Geschäft der großen Telekommunikationsfirmen pulverisierte. Als Anbieter mag man das unfair finden, doch das ist egal. Ist es aus Kundensicht nützlich, setzt es sich durch.

> **Für bahnbrechende Entwicklungen reichen heute schon Laptop und Wi-Fi.**

Jeder Einzelne mit passablen Technik-Skills und etwas Programmier-Know-how kann jetzt Dinge entwickeln und weltweit vertreiben, für die früher ein Riesenunternehmen notwendig war. Laptop und Wi-Fi reichen heute meist aus. Gegen das unerschrockene Vorgehen smarter Jungunternehmer haben die Old-School-Apparatschiks – trotz sehr oft fundiertem Know-how – mit ihrer Absicherungsmentalität, ihren langatmigen Expertenrunden und ihren behäbigen Entscheidungsprozessen kaum eine Chance.

Was Etablierte von Jungunternehmen lernen können

Früher galten die namhaften Unternehmensberatungen als Kaderschmieden für das Topmanagement. Heute sucht man mehr und mehr nach Talenten, die eine leitende Stelle in einem jungen Digitalunternehmen bekleiden. Denn mit ihnen erwirbt man zugleich die digitale Denke und das agile Handeln. Gestandene Unternehmen, von Jungunternehmern liebevoll Grown-ups genannt, können von den Start-ups viel lernen.

Was Sie sich bei der jungen Elite abschauen können

- **Pivotieren:** Das ist ein kontrollierter Kurswechsel, bevor es zu spät ist. Ursprünglich geplante Vorgehensweisen werden sofort über Bord geworfen, wenn sie sich als marktuntauglich erweisen. Ein Pivot ist allerdings kein Komplettausstieg, sondern bedeutet, dass mindestens ein Aspekt des ursprünglichen Geschäftsmodells gezielt geändert wird. Als etwa Kevin Systrom, Mitgründer von Instagram, erkannte, dass die User den Instagram-Vorläufer Burbn hauptsächlich wegen der Fotoposting-Funktion nutzten, richtete er sein Start-up neu aus und legte damit den Grundstein für die Instagram-Erfolgsgeschichte. In Unternehmen alter Schule hingegen hält man an laufenden Projekten und / oder an seiner Jahresplanung auch dann noch fest, wenn die Nichtmachbarkeit längst absehbar ist. Bewahrenwollen ist dort die Norm. Und die daraus folgende Verachtung für gescheiterte Vorhaben ist legendär.

- **Verschwendung vermeiden:** Dies ist ein Grundprinzip in agilen Jungunternehmen, denn Ressourcen in Form von Zeit, Geld und Mitarbeitern sind ständig knapp. Aufwendige Reportings, unnötige Meetings sowie die gesamte Selbstbeschäftigungsbürokratie klassischer Organisationen sind dort tabu. Generell arbeitet man viel mit Freelancern zusammen. Bei Arbeitsspitzen versorgt man sich mit »Staff on Demand«. Die Fixkosten werden so niedrig wie möglich gehalten. Man zahlt für Zugang und Nutzung, nicht für Besitz. Das systematische Teilen von Wissen führt zu einer äußerst produktiven Form der Zusammenarbeit. Das »Sharen« von Gegenständen, bei dem das Web als Organisationsplattform dient, spart Geld und schont die Umwelt. Wenn alle ihr geistiges und materielles Eigentum teilen, bleibt mehr für alle. So mischt sich Unternehmertum mit sozialem Engagement.

- **Iteratives Lernen:** Die Geschäftsidee selbst sowie die dazugehörigen Produkte und Lösungen werden inkrementell, also schrittweise, entwickelt. Zudem werden sie iterativ, also über permanente Lernschleifen, mithilfe von Kundenmeinungen optimiert, um frühzeitig auszusondern, was niemand braucht. So kommt validiert nur das auf den Markt, wofür die Menschen tatsächlich Geld ausgeben wollen. Bei der Ideation, der Ideenentwicklung, nutzt man das Prinzip der »Weisheit der Vielen«. Die besten Ideen kommen dabei oft von draußen. Das ständige Feedback über »testen – lernen – verbessern – testen – lernen – verbessern« macht sofortige Kurskorrekturen möglich. Hierzu werden nutzbare, minimal funktionsfähige Produkte (Minimal Viable Products) schnell auf den Markt gebracht und sukzessive durch User in deren realem Umfeld getestet. Überflüssiges kommt frühestmöglich weg. Brauchbares wird in einem laufenden Prozess optimiert. »Permanent Beta« nennt man das auch. Ein prima Nebeneffekt: Über Updates ist man regelmäßig in Kontakt mit seinen Kunden.

○ **Vom Kunden her denken:** »Raus auf die Straße, Nutzer beim Anwenden beobachten und mit (potenziellen) Kunden reden« ist eine Basisdevise. Wer zum Beispiel eine App für junge Zielgruppen entwickelt, geht in ein Café, spendiert ein paar jungen Leuten einen Drink, schaut ihnen über die Schulter und lauscht ihren Kommentaren, während sie mit der App hantieren. In traditionellen Unternehmen hingegen wird eine vermeintlich perfekte Lösung komplett inhouse entwickelt, dann in den Markt geworfen und in einer Rückschau durch aufwendige Kundenzufriedenheitsuntersuchungen validiert. Repräsentativität sei aber doch wichtig? Unsinn! Wenn zehn von zehn Testern ein Leistungsmerkmal unerträglich oder völlig unnötig finden, ist das ziemlich aussagekräftig.

○ **Skalieren:** Skalieren bedeutet, dass sich ein Grundmodell relativ mühelos um einen Faktor X vervielfachen lässt. Digitale Lösungen haben dabei einen entscheidenden Vorteil: Bei ihnen verursacht eine Skalierung kaum Kosten. Ein physisches Produkt oder ein Filialkonzept zu multiplizieren kann sehr aufwendig sein. Das Duplizieren einer Anwendung oder der Zuwachs um ein paar Hunderttausend Webportalnutzer hingegen kostet so gut wie nichts. Oder: Die üblichen Werkstattbesuche sind für einen Autobesitzer mühsam und teuer. Das Aufspielen einer neuen Software, etwa beim Tesla, geht hingegen virtuell, zudem erfolgen die Updates dann bei allen Autos gleichzeitig. Insofern streben

Gründer vorrangig nach hohen Skalierungseffekten. Das macht sie für den Kapitalmarkt sehr interessant. Nach einer Durststrecke des Aufbaus sind extrem hohe Wertsteigerungen möglich.

Alle fünf Vorgehensweisen können auch in klassischen Unternehmen, egal, welcher Größe und Branche, umgesetzt werden. Voraussetzung ist natürlich, dass »Old School« von »New School« lernen will und ein Perspektivenwechsel gelingt. Anthropologisch betrachtet ist es ja neu, dass Wissen von Jung auf Alt übertragen wird. Bislang war das stets umgekehrt. Die Blockaden sitzen also tief eingewoben in unseren Genen. Und genau deshalb sind die zu überspringenden Hürden so hoch.

Abb. 6: Wesentliche Vorgehensweisen in New-School-Unternehmen

Mit Häme wird von Old-School-Managern gern darauf hingewiesen, dass viele Start-ups nicht überleben. Dazu Zahlen von 2017 für Deutschland: In die Insolvenz gingen 11,4 Prozent der Unternehmen mit einem Betriebsalter bis zu zwei Jahren, jedoch 18,3 Prozent der Unternehmen, die mehr als 20 Jahre alt sind.[17] Häme ist also ganz gewiss kein guter Plan. In den USA ist seit dem Jahr 2000 bereits gut die Hälfte der Firmen aus der Fortune-500-Liste verschwunden.[18] Die Hauptgründe dafür: Selbstherrlichkeit, verpasste Trends und fehlende

Anpassungsfähigkeit. Längst stehen neue, junge Player an der Spitze der Wirtschaft. Und die Old Economy fällt immer weiter zurück.

Zudem floppen beim klassischen Vorgehen Geschäftsmodelle oder Produkte erst ganz zum Schluss, nachdem man sie mit hohen Entwicklungs- und Werbekosten in den Markt gedrückt und die Konsumenten vor vollendete Tatsachen gestellt hat. Die Flops in jungen Unternehmen hingegen kommen schnell, passieren früh und mit wenig spektakulären Folgen. Die gemachten Erfahrungen werden sogleich dazu genutzt, ein zweites, besseres Unternehmen aufzubauen. Viele Investoren ziehen inzwischen sogar Gründer vor, die schon einmal gescheitert sind. Weil Fehlschläge Lernchancen sind.

Ambidextrie: Wie sich das Sowohl-als-auch manifestiert

Kaum ein Wort kann das, was wir derzeit erleben, besser beschreiben als Ambidextrie. Im ursprünglichen Sinn bedeutet es Beidhändigkeit. Philosophisch betrachtet ist es die Gleichzeitigkeit des Ungleichen, eine Paradoxie. Organisationale Ambidextrie beschreibt die Fähigkeit eines Unternehmens, zugleich effizient und flexibel zu sein. Das bedeutet, *nicht* im konkurrierenden Entweder-oder zu agieren, sondern im kollaborierenden Sowohl-als-auch das »Beste aus beiden Welten« zusammenzuführen.

Ambidextrie umfasst auch das Wechselspiel von Exploitation, dem Ausschöpfen von Bestehendem, und Exploration, dem Erkunden von Neuem auf unbekanntem Terrain. Ferner geht es um das Geschick, zeitgleich in zwei Welten zu wandeln: im Spannungsfeld zwischen Kurz- und Langfristigkeit, Daten und Intuition, Kontrolle und Autonomie, Tradition und Disruption, Alt und Jung, männlicher und weiblicher Psyche, menschlicher und künstlicher Intelligenz. Brückenbauer, zu denen wir später kommen, sind überaus nützlich, um den jeweiligen Spagat mit Bravour zu meistern.

Im Innovationsvorzeigeland Estland bezeichnet man eine Person als »Sild«, also als Brücke, wenn sie es vermag, zwei unterschiedliche Welten zu verbinden. Das ist dann stets ein Kompliment. Denn eine solche Person versteht beide Perspektiven, so fremd sie auch sein mögen, und schafft Verständnis. Eine estnische Freundin von Alex, Elina, verkörpert genau das. Sie ist einerseits eine knallharte PR-Spezialistin und gut in der estnischen Regierung vernetzt. Außerdem lebt sie ihre Verbindung zur Natur und veranstaltet spirituelle Teezeremonien und Frauen-Workshops. Estlands Wirtschaft hat seit der Unabhängigkeit von der Sowjetunion 1991 vor allem durch die frühe Hinwendung zur Digitalisierung eine beeindruckende Erfolgsgeschichte hingelegt. Ambidextrie ist quasi in die Erziehung eingebaut. Analog und digital kommen wie aus einem Guss. »Jeder Este weiß, wie man ein Kartoffelfeld kultiviert, und bedient genauso problemlos die allumfassenden digitalen Bürgerschnittstellen«, so Elina.

Zweigleisigkeit ist also ein möglicher und zugleich beschleunigender Übergangsweg. Viele Unternehmen stecken nämlich in einem Dilemma: Zerschlagen sie ihr etabliertes Geschäftsmodell, bleiben die Gewinne, die erwirtschaftet werden müssen, um ihren vielfältigen Verpflichtungen nachkommen zu können, zunächst aus. Zudem gibt es vielerorts Restriktionen durch Börsenvorschriften, Tarifverträge und geltendes Recht. So hat Bahnbrechendes in tradierten Organisationen oft sehr schlechte Karten. Der Ausweg aus diesem Dilemma: Man gründet aus, dockt an Innovationszentren an und / oder arbeitet mit passenden Start-ups zusammen, was wir in Kapitel sieben ausführlich betrachten. Disruptionen beginnen immer in einer Nische oder an den Rändern einer Organisation. Kleine Einheiten können zudem die Wachstumschancen in zu Beginn meist kleinen Märkten wesentlich besser nutzen.

In seinem wegweisenden Werk *The Innovator's Dilemma* hat Clayton M. Christensen, Professor an der Harvard Business School, bereits 1997 darauf hingewiesen, dass klassischen Organisationen disruptive Innovationen nur dann gelingen, wenn sie diese in kleine Einheiten auslagern und nach einer komplett anderen als der üblichen Managementlogik entwickeln.[19] John Paul Kotter, weltweit anerkannter Experte für Veränderungsmanagement, schlug 2012 in einem viel beachteten Beitrag für die *Harvard Business Review* eine temporäre Parallelorganisation vor, die er »duales System« nannte.[20] Hierbei entsteht neben der klassischen Aufbauorganisation eine zusätzliche Netzwerkorganisation, die sich ohne die Repressalien einer formellen Hierarchie schnellen, lukrativen Innovationen widmen kann. Im Gegensatz zu einem ähnlichen älteren Konzept von Peter Drucker wird dieses Gebilde nicht abgetrennt, sondern es agiert komplementär zur bestehenden Organisation.

Ambidextrie betrifft die Geschäftsmodelle genauso wie die Arbeitsweisen und das Führungsverhalten. Das Beste aus beiden Welten heißt demnach: Zunächst trennt man sich konsequent von veralteten Produkten, Methoden und Mindsets. Danach sorgt man für ein traditionelles Standbein und ein agiles Spielbein. Man kapitalisiert die derzeitigen Renditebringer und beginnt – abseits des Unternehmenszentrums – vehement mit etwas ganz Neuem. Insofern gilt es einerseits, die Ertragskraft der Kernaktivitäten zu sichern. Das laufende Geschäft muss die Innovationen mitfinanzieren, solange man nicht von Letzteren leben kann. Andererseits geht es darum, Jungunternehmer-Qualitäten und Pioniergeist zu entwickeln, sich also innovativ, rasend schnell und risikoaffin zu bewegen. Organisational gilt das Gleiche: Verschiedene Einheiten agieren noch mehr oder weniger klassisch, andere arbeiten bereits komplett selbstorganisiert.

> Eine Trennung zwischen »Core-Business« und »Future-Business« kann sinnvoll sein.

Selbstorganisierte Einheiten orchestrieren sich, ohne in formelle Hierarchien eingebunden zu sein, mithilfe agiler Methoden autonom. Nur so können sie Innovationen schnell entwickeln und in den Markt katapultieren. Hierzu braucht es neue Prozesse, neue Umgangsformen und neue Qualifikationen, wie wir in Kapitel vier, fünf und sechs ausführlich zeigen. Empfehlenswert ist es aus unserer Sicht, zunächst eine kleinere Zahl von Bereichen auf Selbstorganisation umzustellen. Schnell wird der Rest der Organisation allerdings merken: Diese sind sehr viel flotter unterwegs. Zudem macht das Arbeiten dort richtig viel Spaß. Und es ist weit produktiver. Die Ambidextrie ist somit ein Brückenkopf für den Übergang in die Next Economy und ein Zwischenschritt auf dem Sprung in die Next Organisation. Die Kunst dabei? Das Zusammenspiel von klassischen und selbstorganisierten Einheiten sowie von Mutterhaus und ausgelagerten Business-Units zu meistern. So gilt es, im beidhändigen Sowohl-als-auch eine Balance zu finden, sich zu synchronisieren und gegenseitig zu befruchten, anstatt sich in die Quere zu kommen. *Bewährte* Ordnungsstrukturen sind eben hie und da durchaus noch relevant, *vor allem da, wo es gut strukturierbare Aufgaben* unter vorhersehbaren Marktbedingungen in einem *stabilen Umfeld* gibt. Doch je dynamischer das Marktgeschehen wird, desto mehr Selbstorganisation wird gebraucht, um schnelle Anpassungen möglich zu machen. Dabei benötigen auch autonome Einheiten ein Mindestmaß an Struktur und Ordnung, Routinen und Regeln. Was wir hingegen quer durch die gesamte Unternehmenswelt sicher nicht brauchen: einen Rückfall in das alte System aus Dominanz, Befehl und Gehorsam.

Den Umbau lostreten: Wege in die Transformation

Selbst dann, wenn Sie derzeit erfolgreich am Markt agieren: Starten Sie zügig einen Prozess mit dem Ziel, sich von innen heraus neu zu erfinden. Ein bisschen Flickschusterei hie und da reicht eben nicht. Es ist zunächst das Grundgerüst eines Unternehmens, das überdacht, neu aufgestellt und visuell sichtbar gemacht werden muss. Denn erst wenn die Menschen ein Bild vor Augen haben, können sie sich eine Vorstellung machen – und dann entsprechend agieren. Unser Orbit-Modell hilft dabei.

Visualisierung wird immer wichtiger, weil sie erstens die Dinge transparent und zweitens Zusammenhänge besser erfassbar macht. Jedes Unternehmen ist dabei anders und sollte demnach sein ganz eigenes Schaubild finden, das sich logischerweise im Verlauf der Geschäftsentwicklung verändert. In Zeiten exponentiellen Wandels herrscht permanente Vorläufigkeit. Ein endgültiges Ankommen kann es nicht geben. Jede Unternehmensformation und alle Geschäftsmodelle sind nur temporär. Das passende Gebilde lässt sich nicht von der Stange kaufen. Es muss gemeinsam erarbeitet, getestet, angepasst, weiterentwickelt und notfalls auch wieder verworfen werden.

Geht der Umbau dann los, braucht es Menschen, die bereit sind, zumindest in Teilbereichen der Firma mit neuen Organisationsformen zu experimentieren. Bei Weitem nicht jeder ist dafür geschaffen, sich vorbehaltlos an Neues zu wagen. Insbesondere braucht es ein neues Führungsverständnis, neue Arbeitsumgebungen und neue Arbeitsmethoden. Zudem braucht es neue Formen eines interdisziplinären, hierarchieübergreifenden Miteinanders – verknüpft mit einer fehleroffenen, sanktionsfreien Lernkultur. Viele Managementtools, die aus dem Industriezeitalter stammen, müssen komplett gestrichen oder durch brauchbarere Vorgehensweisen ausgetauscht werden. Auf all das kommen wir im Verlauf dieses Buches zurück. Ferner sind Erprobungsphasen überaus wichtig. Hierbei müssen vor allem diejenigen Führungskräfte und Mitarbeiter, die bislang eher anweisungsbasiert tätig waren, an eigenverantwortliche Formen der Arbeit schrittweise herangeführt werden. Aus dem Stand heraus klappt so was nicht. Können entsteht nur durch Üben.

Um den Aufbruch konkret in Angriff zu nehmen, sind vier Situationen denkbar

1. **Sie sind ein kleineres oder ein mittelgroßes Unternehmen, das schon länger am Markt agiert:** Perfekt! KMU können vieles, über das wir hier schreiben, ganz besonders schnell umsetzen. Treffen Sie eine Grundsatzentscheidung! Brechen Sie mit Ihrem alten Organisationsmodell und den alten Mindsets, die dahinterstecken. Beginnen Sie mit einer neuen Denke und einem neuen Handeln. Aber kopieren Sie nicht. Machen Sie Ihr eigenes Ding. Verwenden Sie dazu alles aus diesem Buch und aus anderen Quellen, soweit es für Sie passt.

2. **Sie sind ein sehr großes Unternehmen oder ein Konzern:** Beginnen Sie am Rand Ihrer Organisation mit etwas ganz Neuem! Richten Sie dort erste Einheiten ein, die nicht nur nach disruptiven Innovationen suchen, sondern auch nach neuen organisationalen Regeln spielen. Widerstehen Sie vor allem dem Versuch, als Erstes ein klassisches Organigramm dafür zu zeichnen. Aber die Leute müssen doch wissen, wo sie »aufgehängt« (!) sind und an wen sie berichten? Von aufgehängten Mitarbeitern bekommen Sie gar nichts! Und ständig berichten hält nur davon ab, das Beste für die Kunden zu tun. Damit es vorangeht, ist hierarchiefreies Arbeiten unerlässlich. Scharen sie also die Leute in einem Kreis um die Kunden herum. In einem Kreis gibt es kein Oben und Unten. Verwenden Sie außerdem alles aus diesem Buch und anderen Quellen, was für Sie passt.

3. **Sie sind Führungskraft oder Mitarbeiter in einer etablierten Organisation und glauben nicht, dass der große Umbruch dort Einzug halten wird:** Warten Sie nicht! Veränderung beginnt mit jedem einzelnen mutigen Menschen, der sie *bei sich* in Angriff nimmt. Wer selbst keinen Mut zur Veränderung zeigt, kann anderen die Angst vor Neuem nicht nehmen. Beginnen Sie also niederschwellig. Suchen Sie mithilfe dieses Buchs und anderen wertvollen Quellen nach Quick Wins, also schnellen Erfolgen, die nicht auf Widerstand stoßen und mit wenig Aufwand umsetzbar sind. Sorgen Sie dann dafür, dass sich die frohe Kunde in der Firma bis in den letzten Winkel verbreitet. Schon bald werden Sie Mitstreiter finden, die es lieber so machen wollen wie Sie, und *nicht* länger so wie früher.

4. **Sie sind ein Jungunternehmen, das groß werden und / oder mit klassischen·Organisationen partnern will:** Starten Sie von Anfang an richtig! Und zwar nicht nur mit einem skalierbaren Geschäftsmodell, sondern auch mit der dazu passenden Orga-Struktur. Anregungen dazu finden Sie hier und anderswo. Zudem hilft Ihnen dieses Buch, zu verstehen, weshalb tradierte Organisationen so handeln, wie sie es tun. Ferner erkennen Sie besser, womit Sie womöglich zurechtkommen müssen, damit eine fruchtbare Zusammenarbeit tatsächlich gelingt.

Beschäftigen wir uns nun mit dem, was sich hinter den Aktionsfeldern unseres Orbit-Modells verbirgt. Sie finden die Grafik zu Beginn jedes Kapitels noch einmal. Hier zunächst die Aktionsfelder im Überblick:

- das Aktionsfeld Purpose
- das Aktionsfeld Kunde
- das Aktionsfeld der kundenfokussierten Brückenbauer
- das Aktionsfeld der Mitarbeiter
- das Aktionsfeld der mitarbeiterfokussierten Brückenbauer
- das Aktionsfeld der Führungskräfte
- das Aktionsfeld der Partnerorganisationen
- das Aktionsfeld der Empfehler und Influencer als Brückenbauer
- das Aktionsfeld der Geschäftsleitung

Diese neun Aktionsfelder umfassen alle wesentlichen Aspekte einer Organisationsentwicklung für heute und morgen. Am Anfang von allem steht der Purpose, der Daseinssinn eines Unternehmens. Damit wollen wir uns nun befassen.

1. Das Aktionsfeld Purpose

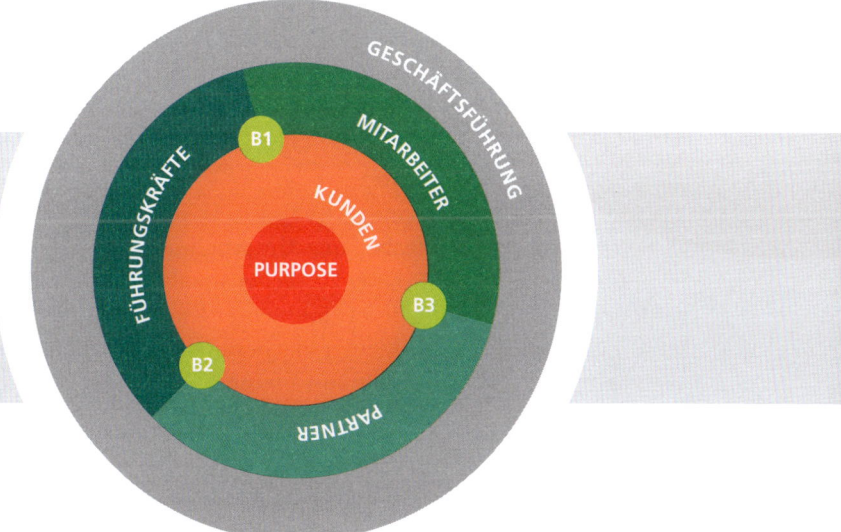

»Wir müssen nicht mit moralisch und ethisch zurückgebliebenen, unflexiblen und unmenschlichen Organisationen leben. Wir können Organisationen aufbauen, die in ihrem Kern von edler Natur sind, die jeden schöpferischen Impuls wertschätzen, die sich schon verändern, bevor es notwendig wird, die das Herz berühren und die frei von jeglicher Bürokratie sind«, sagt der US-amerikanische Ökonom Gary Hamel, einer der weltweit angesehensten Managementdenker.[21] Dem Statement stimmen wir gerne zu.

Das Wertebewusstsein ist, genau wie die Wirtschaft, im Wandel. Die Menschen wollen zunehmend wissen, welches Unternehmen hinter einem Angebot steckt, was es antreibt, wie es mit seinen Kunden und Mitarbeitern umgeht und welche ethische Haltung es glaubhaft vertritt. Sie verlangen nach einer Vereinbarkeit von Profitstreben und Nachhaltigkeit. Wer dem Wohl des Planeten dient *und* das Dasein der Menschen verbessert, dessen Erfolg unterstützt man nur allzu gern. Solche Unternehmen können sowohl eine zahlungsbereite Klientel als auch Toptalente leicht gewinnen und halten. Sie werden von der Gesellschaft geschätzt und erhalten den Zuspruch der Medien. Sie sind in der Lage, eine Gefolgschaft von Anhängern zu gewinnen, die derart inspiriert sind, dass sie zu Evangelisten der Unternehmenssache werden. »Wer Profit im 21. Jahrhundert machen will, muss durch das Nadelöhr des guten Profils«, sagt der deutsche Medienphilosoph Norbert Bolz.[22]

Unternehmen müssen plausibel machen, wie sie zu einer besseren Welt beitragen wollen.

Die Hauptaufgabe eines Unternehmens der Zukunft ist natürlich die, einen Beitrag zur Lebensqualität respektive zum beruflichen oder geschäftlichen Erfolg seiner Kunden zu leisten. Immer mehr gilt es zudem, plausibel zu machen, wie man zu einer besseren Welt beitragen will. Unternehmertum muss deshalb heute mit folgenden Fragen beginnen:

- Welche Auswirkungen hat unser Wirtschaften auf Gesellschaft und Umwelt?
- Welchen Beitrag leisten unsere Lösungen für eine lebenswerte Zukunft?
- Wie schaffen wir einen Heimathafen für unsere Mitarbeiter?
- Wie schaffen wir einen Sehnsuchtsort für unsere Kunden?

Dabei geht es um Nutzwert, um Habenwollen, um Mitmachenwollen und um Sinn – eingebettet in eine sich zunehmend technologisierende Welt. Dieser Nutzwert, der Daseinssinn, das Warum eines Unternehmens heißt im Englischen »Purpose«. Er bestimmt die Identität eines Unternehmens und sichert dessen Zukunft. »Start with Why«, nennt der britisch-US-amerikanische Autor Simon Sinek dieses Konzept, seinen »Golden Circle«.[23] Man definiert zuerst das »Warum« seiner

Aktivitäten, die große Idee, bevor man das »Wie« und dann das »Was« anspricht.

In Bezug auf den Purpose empfehlen wir, folgende drei Ebenen zu betrachten:

- den Purpose für die Organisation als Ganzes (Corporate-Purpose)
- den Purpose der Marken / Produkte für die Kunden (Brand-Purpose)
- den Purpose für die Mitarbeitenden (Employee-Purpose)

Alle drei Ebenen hängen eng miteinander zusammen. Neu daran ist die Perspektive, wie die nun folgenden Ausführungen zeigen.

Der Unterschied zwischen Leitbild und Purpose

Wer den Organisationsumbau lostreten will, muss sich zunächst mit dem Sinn und Zweck seines Unternehmens befassen. Das hat mit den Leitbildern von früher, oft auch als »Vision« oder »Mission-Statement« bezeichnet, nur noch wenig zu tun. Der Zweck eines Unternehmens ist nämlich nach außen, klassische Leitbilder hingegen sind nach innen gerichtet. Letztere klingen oft ähnlich, meist banal, fast immer austauschbar und irgendwie hohl, geradewegs so, als hätte man einen Leitbildgenerator benutzt. Sie zelebrieren keinen einzigartigen Nutzen für die Kunden, den Markt und die Welt, sondern den Traum von eigener Größe und Herrlichkeit. So hört sich das an: »Wir verstehen uns als Marktführer mit Eins-a-Produkten.« Oder: »Wir sind global führend mit unseren Marken.« Oder: »Wir sind der Technologievorreiter unserer Branche.«

Übliche Leitbilder und die damit verbundenen Aussagen klingen nicht nur egozentriert, das ganz Besondere eines Unternehmens kommt gar nicht durch. Vielmehr rieselt es Plattitüden (»Wir sind kundenorientiert«), Selbstverständlichkeiten (»Wir sind zuverlässig«) und Phrasen (»Wir beziehen unsere Stärke aus unseren Mitarbeitern«). Das berührt nicht. Es inspiriert nicht. Und verinnerlicht wird es schon gar nicht. Fragt man Mitarbeiter nach dem Leitbild ihrer Firma, erntet man leere

Blicke. Mit etwas Glück: »Erinnere mich dunkel, haben wir irgendwann mal gemacht, steht, glaube ich, auf der Website.« Was aber dort oder in aufgehübschten Broschüren steht, ist nichts als Kommunikationsprosa für die Öffentlichkeit, an die intern sowieso niemand glaubt.

Denn leider agieren die Oberen vor den Augen der Belegschaft allzu oft *nicht* nach Leitbildern und Werten, die sie im wahrsten Sinne des Wortes »verabschiedet« haben. Bei jeglichem Mangel an Integrität ist das Aufhängen von Werteplakaten reiner Zynismus. Lügenbaum nennt man in einer ziemlich bekannten Firma die Säule, an der Fotos von Führungskräften hängen, die Leitbildsprüche von sich geben. Ist darüber hinaus der Purpose an Vorherrschaft und Profitmaximierung gekoppelt, kann das in zweifelhafteste Richtungen führen. Namhafte Beispiele dafür gibt es genug.

Wer für die Egoziele anderer schuften soll, fühlt sich wie ein Lakai des Systems. Wird hingegen ein attraktiver Corporate-Purpose entwickelt, entsteht hohe Anziehungskraft. Nach den talentiertesten Mitarbeitern, den interessantesten Partnern, den besten Lieferanten, den flüssigsten Investoren und den hochwertigsten Kunden brauchen Sie dann nicht mehr mühsam zu suchen, *die finden Sie*. Am Ende ziehen die Besten die Besten wie magisch an. Guter Profit ist dann das Ergebnis. So ist Profit nie der Purpose per se. Besteht der Purpose aber darin, ein drängendes Problem der Menschen zu lösen und damit die Welt an einer kleinen Stelle zu heilen, dann kann etwas wirklich Großes gelingen. Wo die größten Probleme sind, sind auch die größten Märkte.

Die Welt besser machen, ethischer handeln, menschlicher sein? Das wird von so manchem Manager gern als naiv belächelt. Doch die Notwendigkeit, anders zu wirtschaften als bisher, ist offenkundig. Profit und Moral, das schließt sich nicht aus, das gehört vielmehr zusammen. So wandeln sich zukunftsfähige Unternehmen zu Organismen, die nachweislich auch Verantwortung für das Gemeinwohl tragen. Zunehmendes soziales Engagement und ein ernsthaftes Hinterfragen, wie wir mit uns und der Welt umgehen, das wird zum neuen Trend. »Wichtig wird in Zukunft, welche ideellen Werte ein Unternehmen oder eine Volkswirtschaft vertreten und inwieweit sie zur Lebensqualität der Menschen und zur Unversehrtheit der Umwelt beitragen«, sagt der Österreicher Harry Gatterer, Geschäftsführer des Zukunftsinstituts.[24]

In vielen von uns steckt eine altruistische Sehnsucht, Gutes zu tun und Teil eines großen Ganzen zu sein. Das belohnt unser Gehirn sogar explizit. Und zwar mit der Ausschüttung von Glückshormonen. »Helper's High« nennen Forscher das Gefühl, das uns dann überkommt. Es wird einem warm ums Herz und das Wohlgefühl steigt, wenn wir prosoziales Verhalten zeigen. Oft zahlt sich das am Ende auch aus.

So hat der Outdoor-Ausrüster Patagonia vor einiger Zeit Anzeigen geschaltet, auf denen stand: »Don't buy this jacket.« Die Produktion jeder Jacke koste Energie und belaste die Umwelt. Man solle sich also gut überlegen, ob man wirklich eine neue Jacke brauche. Dem Umsatz tat dies keinen Abbruch, weil die Kampagne eine starke positive öffentliche Resonanz erzeugte und sehr viele Sympathiepunkte einsammeln konnte. Dass dies kein PR-Gag war, sondern zur nachhaltigen Gesinnung des Unternehmens gehörte, untermauern viele weitere Aktionen. So ging Ende 2017 die Patagonia Worn Wear Tour durch ganz Europa. Im Reisegepäck: Industrienähmaschinen, mit denen das Team kostenlos Risse, Löcher und andere Schäden an Outdoor-Klamotten ausbesserte – auch an denen anderer Marken. »Indem wir die Lebensdauer unserer Kleidung durch Pflege und Reparatur verlängern, müssen wir weniger neue Sachen kaufen und vermeiden so die CO_2-Emissionen, Abfälle und Abwässer, die mit ihrer Herstellung verbunden wären«, erklärt Rose Marcario, CEO von Patagonia.

Die Besten ziehen die Besten wie magisch an.

Ein weiteres interessantes Beispiel ist Matternet, ein Start-up, das 2011 aus einem Projekt mit der Singularity University im Silicon Valley hervorging. Das große Ziel der Gründer: ein flächendeckendes Drohnennetzwerk, das kleinere Güter – etwa Medikamente und Nahrung – in schwer zugängliche Gegenden transportiert. Weltweit haben rund eine Milliarde Menschen keinen Zugang zu Straßen, die das gesamte Jahr hinweg gut benutzbar sind. Vor allem in Afrika leiden viele Menschen unter der schlechten Infrastruktur. So hatten die Gründer eine Eingebung: Afrika hat die Kupferdrahttelefonie quasi komplett übersprungen und ist sofort zur Mobiltelefonie übergegangen. Warum nicht diese Idee auf das Transportwesen übertragen und mit Drohnen operieren, um den aufwendigen Bau von Straßen zu übergehen? Sehr schön nacherzählt wird diese Geschichte in der *brand eins*.[25] Heute übernehmen Matternet-Drohnen dringliche Lieferdienste nicht nur in der Wildnis, sondern auch im Großstadtdschungel.

Die Probleme der Menschheit lösen zu wollen – das ist ein attraktiver Purpose.

Die große Frage, der sich auch Unternehmer stellen müssen, ist am Ende diese: Welche Welt wollen wir unseren Kindern übergeben? Und wie sieht eine enkelfähige Zukunft aus? Wer nicht nur die kleinen Probleme des täglichen Lebens löst, sondern sich gleichermaßen an die Probleme der Menschheit heranmacht und hierdurch die Welt aufrichtig bereichert, erzeugt Kundeninteresse, Arbeitgeberattraktivität und Medienrelevanz. Der Mars als Ausstiegsszenario für die Menschheit? Sorgen wir besser gemeinsam dafür, dass unser Heimatplanet lebenswert bleibt. Vielleicht sind digitale Technologien unsere letzte Chance dafür, so der Futurist Karl-Heinz Land.

Der Purpose im Mittelpunkt einer Organisation

Der Purpose ist also der Sinn und Zweck eines Unternehmens, seine Bestimmung, die Philosophie hinter dem Geschäftsmodell, der Wesenskern, die Leitmaxime für alles Handeln. Er drückt aus, weshalb das Unternehmen existiert, was es in die Welt bringen will und woran die Mitarbeiter des Unternehmens gemeinsam arbeiten. Man ist stolz darauf, Teil einer solchen Bewegung zu sein und etwas Sinnvolles unterstützen zu können. Zudem sorgt der Purpose auch für Fokus. Er definiert implizit, wofür das Unternehmen stehen will – und welche Handlungsoptionen ausgeschlossen sind.

Ein Purpose umfasst im Wesentlichen folgende Komponenten: Er …

- ist etwas, das wirklich bedeutsam ist,
- erzeugt magische Anziehungskraft,
- unterstützt die Arbeitgeberattraktivität,

- ist eine starke Botschaft an den Markt,
- inspiriert zu hohem Engagement,
- spricht zugleich Hirn und Herz an,
- bewegt und beflügelt die Fantasie,
- hilft der Gesellschaft voran.

Zum Beispiel sieht sich Google nicht selbstfokussiert als größter globaler Suchmaschinenbetreiber, sondern »organisiert die Informationen der Welt«. Amazon will nicht das Kaufportal Nummer eins sein, sondern »die höchste Kundenzufriedenheit der Welt« erreichen. Tesla »treibt den Übergang zu nachhaltiger Energie voran«. TED versteht sich nicht als namhafter Konferenzanbieter, sondern will »wertvolle Ideen weiterverbreiten«. Und XING will es »Profis ermöglichen, zu wachsen«. An diesen Formulierungen erkennt man genau: Es geht nicht darum, wer ein Anbieter ist und was er macht, sondern um das Warum und damit den Impact, den er in die Welt bringen will. All diese Statements sind zudem »groß« und »breit« gedacht. Sie schaffen Raum für Ausdehnung und (globales) Wachstum.

Mit diesen Fragen können Sie sich Ihrer eigenen Purpose-Definition nähern:

- Was ist oder war am Anfang die Existenzberechtigung unserer Firma?
- Was können wir besonders gut und tun wir leidenschaftlich gern?
- Für welche Überzeugungen stehen wir ein?
- Welche Probleme dieser Welt lösen wir?
- Welche Werte schaffen wir für unsere Kunden?
- Mit welchem Leitthema können wir Toptalente für uns gewinnen?
- Was gibt uns Entwicklungsspielraum in zukünftige Richtungen?

Steht der Purpose fest, kann er für alle unternehmerischen Entscheidungen als Filter dienen. Er zeigt dem Management und allen Beteiligten …

- welche Rahmenbedingungen adäquat sind – und welche nicht,
- welche Art Vorgehen zu initiieren ist – und welches nicht,
- welchen Typ Mitarbeiter man haben will – und welchen nicht,
- welche Partner eine Bereicherung sind – und welche nicht,
- für welche Kunden man tätig sein will – und für welche nicht.

Stimmt der Purpose, dann werden sich die richtigen Leute finden, die inspiriert und ambitioniert darauf brennen, dieses Warum mit Leben zu füllen. Wer das Gefühl hat, an einer großen Sache mitzuwirken, legt sich ganz anders ins Zeug als jemand, der sich als Erfüllungsgehilfe für die großspurigen Interessen anderer sieht. Vor allen dort, wo die Selbstorganisation Einzug hält, ist ein glasklares Statement zu Sinn und Zweck überaus wichtig. Ist das Warum einer Organisation im Kern definiert, gibt dies wie ein Leitstern die nötige Orientierung. So kann jeder Entscheidungen treffen, die für die unternehmerische Sache die richtigen sind. Das bedeutet natürlich auch, dass jeder Mitarbeiter den Purpose seines Unternehmens kennt und klar benennen kann.

Wenn wir herumreisen und Vorträge halten, sind wir stets überrascht, wie wenige Mitarbeiter überhaupt wissen, warum ihre Firma existiert. Praktisch jedes erfolgreiche Unternehmen hatte am Anfang seiner Geschichte einen Purpose, einen Daseinssinn, eine Berufung: »Es kann doch nicht sein, dass …?« und »Wäre es nicht viel besser, wenn …?«, mit solchen Startfragen ging es meist los. Von Ehrgeiz und Enthusiasmus beflügelt, vollführte die Startcrew die anstehenden Aufgaben mit Hingabe und wilder Entschlossenheit. Doch mit zunehmender Größe verwandeln sich die Unternehmen. Sie lösen sich von ihrem eigentlichen Beweggrund und werden zu einer Egofirma, die vor allem mit sich selbst beschäftigt ist. Die Lebendigkeit stirbt. Herz und Seele gehen verloren. Die Kunden werden zu einem Vorgang. Aus inspirierten Mitarbeitern werden mechanische Abarbeiter. Es kann also durchaus sehr lohnend sein, nach dem ursprünglichen Purpose zu fahnden und diesen dann zu verjüngen, um sich fit für die Zukunft zu machen.

Der Purpose mit Blick auf die Kunden

Die Purpose-Denke lässt sich auch auf das Kundenmanagement übertragen. »Was ist der originäre Sinn und Zweck, der ›Reason Why‹, unserer Leistungen für die Kunden?«, so lautet die Frage in diesem Fall. Entscheidend dabei ist, von der Anbieter- auf die Nachfrageperspektive umzuschalten.

Somit geht der Fokus weg vom reinen Produktverkauf und weg vom Wettbewerb, mit dem man sich messen und den man ausschalten will. Er geht vielmehr hin zur individuellen Erledigung von Aufgaben für möglichst gute Kunden und damit hin zu den auch Customer-Experiences genannten Erfahrungen und Erlebnissen, die die Anbieterleistungen bieten. Hierdurch wird das ursprüngliche Produkt zu einem Dienst am Kunden. Und die Art der Kundenbeziehung wird zum eigentlichen Geschäftsmodell.

Folgerichtig werden wir die Produktmanager wohl nicht mehr brauchen. Die kümmern sich, wie der Name schon sagt, um das Produkt. Geht es um Innovationen, wählen sie den Trippelschritt-Modus: hier noch ein paar PS, da mehr Design, dort neue Features, die Verpackung größer, das Etikett bunter und dann das Zeugs mit Billig-Geschrei in den Markt geworfen, um es der Konkurrenz mal so richtig zu zeigen. Sie dehnen die Marke und bringen gerne Line-Extensions, das heißt, sie erweitern oder differenzieren das Sortiment, doch nie würden sie ihr Produkt komplett disrupten, weil sie sich damit selbst entsorgen. Stattdessen werden Dinge erfunden, die kein Mensch braucht. So beträgt in der Konsumgüterindustrie die Floprate um die 80 Prozent. Das muss man nicht als unabänderlich akzeptieren. Man kann so was stoppen.

Die Art der Kundenbeziehung wird zum neuen Geschäftsmodell.

Interessant ist in diesem Kontext die »Jobs to be done«-Strategie. Entwickelt wurde sie von Clayton M. Christensen, von dem wir schon sprachen. Demzufolge stehen nicht die Leistungsmerkmale eines Produktes im Fokus, sondern dessen tieferer Sinn und damit die Frage: Mit welchem »Job«, also welcher Aufgabe, beauftragt der Kunde ein Produkt?[26] Dabei geht es nicht um vordergründige Motive, sondern um die tatsächlichen Beweggründe, die oft verborgen dahinterliegen. Was ein Kunde sich zum Beispiel beim Möbelkauf implizit wünscht: »Hilf mir, meine Wohnung *heute* neu einzurichten.« Die beste Antwort darauf hat Ikea. Solche Marken nennt man »Purpose-Brands«. Sie sagen klipp und klar, welche Aufgaben sie erledigen können und wodurch sie sich differenzieren. Sie kommen einem sofort in den Sinn, wenn man eine entsprechende Aufgabe zu bewältigen hat.

Was demnach zu ergründen ist: das tiefere Anliegen, die höhere Bedeutung und die tragende Rolle, die eine Lösung spielen kann. Das bedeutet, weg vom Produkt, hin zum Purpose. Denn niemand interessiert sich für die Zusammensetzung eines Parfums, aber wir wollen alle gut riechen. Oder: Der Kunde will keinen Staubsauger kaufen, er will Reinigungswirkung. Staubsauber sind kopierbar, und wenn alles gleich ist, entscheidet nur noch der Preis. Über die Reinigungswirkung hingegen eröffnet sich eine vielfältige Welt, die zu einem neuen Daseinssinn werden kann. So auch geschehen bei der Logistikmarke UPS. Sie hat sich vom United Parcel Service zum United Problem Solver, also von einem Logistikanbieter zu einem Rundum-Service-Partner, gewandelt. Oder nehmen wir Vitra. Diese Marke hat sich vom reinen Büromöbelhersteller zu einem Gestaltungshelfer für moderne Arbeitslandschaften weiterentwickelt.

Wir müssen weg vom Produkt, hin zum Purpose.

Wenn Menschen eine Aufgabe zu bewältigen haben, holen sie das dazu passende Konzept in ihr Leben: um voranzukommen, um erfolgreicher zu sein, um eine bessere Zukunft zu haben. Wann? Möglichst sofort. Wie? Möglichst anstrengungsfrei. Und am liebsten das Beste zum günstigsten Preis. Dabei spielen nicht nur funktionale, sondern auch soziale und emotionale Dimensionen eine maßgebliche Rolle. Oft wollen wir nicht nur uns selbst Gutes tun, sondern auch auf andere wirken, um Fürsorge, Coolness, Lifestyle oder was auch immer zu zeigen. Menschen sind Selbstdarsteller und Inszenierungskünstler, wozu die sozialen Medien fantastische Werkzeuge bieten.

Wer durch die Brille des Kunden schaut und Hürden erkennt, die den Fortschritt hemmen oder Frust erzeugen, hat einen ersten Hinweis auf ein Innovationsfeld. Doch längst nicht alles, was rein technisch möglich ist, ergibt für den Kunden Sinn. Keine neue Technologie ist per se interessant. Interessant ist vielmehr das, was wir durch sie erreichen. Viele neue Produkteigenschaften dokumentieren zwar Ingenieurs- und Designerkunst, sind aber für den Nutzer nicht von Belang. Wir müssen den wirklichen Job verstehen, den ein Angebot macht. Neue Lösungen sind nicht allein wegen der Features erfolgreich, die sie bieten, sondern vor allem wegen der Erlebnisse, die sie gestatten und / oder der Erfolge, die sie möglich machen.

So resultiert der bislang enorme Erfolg von Facebook & Co. aus dem tief verankerten Wunsch der Menschen, miteinander verbunden zu sein. Soziale Medien schenken uns zudem eine Auszeit, sind entspannend, halten uns auf dem Laufenden, bringen Spaß. Und jedes Like ist wie ein anerkennendes Schulterklopfen. So was macht süchtig nach mehr. Auch Amazons Alexa ist nicht nur eine Sprachbox, die praktischerweise auf Zuruf Befehle ausführt. Sie leistet Gesellschaft und erzeugt ein Allmachtsgefühl. »Die einzige Frau, die mir nie widersprochen hat«, erzählt uns Alfred, 72, schmunzelnd.

Dem Kundenpurpose auf der Spur

In unserem Orbit-Modell stellen Unternehmen keine Egobotschaften, sondern den Purpose ihres Handelns und den Kundennutzen in den Mittelpunkt. Sie suchen Wettbewerbsvorteile nicht über ihre Produkte, sondern über Individualisierung, Service und / oder eUSPs, das sind emotionalisierende Alleinstellungsmerkmale.

Purpose-Marken bieten neben dem faktischen also auch einen emotionalen, sozialen und/oder ethischen Mehrwert. Sie schenken ihren Kunden Zeit für die schönen Dinge des Lebens. Mit all dem erzeugen sie eine unwiderstehliche Anziehungskraft. Idealerweise machen sie ihre Kunden zu Mitbestimmern, Mitgestaltern und Co-Produzenten. Dies senkt das unternehmerische Risiko und baut zudem Eintrittsbarrieren für den Wettbewerb auf.

Theoretisch wird dies wohl von jedermann abgenickt, weil es nur logisch klingt. Doch praktisch sind die Anbieter meist derart in ihren

Routinen verhaftet, dass sie gar nicht bemerken, wie kundenfeindlich sie in Wahrheit agieren. Vielen ist das aber auch ganz egal. Ein Beispiel dafür, wie Kunden ungefragt rumgeschubst werden? Es ist Anne Anfang 2018 passiert. Sie will nach längerer Zeit mal wieder mit ihrem Bankberater reden und hört erstaunt: Dessen Abteilung wurde aufgelöst. Aha, das hätte man ihr ja auch mal mitteilen können! Und nun? »Wir hatten eine Umstrukturierung. Neuer Vorstandsbeschluss: Kunden wie Sie werden jetzt aus Nürnberg betreut.« Wie bitte? Sie lebt in München! Ist ja wohl klar: So was lässt man sich als Kunde nicht gefallen.

Ein zweites Beispiel, es ist aus dem Jahr 2017, die Geschichte eines Koffers: Er ist bei einem Lufthansa-Flug falsch verladen worden und kam erst Tage später erheblich beschädigt bei Anne an. Auch wenn es höchst ärgerlich ist, so etwas kann passieren. Als Kunde würde man wohl erwarten, dass es neben einer ausdrücklichen Entschuldigung für diesen Doppel-Fauxpas eine Info gibt, wie nun zu verfahren ist. Der Bote, der das Teil bringt, ist zwar freundlich, hat aber keine Ahnung. Dann also telefonieren. Der Callcenter-Agent will unkompliziert helfen, darf es aber nicht, weil solche Anliegen nur über ein Formular bearbeitet werden, das er nicht zumailen darf. Die Suche danach auf der Website ist mühsam. Und dann – passiert nichts, vier Wochen lang. Bis eine No-Reply-Mail endlich verkündet, was in der Sache zu tun sei. Die weitere Kommunikation entspann sich in einem aufreibenden schriftlichen Hin und Her.

So also nicht. Wie aber dann? Was wollen die Kunden denn heute? Was ist unter aller Sau? Was ist Standard? Und was wäre »wow«? Mit typischen Kundenbefragungen, wie sie etwa in Fokusgruppen üblich sind, kommt man nicht weit. Es ist bekannt, dass Menschen, wenn man sie öffentlich interviewt, gern opportunes Verhalten zeigen und auch dem sozialen Einfluss der Gruppe ausgesetzt sind. Beides kann zu verfälschten Ergebnissen führen. Zudem sind sich viele Menschen ihrer wahren Beweggründe gar nicht bewusst. Insofern ist Beobachten oft weitaus ergiebiger als Befragen. Zu diesem Zweck ging eine Gruppe aus Marketern, Ingenieuren und Designern der Healthcare-Sektion von General Electric mit Kameras in die Operationssäle, um die Zusammenarbeit zwischen Anästhesisten, Chirurgen und OP-Schwestern besser verstehen zu lernen. Dabei wurden Ärgernisse aufgedeckt, die schon niemandem mehr auffielen, weil man sich daran gewöhnt und sie in die Routineabläufe integriert hatte. Aus diesen Beobachtungen heraus wurden stark optimierte Lösungen entwickelt.

An diesem Vorgehen könnten sich die Hersteller von Kartenlesegeräten ein Beispiel nehmen. Kaum einer von ihnen hat sich wohl je Gedanken darüber gemacht, dass es auch dicke und alte Finger gibt. Oft genug ist die PIN-Eingabe eine Tortur. Was zeigt: Nur der, der regelrecht eintaucht in das pralle Leben der Kunden und deren Handlungen haarklein seziert, kann perfekte Lösungen finden. Denn bei jeder Lösung geht es am Ende darum, wie sie sich in das Leben beziehungsweise die Arbeit einer Person einfügt. Jedes Detail verdient dabei Beachtung, um eine perfekte Leistung zu bieten und alle aus Kundensicht unangenehmen Erlebnisse auszuschließen. Im Marketing entwickelt man dazu prototypische Customer-Journeys. Wir erklären sie in Kapitel zwei.

> Nur wer ins pralle Leben der Kunden eintaucht, kann perfekte Lösungen finden.

Wie Emotionen den Kundenpurpose beflügeln

Ohne Emotionen kommt keine einzige Entscheidung zustande, das ist inzwischen weitläufig bekannt. Eine Portion Verhaltenspsychologie und Wissen aus der Hirnforschung sind deshalb elementar. Emotionen machen aus einer Marke *meine* Marke und aus einem x-beliebigen Hersteller das, was man auch »Lovemark« (Kevin Roberts) nennt. Wer ein Rundum-Wohlgefühl generiert, dabei Kundenprobleme in Luft auflöst, warnt, bevor es zu spät ist, niemandes kostbare Zeit verschwendet und Komplexes gekonnt einfach macht, der bekommt Vorfahrt im Kaufhirn. Begeisterte Fans entwachsen immer einem nahtlosen Kundenerlebnis. Moderne Kunden sind nicht länger bereit, unnötige Arbeitsschritte im Kaufprozess zu übernehmen. Kaufen muss leicht sein und Spaß machen. Stolz sein zu können auf den Anbieter, das Produkt oder die Marke, für die man sich entschieden hat, ist ein zusätzliches Plus. Derjenige, der sich derart in einen Anbieter und seine Produkte »verliebt«, sich voll und ganz mit ihm identifiziert und sich mit ihm hochgradig verbunden fühlt, der ist blind und taub für den

Wettbewerb. Er wird seinen Anbieter vor Angreifern schützen – und allen wärmstens empfehlen.

Geht es uns hingegen schlecht, wirkt die Welt grau in grau. Die Wissenschaft kennt das als negative Prädisposition. Selbst auf Positives fällt dann ein dunkler Schatten. Schon ein einziges ungutes Wort trübt, wie Untersuchungen zeigen, die Stimmung ein. Pflegen Sie also Gewinnersprache. Überprüfen Sie dazu am besten jetzt gleich mal Ihre komplette mündliche und schriftliche Kommunikation: Entrümpeln Sie, entgiften Sie, und drücken Sie sich nicht nur einfach, sondern auch möglichst positiv aus! Denn unser Gehirn will gute Gefühle. Sie öffnen und machen das Jasagen leicht.

Fakten bringen ins Denken. Doch Emotionen bringen ins Handeln. Sie bewerten Informationen und beschleunigen Entscheidungen. Emotionen und Entscheidungen sind untrennbar miteinander verbunden. Dabei läuft die Emotion der Ratio voraus. Hierzu werden euphorisierende Botenstoffe ausgeschüttet – und die Handlungsenergie steigt. Dies umso eher, je mehr wir auf positive Erfahrungen zurückgreifen können. Dann geschieht in unserem Oberstübchen Folgendes: Sobald eine Entscheidung ansteht, starten riesige Neuronenverbände in rasender Geschwindigkeit die Suche nach kortikal gespeicherten Vorerfahrungen und mit einem Plus oder Minus markierten Erinnerungen. Erst danach wird das »Denkhirn« hinzugeschaltet, um abzuwägen. Aus diesem komplexen Prozess, vereinfacht in Abbildung 7 dargestellt, resultiert schließlich ein Ja – oder ein Nein.

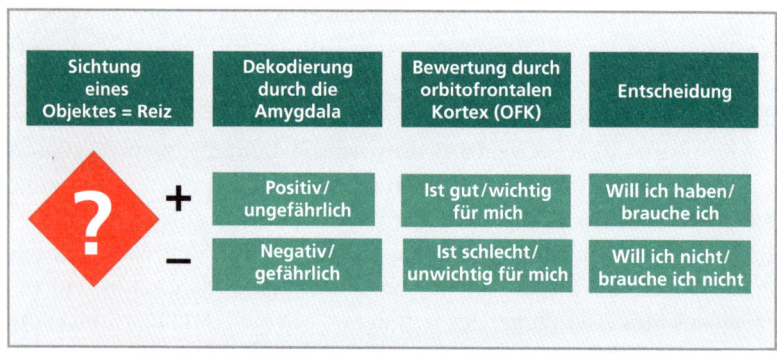

Abb. 7: Vom Reiz bis zur Entscheidung – was dabei im Gehirn passiert

Dazu noch ein wichtiger Hinweis: Wenn der Purpose von Produkt und / oder Marke entwickelt und ein knackiger Werbeslogan entstanden ist, dann muss, *bevor* man damit den Markt beglückt, gemeinsam mit den Mitarbeitern erarbeitet werden: Was bedeutet das für unsere tägliche Arbeit, was unsere Werbung verspricht? Was erwartet der Kunde, wenn das Versprechen beispielsweise »Jeden Tag ein bisschen besser« lautet? Was tun wir im Kontext dieses Versprechens – und was tun wir bitte nicht? Die Interaktionen in den »Momenten der Wahrheit«, wenn es also zu einer »Berührung« zwischen Kunde und Marke kommt, finden oft über die Beschäftigten statt. Sie verkörpern die Marke und geben ihr ein Gesicht. Und der Eindruck, der so vermittelt wird, ist entweder enttäuschend oder okay oder begeisternd. Wow-Momente gibt es aus Kundensicht jedenfalls ganz gewiss nicht, wenn Mitarbeiter Dienst nach Vorschrift machen.

Wenn Mitarbeiter Dienst nach Vorschrift machen, gibt es keine Wow-Momente.

Der Purpose mit Blick auf die Mitarbeiter

Vielleicht ist sie nur ein Mythos, dennoch zeigt diese kleine Geschichte, welch inspirierende Kraft ein bedeutsamer Purpose haben kann: Als Präsident John F. Kennedy 1962 die NASA besuchte, traf er auf eine Reinigungskraft mit einem Besen. Als er sie neugierig fragte, wofür sie genau verantwortlich sei, antwortete diese: »Ich helfe dabei, Männer auf den Mond und heil wieder zurückzubringen.«

Ja, die Sehnsucht der Menschen nach Sinn in der Arbeit ist groß. Jeder von uns wurde als einzigartiges Individuum mit einem mächtigen Gestaltungswillen geboren, um ein Leben voller Sinn zu führen – und nicht, um ein fremdbestimmtes Rädchen im Getriebe der Unternehmen zu sein. Wir Menschen sind beseelt von dem Wunsch, einen Beitrag zu leisten, und fürchten die Vorstellung, ein bedeutungsloses Leben gelebt zu haben. Es gibt uns eine Genugtuung, wenn wir uns auf eine im Rahmen unserer Fähigkeiten liegende Art und Weise weiterentwickeln können.

Sinn und das damit verbundene Glückserleben entstehen, wenn befähigte Mitarbeiter möglichst konkrete Arbeiten erledigen können, bei denen sie sich als wesentlich erleben. Hierzu benötigen sie immer wieder neue Aufgaben – seien es andersartige oder schwierigere –, um sich diesen mit Kreativität, Konzentration und Hingabe eigenverantwortlich widmen zu können. Sie brauchen dabei mehr oder weniger hohe, vor allem aber sinnvolle Ziele und eine Rückmeldung über die Qualität ihrer Arbeit. So macht man sich mit Neuland vertraut und aus Unbekanntem wird schließlich Bekanntes. Dies verschafft einem die Sicherheit, eine Situation zu beherrschen – und das wiederum gibt ein gutes Gefühl. Ein weiteres Plus: Woran man selbst beteiligt ist, das unterstützt man mit Engagement und Zielstrebigkeit. Das ist der »Mein-Baby-Effekt«.

Menschen wollen gebraucht werden und sich dabei als wesentlich erleben.

Ohne sinnvolle Herausforderungen hätten wir keine Möglichkeit, uns zu bewähren, auf uns stolz zu sein und die so wertvolle wie notwendige Aufmerksamkeit und Anerkennung unserer Mitmenschen zu erlangen. Unsere Motivation wird hochgeschaltet, wenn wir uns um eine Sache verdient machen können. Zu diesem Zweck ist unser Gehirn mit zwei Belohnungszentren ausgestattet: einem für die Vorfreude und einem für die Nachfreude. Die Vorfreude drückt sich in Verlangen aus. Sie gibt uns den Antrieb, ein begehrenswertes Ziel tatsächlich erreichen zu wollen. Das zweite Belohnungszentrum versorgt uns mit Hochgefühlen nach erfolgreich vollbrachter Tat. Bei jedem Lernerfolg wird Dopamin ausgeschüttet: das »Freudentaumel-Hormon«. Dopamin bringt die Synapsen in Schwung und lässt die Neuronen tanzen. Für das aber, was uns einfach so in den Schoß fällt, gibt es keine Momente des Glücks.

Die Evolution belohnt uns zudem dann, wenn wir uns als wertvolles Mitglied einer Gruppe zeigen, wenn wir Wertstiftendes tun und dabei unsere Sache möglichst immer noch ein wenig besser machen. Der Lohn dafür ist eine mächtige Droge: das tolle Gefühl, über sich selbst hinausgewachsen zu sein. Dies gilt besonders für Kopfarbeiter: Auch Geistesblitze und Schöpferkraft werden mit Dopamin belohnt. Dies führt zu einer weiteren Aktivierung des Gehirns, zum Mehr-machen-Wollen, zum Aufbau von Millionen von Hochleistungsneuronen und zu einer stärkeren Vernetzung der Lerninhalte. »Herausforderungen beflügeln«, sagt der Volksmund so trefflich. Ein Mangel an Herausforderung hingegen lässt selbst die Talente der Besten veröden.

Unternehmen, die von ihren Mitarbeitern Großes wollen, versorgen sie also am besten mit derartigen Kicks. Sie fordern viel und bringen ihre Mitarbeiter dazu, sich selbst zu übertreffen. Drohkulissen, entseelte Arbeit und anhaltende Frustration hingegen sorgen dafür, dass Menschen ihren Ehrgeiz verlieren, weil die Dopaminproduktion verebbt. Aus einer solchen Umgebung werden als Erstes die Guten, die Wertvollen und die Talentierten migrieren, um sich auf die Suche nach einem Arbeitsort mit mehr Sinn, mehr Freiheit und mehr Arbeitsfreude zu machen. Denn nur wer frei ist, kann sich voll entfalten. Wer sich hingegen überfahren oder in eine Statistenrolle gedrängt fühlt, reagiert darauf mit einem lähmenden Ohnmachtsgefühl. Ohnmächtig, also fremdbestimmt und ohne Macht zu sein, das macht uns ganz klein. Hingegen blühen die Menschen auf und beginnen, eigenverantwortlich zu handeln, wenn man ihnen im wahrsten Sinne des Wortes »Spielraum« gibt. Die wichtigste Frage im Kontext des Mitarbeiterpurposes ist also diese:

Was ist der Daseinssinn eines Mitarbeiters und das Warum seiner Funktion oder Stelle?

»Jeder Mensch möchte genau wissen, was sein Beitrag zur Verbesserung der Welt ist«, sagt Uwe Raschke, Geschäftsführer der Robert Bosch GmbH in einem Interview auf changeX. »Das klingt zwar sehr hochtrabend. Aber letztendlich merken wir, dass es sehr vielen Mitarbeitern nicht darum geht, ob wir ein um einen Prozentpunkt besseres Ergebnis erzielen oder um sieben statt sechs Prozent wachsen. Sondern viele Mitarbeiter interessiert eigentlich nur eines: Was ist mein Beitrag in meiner beruflichen Tätigkeit zur Verbesserung der Welt und der Lebensbedingungen von Menschen?«[27]

Sinn ist die ruhige, besonnene Schwester der Begeisterung. Während Begeisterung eine lustvolle, extrinsische, maximierende Färbung trägt, steht Sinn für einen intrinsischen Zustand autonomer Gelassenheit. Sinn trägt weder einen Maximierungszwang noch eine Konkurrenzkomponente in sich. Sinn ist sich selbst genug. Und Sinn macht uns frei.

Vor allem talentierte Millennials[28] verlangt es nach Sinn. Sie wollen Selbstwirksamkeit spüren und nicht zum Spielball Dritter werden. Sie wollen Spuren hinterlassen und Teil von etwas Bedeutsamem sein. Der Kampf um die besten Outperformer, die Spitzenleister von morgen, wird also nicht nur durch Geld entschieden, sondern immer mehr auch durch Sinn. Diese Grundeinstellung befruchtet inzwischen den kompletten Arbeitsmarkt. Zunehmend wünschen sich die Menschen, dass alles Berufliche zu einem bereichernden und in hohem Maße befriedigenden Teil ihres Lebens wird. Denn Arbeitszeit ist Lebenszeit.

2. Das Aktionsfeld Kunde

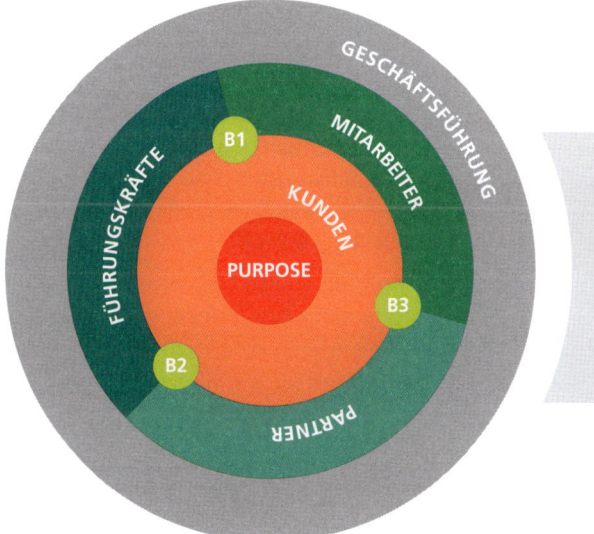

Das Suchverhalten und die Entscheidungsprozesse der Kunden haben sich längst weitaus drastischer verändert, als die Unternehmen das wahrhaben wollen. Alle Marktmacht hat heute der Käufer. Der Medienkonsum verlagert sich über Mobilgeräte direkt ins Web. Viele Anbieter kommen den sich zunehmend digitalisierenden Konsumenten längst nicht mehr hinterher. Deren Gewohnheiten ändern sich laufend. Ihre Anspruchshaltung steigt ständig. Messlatte ist nicht länger der Wettbewerb, sondern branchenübergreifend der Beste seines Fachs. Zudem haben die Leute fast alles, Erstausstattungen werden kaum noch gebraucht. Statussymbole verlieren an Reiz. Immaterielles erhält zunehmend Bedeutung. Erlebnisse sind vor allem der optionsfreudigen jungen Generation wichtiger als Besitz. »Sharen«, also das Teilen von Dingen, wird zum neuen Megatrend. Jenseits des Nötigen kauft man Neues nur dann, wenn es Hyperrelevanz für einen hat.

Gießkannen-Marketing und Druckverkauf funktionieren nicht mehr. Das Sender-Empfänger-Prinzip dreht sich um. Jetzt sind es die Unternehmen, die zuhören sollten. Denn die Kommunikationshoheit ist zu den Konsumenten gewandert. Sie sind in immer größeren Netzwerken organisiert. Mit »Daumen hoch oder runter«-Aktionen richten sie über Leben und Tod einer Marke. Wer nicht performt, steht sofort am Pranger. Und wer nicht innoviert, verschwindet vom Markt. Digital bedeutet in diesem Zusammenhang: besser, schneller, billiger, anwendungsfreundlicher – und das möglichst sofort.

Die Unternehmen müssen heute den Kunden zuhören, nicht umgekehrt.

Zudem sind die Kunden ständig absprungbereit. Neues wird laufend getestet. Wechseln ist völlig normal. Die Neukundengewinnung erfordert eine endlose Kraftanstrengung. »Solide« Leistungen und Beliebigkeit fallen gnadenlos durch. Standard und Mittelmaß locken heutzutage niemanden mehr. Wer kein Begehren auslöst, für den klappt das Verkaufen, weil alles so transparent und vergleichbar ist, nur noch über den Preis. Nicht die austauschbaren Produkte, sondern Topperformance, smarte Lösungen, digitalisierte Dienstleistungen und eine individualisierte Beziehungsarbeit ergattern die »Stimmzettel«, also die Geldscheine, wertiger Kunden.

Der Vertrieb wandert immer stärker ins Web. Klassische Zwischenhändler verschwinden. Die Plattformökonomie tritt an ihre Stelle. In immer mehr Branchen wird der Kunde online bis zum Kauf, zur Bestellung und zum Abschluss geführt: auf der eigenen Website und / oder auf seriösen Fremdportalen, den Außenposten der Unternehmen im Cyberspace. Dort hat sich längst eine Umsonst-Kultur etabliert – im Austausch gegen Kundendaten. Smart algorithmiert wird aus denen ein Angebotsmix, der individuell und situativ auf jeden Einzelnen zuschneidbar ist.

Die Zeitbudgets der Menschen sind zunehmend begrenzt. Anbieter, die uns die Zeit stehlen, kommen deshalb nicht in Betracht. Was kompliziert ist, scheidet aus. Was Probleme macht, auch. Die Geduld ist schnell zu Ende, wenn was nicht gleich reibungslos klappt. Assistenz auf Abruf wird deshalb zunehmend wichtig. Digitale Unterstützung ist höchst willkommen. Am besten sorgen Anbieter proaktiv dafür, dass Probleme erst gar nicht entstehen. Hierzu werden Echtzeitdaten genutzt, um Prognosen für die nahe Zukunft zu machen. Predictive Maintenance, die Instandsetzung, bevor etwas kaputtgeht, ist eines der Einsatzgebiete – und hochrelevant.

Hyperrelevanz: So erzeugt man magische Anziehungskraft

Ein wesentliches Ziel für Firmen in der digitalisierten Ökonomie ist das Erreichen der Hyperrelevanz. Hyperrelevanz genießen nur Unternehmen, Produkte und Marken, an denen man einfach nicht vorbeikommt. Sie bieten eine derart unwiderstehliche Leistung, dass Kunden »meilenweit fahren«, um stolzer Nutzer oder Besitzer zu sein. Unannehmlichkeiten und Marotten werden verziehen. Stolz ist man Fan dieser Marke. Missionarisch trägt man ihre Botschaft hinaus in die Welt. Man will nur mit »dem einen« Anbieter zusammenarbeiten und nur »dieses eine« Produkt kaufen. Anderes kommt nicht in die Tüte. Hyperrelevante Marken sind somit äußerst begehrenswert.

Der beste Indikator für Hyperrelevanz: Das sind die Namen der Marken, die immer dann fallen, wenn es um etwas Bedeutsames geht. Sie erzeugen Hyperrelevanz in ihrer Kategorie und genau in der Zielgruppe, die sie erreichen wollen. Man kann oder will auf sie nicht verzichten. Solche Marken stellen eine Identifikationsfläche dar. Sie sind überaus nützlich, anderen beispielhaft überlegen, dem Üblichen weit voraus, charismatisch, faszinierend, behaftet mit einer gewissen Magie. Dies alles erreicht man *nicht nur* durch vortreffliche Funktionsmerkmale, erstklassige Abläufe und die Fürsprache Dritter, sondern auch durch Design. Dabei ist mit Design keineswegs nur eine ansprechende Optik gemeint, sondern auch eine umwerfende inhaltliche Komposition. Letzteres macht zum Beispiel Nutella für viele hochrelevant. Die wollen Nutella – und keinen billigen Abklatsch, kein Plagiat.

Hyperrelevante Marken wie Tesla, Starbucks, Nike oder Red Bull beflügeln den Zeitgeist. Einige sind nur in eingeweihten Kreisen bekannt, weil sie nur eine ganz bestimmte Zielgruppe ansprechen. Andere sind in aller Munde und werden ständig zitiert, weil jeder sie kennt. Kaum sind sie genannt, regt sich einhellige Zustimmung oder lautstarker Protest, weil sie polarisieren. Man mag sie lieben oder hassen, aber man kommt an ihnen nicht vorbei. Der Eindruck von Hyperrelevanz wird weithin geteilt. Trotz mancher Schattenseiten ringt das den Leuten Bewunderung ab.

Hyperrelevanz erzielt man zum Beispiel auch durch den Netzwerkeffekt. Der besagt: Wo viele sind, wollen viele sein. Und wo niemand ist, will niemand sein. So können Plattformmonopole entstehen. Warum das so ist? Mit jedem neuen Akteur auf der Plattform – egal, ob Anbieter oder Kunde – steigt der Nutzen für alle Teilnehmer. Amazon, Facebook und Google sind die wohl symptomatischsten Beispiele dafür. Sie verbinden Konsumenten mit Produzenten. Wer die Regeln der Plattformökonomie beherrscht, liegt schnell vorn. Das hat auch das erst 2011 in München gegründete Unternehmen Flixbus bewiesen, das mit grünen Überlandbussen (die Subunternehmern gehören), ganz viel digitalem Know-how und Netzwerkeffekten derzeit die Welt erobert.

Man mag sie lieben oder hassen, doch keiner kommt an hyperrelevanten Marken vorbei.

Wo hingegen mit veralteten Standards gearbeitet wird, tut sich Hyperrelevanz schwer. Natürlich muss Qualität nach unten abgesichert werden und gesetzlichen Vorgaben entsprechen. Doch jede Normierung erzeugt Isomorphie. Das heißt: Alles gleicht sich immer mehr an. Bei Vergleichbarkeit ist jedoch der Preis das einzige Differenzierungsmerkmal. Uniqueness, also Einzigartigkeit, wäre der attraktivere Plan. Wer alles für jeden macht, wird gewöhnlich. Und gewöhnlich ist das Gegenteil von begehrenswert. Das Besondere, Betörende, Bemerkenswerte hat eine bessere Zukunft: nämlich das Potenzial für Hyperrelevanz.

- Ein Habenwollen bewirken. Dabei stellt sich folgende Frage: Wird das, was wir tun, und vor allem, wie wir es tun, die Menschen berühren, verblüffen, begeistern und derart begehrenswert sein, dass sie es unbedingt nutzen oder besitzen wollen?

- Die Reputation stärken. Dabei stellt sich folgende Frage: Wird das, was wir tun, und vor allem, wie wir es tun, unser öffentliches Ansehen steigern, Spuren hinterlassen, Entwicklungen prägen – und dabei auch die Welt ein klein wenig besser machen?

- Die Kundenloyalität nähren. Dabei stellt sich folgende Frage: Wird das, was wir tun, und vor allem, wie wir es tun, die Kunden zum Wiederkommen und Mehrkaufen bewegen, ohne dass der Preis eine maßgebliche Rolle spielt?

- Weiterempfehlungen generieren. Dabei stellt sich folgende Frage: Wird das, was wir tun, und vor allem, wie wir es tun, Mundpropaganda bewirken und unsere Kunden zu Influencern machen, die Hyperrelevanz im Markt freiwillig erzeugen?

Hyperrelevanz funktioniert im B2C – und auch im B2B

Unternehmen, die erfolgreich in Hyperrelevanz investieren, tun vor allem drei Dinge:

1. Sie verstehen die Kundenbedürfnisse an jedem beliebigen Punkt im Kauf- und Nutzungsprozess und entwickeln möglichst individuell passende Lösungen.
2. Sie beseitigen alles, was das Vertrauen der Kunden gefährden und / oder langwierige beziehungsweise unangenehme Kauf- und Nutzungserlebnisse hervorrufen könnte.
3. Sie agieren vorausschauend und agil, investieren in digital-unterstützte Abläufe und behandeln die Daten ihrer Kunden mit äußerster Sorgfalt gesetzeskonform.

Neben dem Touchpoint-Management, das wir gleich kennenlernen werden, ist ein weiteres Werkzeug, um Hyperrelevanz zu erreichen, das Servicedesign. Dabei handelt es sich *nicht* um die branchenweit üblichen, einfach zu realisierenden 08/15-Zusatzleistungen, die heutzutage jeder hat und kann. Bei den neuen Ansätzen von Servicedesign werden Dienstleistungen wie maßgeschneidert »am Kunden« entworfen. Dazu ein Beispiel aus dem B2B-Bereich:

»Kann auch Ihr Problem« ist das Motto der mehrfach ausgezeichneten Lindig Fördertechnik GmbH, eines Dienstleisters für Gabelstapler, Lagertechnik und Arbeitsbühnen aus Eisenach. »In einem Fall«, berichtet Customer-Touchpoint-Manager Alexander Kämmerer, »benötigte einer unserer Kunden größere Mengen an Kraftstoff auf einer Großbaustelle. Ein ständiger Verkehr von Tanktransportern war nicht gewünscht und teilweise auch nicht möglich. Zunächst hatten wir die Idee, eine konventionelle Tankanlage aufzustellen. Doch laut Anbietermarkt haben alle mobilen Anlagen das Problem der unsachgemäßen Behandlung: Es kommt zum Diebstahl oder die Anlage wird mit Farb- und Wasserresten befüllt. Zudem gibt es keine Kontrolle, wer tankt, weil der Zugang für jeden möglich ist. So haben wir uns entschlossen, eine mobile Tankanlage mit einem Datenmesssystem zu bauen, etwas, das es am Markt so nicht gibt. Hierdurch konnten wir den Kunden von uns aus und proaktiv über den Füllstand, die Nutzerkennung und etwaige Ortveränderungen bei einem Diebstahl informieren. Das Ergebnis: Dank unserer ›maßgeschneiderten‹ und nun ›digitalen‹ Anlage hatte der Kunde erstens keine Ausfallzeiten und somit Geld gespart. Zweitens hatte er ständig Zugriff auf sauberen Kraftstoff und konnte damit gegenüber der Bestellung von Tankwagen Zeit sparen. Drittens hatte er einen Nachweis über die Kraftstoffentnahme von Subunternehmern. Die Anlage hat sich bereits nach drei Monaten amortisiert und verdient jetzt Geld. Unsere Kunden finden den Service und diese absolut individuelle Lösung klasse. Gemeinsam haben bei uns das Kundenteam und das Entwicklerteam aus einem klassischen Produkt ein innovatives Werkzeug für Predictive Service geschaffen. Wir haben den Freiraum, den uns das Unternehmen gibt, genutzt, haben die Idee eines neuartigen Systems agil umgesetzt und am echten Kunden getestet. Ein Erfolg ganz im Sinne unserer Markenpositionierung.«

Damit ist klar: Anbieter brauchen, so wie Lindig, zum einen ein tiefes Verständnis dafür, was Kunden wirklich wollen, *und* weit jenseits von Dienst nach Vorschrift den immanenten Wunsch, sie zu begeistern. Zum anderen müssen die internen Rahmenbedingungen stimmen, um Schnelligkeit und Beweglichkeit zu erzeugen. Hyperrelevanz soll ja so lange wie möglich erhalten bleiben. Eine Firma ist nicht gut, weil sie einmal einen »Kassenschlager« entwickelt hat. Sie ist gut, weil sie die Fähigkeit in sich trägt, Potenziale für Kassenschlager stets früh zu erkennen, und weil sie ein herausragendes Team dazu bringen kann, diese am laufenden Band zu erschaffen.

Der entscheidende Punkt: Was Kunden wirklich wollen

Früher hat man seine Kunden ganz simpel in Zielgruppentöpfe gepackt und mit Standards berieselt. Längst weiß man inzwischen, dass das so nicht funktioniert. Denn natürlich sind die Menschen alle verschieden. Und so verschieden kaufen sie auch. Geschlecht, Alter, Einkommenslage und Lebenssituation spielen eine maßgebliche Rolle. Auch der individuelle Persönlichkeitstyp, sein Emotionssystem, seine Denkhaltung und seine Wertewelt zählen. Sogar die schwankende Tageslaune ist relevant. Schließlich sind die Digitalaffinität, die Dringlichkeit und der aus all dem resultierende Kaufprozess zu betrachten. Begriffe wie Touchpoints, Customer-Journey, Customer-Experience und Buyer-Personas rücken dabei ins Rampenlicht.

Doch zunächst zu den grundsätzlichen Aspekten. Was Kunden im Kern von einem Anbieter wollen, lässt sich so zusammenfassen:

- »Mach es so einfach wie möglich.«
- »Mach den Zugang möglichst bequem.«
- »Gib mir die bestmögliche Lösung.«
- »Gib mir diese so schnell wie möglich.«
- »Gib mir Hilfe, wenn ich sie brauche.«
- »Gib mir bei all dem ein gutes Gefühl.«

Das bedeutet im B2C, dem Consumerbereich: »Mach, dass es mir besser geht!« Und im B2B, dem Geschäftskundenbereich: »Mach, dass ich erfolgreicher werde!«

Die strategische Marschrichtung in einem zukunftsfähigen Kundenbeziehungsmanagement ist dabei diese:

- Customer-Obsession *vor* internem Selbstnutz
- Advocacy-Marketing *vor* Eigenwerbung
- Qualitätscontent *vor* Anzeigen & Co.
- Bestandskundenpflege *vor* Neukundenjagd
- Individualisierung *vor* Standardabwicklung

Die Betonung auf »vor« will hierbei sagen: Beides kann im Einzelfall wichtig sein, doch das jeweils Vordere ist in aller Regel dem jeweils Hinteren vorzuziehen. Warum das so ist und wie man diese Punkte mit Leben füllt, das wollen wir nun ergründen.

Customer-Obsession: Vom Kunden her denken und handeln

Wer die Zukunft erreichen will, das haben wir eingangs betont, braucht eine Obsession für Kundenbelange. »Vom Kunden her denken« wird dabei zur Pflicht. Dies erfordert eine komplette 180-Grad-Wende: weg von Inside-out, hin zur Outside-in-Perspektive.

Dabei folgt man *nicht* länger dem selbstzentrierten alten Marketing, das fragt nämlich so: »Was bieten *wir* dem Markt und den Kunden wann, wie und wo an, damit *wir* noch erfolgreicher werden?« Die alte Push-Kommunikation dreht sich dabei vor allem um Selbstdarstellung und Eigenlob. Deren Kernfrage lautet:

Alt: »Was wollen *wir* kommunizieren?«

Das neue Marketing hingegen fragt so: »Was will / braucht / begehrt *der Kunde* von heute und morgen, und wie können wir helfen, seine

Lebensqualität respektive seinen beruflichen und/oder geschäftlichen Erfolg zu erhöhen?« Die neue Pull-Kommunikation dreht sich folglich um hilfreiche Informationen und Problemlösungsaspekte. Kernfrage dabei:

Neu: »Was wollen *die Kunden* wissen?«

Die meisten Manager glauben, wenn wir sie fragen, sie seien in Sachen Kundenorientierung schon richtig gut. Doch die Kluft zwischen Eigen- und Fremdbild ist riesig. Während nämlich 80 Prozent der Führungskräfte denken, dass ihre Marke die Bedürfnisse und Wünsche der Kunden kennt, bestätigen das gerade einmal 15 Prozent der Verbraucher, fand eine weltweite Studie des IT-Dienstleisters Capgemini heraus.[29] Dieses gewaltige Maß an Selbstüberschätzung finden wir im Management überall. Ein verstellter Blick für das, was Kundenorientierung wirklich bedeutet, ist eher die Norm.

Von Kundenorientierung keine Spur – drei Negativbeispiele

Erstes Beispiel: Wir besuchen den stationären Lebensmitteleinzelhandel. Nicht die Produkte kommen dort ins Regal oder in die Handzettelwerbung, die sich die Kunden am meisten wünschen, sondern die, für die es von der Industrie die höchsten Werbekostenzuschüsse gibt. Demgegenüber überprüft sich ein guter Onlineshop ständig auf Kundenfreundlichkeit. Die Angebote, die ein Interessent dort zu Gesicht bekommt, sind längst personalisiert. Und die Nutzerführung ist intuitiv. Denn nicht die mühsame Suche, sondern das bequeme, schnelle Finden von Passendem konvertiert.

Zweites Beispiel: Wir belauschen ein Verkaufsgespräch im B2B. Meist startet es mit einer ausufernden »Wir sind – wir machen – wir können«-Präsentation. »Der Kunde muss doch zunächst unser Portfolio kennen«, erklärt man uns. Nein, muss er nicht! Er hat ein Defizit, ein Problem, einen Schmerz, einen Painpoint. Dies muss so schnell wie möglich erfasst und dann so passgenau wie möglich beseitigt werden. Also: Erst das Kundenproblem, dann die Anbieterlösung. So liegt man beim Abschluss ganz sicher vorn. »Customer first« verlangt einen Perspektivwechsel auch im Vertrieb.

Drittes Beispiel: Wir checken eine übliche Company-Jahrestagung. Zunächst geht es ums Zahlenbegaffen: Die Vorjahresergebnisse und die Planzahlen für das Folgejahr werden gezeigt, auf Charts, die ab der dritten Reihe niemand mehr lesen kann. Egal! Wen interessiert schon Zuschauerorientierung? Danach werden, von tragender Musik untermalt, die neuen Produkte gezeigt, dann die Sieger interner Wettbewerbe gekürt. Eine Leistungsschau eigener Selbstherrlichkeit. Von Kunden keine Spur. Klar, natürlich will man sich auf die Schulter klopfen, das gehört dahin, und man will und soll seine Erfolge feiern. Doch die verdankt man letztlich seinen Kunden.

Empfängerorientiert ginge so einfach. Statt »unser Team« schreibt man »Ihre Ansprechpartner« auf die Website, und statt »Über uns« heißt es »Für Sie«. Statt »Zu vermieten« heißt es »Zu mieten« auf dem Werbeplakat und aus »Zu verkaufen« wird »Zu kaufen«. Im Meeting bleibt ein Stuhl frei, und wer sich draufsetzt, gibt die mahnende Stimme des Kunden, die darum bittet, doch auch an seine Belange zu denken. So kann die Egosicht endlich aus den Unternehmen verschwinden.

Erst der Kunde, dann die interne Effizienz! Dieser Perspektivenwechsel wird bei Amazon ganz konsequent gelebt. So wird dort *nicht* die Anzahl der eingegangenen Bestellungen gemessen, sondern die Anzahl der Bestellungen, die korrekt ausgeliefert und »in time« beim Kunden angekommen sind. Man geht also weg von Kennzahlen für die Finanzergebnisse hin zu Kennzahlen für den Kundennutzen. Man misst nicht nur das, was man durch gute Aktionen gewinnt, sondern auch das, was man durch kunden*un*freundliche Aktionen verliert. »In jedem Land, in dem ich unterwegs bin, informiere ich mich zuerst darüber, wie es dort mit der Kundenzufriedenheit aussieht. Erst dann schaue ich mir die Umsatzzahlen an«, erklärt Jeff Wilke, Amazon-CEO und zweiter Mann nach Jeff Bezos, in einem *Wirtschaftswoche*-Interview. Und er ergänzt: »Wir sehen uns als Erfinder, die die Welt für ihre Kunden besser machen wollen.« Das Vom-Kunden-her-denken-Prinzip erklärt er so: »Wenn wir davon überzeugt sind, dass wir unseren Kunden in einem Bereich einen zusätzlichen Nutzen bieten können, schreiben wir zunächst eine interne Pressemeldung und fangen dann an, unser Projekt rückwärts zu realisieren.« Ist etwas nicht gut für die Kunden, wird es nicht umgesetzt.[30]

Der Kaufprozess der Kunden von heute und morgen

Es wird immer schwieriger, mit der eigenen Kommunikation zum potenziellen Kunden durchzudringen. Und egal, ob im B2B oder im B2C: Käufer durchlaufen heute ganz andere Kaufprozesse als früher. Nahezu die gesamte Vorrecherche findet inzwischen online statt. Bis zu 95 Prozent aller Kauf*vor*entscheidungen fallen heute im Web. 73 Prozent des relevanten Traffics findet dabei auf Drittanbieter-Plattformen statt.[31] Hierbei greifen Anschaffungswillige auf durchschnittlich zehn Webinhalte zu, bevor sie eine Entscheidung treffen. In Fachforen folgt man den Diskussionen der User. Im Social Web forscht man nach Referenzen. Auf Bewertungsportalen zählt man Sterne. Man sucht nach Produkttests und Preisvergleichen – und nach Erfahrungsberichten von Leuten, die genau *die* Aufgabe bereits erledigt haben, die man selbst noch vor sich hat. »Wer hat das schon gekauft?« »Welche Erfahrungen habt ihr mit … gemacht?« »Sind die seriös?« So holt man sich zur eigenen Sicherheit die Meinungen anderer ein.

Die O-Töne Dritter spielen im Kaufprozess längst eine Schlüsselrolle, weil sie Zeit sparen helfen und vor Entscheidungsfehlern bewahren. Wenn neun von zehn Kunden dazu raten, besser die Finger von einer Sache zu lassen, können selbst Werbemillionen nichts mehr bewirken. Glaubwürdige Empfehlungen sind die ehrlichste Form der Kommunikation, weil sie für die Qualität eines Marktplayers bürgen. Advocacy-Marketing, also das Gewinnen von Kundenfürsprache, ist damit das erste Mittel der Wahl. Wer profitables Neugeschäft will, für den sind alle Formen von WoM, Word of Mouth, heute ein Muss. Positive Mundpropaganda steht am Ende einer guten Kundenbeziehung und immer öfter auch am Anfang eines Kaufprozesses.

> **Positive Mundpropaganda und Empfehlungen sind heute das A und O.**

Wer schlechte Noten bekommt, weil die Produkte nicht halten, was sie versprechen, weil der Service nicht stimmt oder das Vorgehen im Vertrieb unakzeptabel ist, fällt holterdiepolter durch den Rost, ohne dass es je zu einem direkten Kontaktversuch kommt. Das bedeutet: Anbieter, die ein schlechtes Bild abgeben, verlieren das meiste potenzielle Geschäft, ohne dies überhaupt zu bemerken. So müssen sich Unternehmen einerseits ganz neue Gedanken um die

Qualität ihrer Kundenbeziehungen machen. Andererseits müssen sie Interessenten, zu denen eine Leistung von vorneherein schon gar nicht passt, gezielt davon abhalten, diese zu kaufen, damit es keine negativen Kommentare gibt. Dies ist ein ziemlich neuer Gesichtspunkt.

Das betrifft aber doch wohl nur das Neugeschäft und den Erstkauf? Ganz und gar nicht. Auch Bestandskunden informieren sich ständig weiter. Die bedingungslose Loyalität von einst, die gibt es nicht mehr. Hatten sich Kunden früher für einen Anbieter entschieden, blieben sie diesem, solange nichts schieflief, meistens treu. »Da weiß man, was man hat« war ein gängiger Spruch. Markttransparenz zu bekommen war schwer und die Gefahr, eine Fehlentscheidung zu treffen, demgemäß hoch. Heute ist das völlig anders. Digitalisierte Kunden sind nur so lange treu, bis ein besseres Angebot kommt. Kündigungen sind dank Aboalarm & Co. heutzutage in Sekundenschnelle erstellt.

Was also tun? Das ist einfach. Präsentieren Sie dem Interessenten relevante Informationen über geeignete Angebote ganz genau dann, wenn er sie sucht, und dort, wo er sie sucht. Legen Sie eine Duftspur geradewegs zu Ihren Angeboten, wenn der potenzielle Abnehmer diese (wieder) benötigt. Mit gut gemachtem, intelligentem und qualitativ erstklassigem Content kann man die Sichtbarkeit in Suchmaschinen erhöhen, den User auf hochwertige Weise erreichen, neugierig machen, Begehrlichkeit wecken und Kauflust erzeugen. Automatisierte Prozesse sind hierbei unerlässlich. Sie werden vom Marketing aus initiiert. Der Kaufabschluss erfolgt entweder im Onlineshop oder mithilfe qualifizierter Vertriebsmitarbeiter.

Doch das Erreichen eines Abschlusses ist noch lange nicht alles. Jetzt geht es erst richtig los. Nun ist eine pflegliche Bestandskunden-Rundumbetreuung gefragt. Dabei geht es nicht nur um kontinuierlichen Folgeumsatz. Kunden brennen darauf, über ihre Käufe zu sprechen, sich den Frust von der Seele zu reden oder ihre Freude mit anderen zu teilen. Wir erzählen in unserem Umfeld davon, ob unsere Erlebnisse begeisternd, okay oder enttäuschend waren. In alten Zeiten entspann sich ein solcher Austausch in der realen Welt. Nur wenige Personen hörten davon und vieles war schnell wieder vergessen. Doch das ist nun anders. Wir leben in einer neuen Empfehlungszeit. Unzählige digitale Lagerfeuer ergänzen die klassischen Orte fürs Weiterempfehlen.

Was einen bedrückt oder verzaubert, kann nun die ganze Welt erfahren.

Und damit schließt sich der Kreis. Die »Moments of Truth« eines enttäuschten oder begeisterten Kunden machen die Runde im Web. Für Menschen auf der Suche nach Informationen werden diese zu Momenten der Wahrheit vor dem ersten direkten Kontakt mit dem Anbieter selbst. Google nennt sie die »Zero Moments of Truth«, abgekürzt ZMOT, also die »nullten Momente der Wahrheit«. So sorgen nicht Werbegeplärre und Preisschleuderei, sondern begeisterte Kunden, die als beseelte Botschafter agieren, für das beste Geschäft. Sie setzen die Customer-Journeys zukünftiger Kunden in Gang. Wer seine Bestandsklientel hegt und pflegt und sie zu aktiven Fürsprechern macht, tut sich demnach mit der Neuakquise ganz leicht.

Der Kaufabschluss ist nicht alles – Rundumbetreuung ist gefragt!

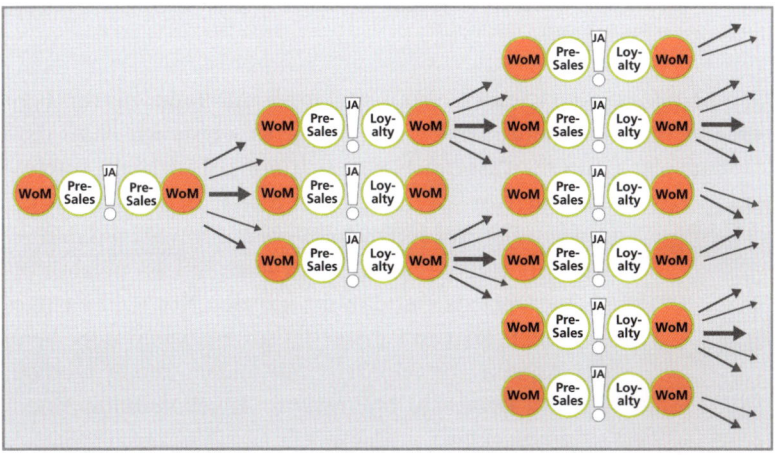

Abb. 8: Der Kaufprozess eines Kunden. WOM steht für Word of Mouth, also Mundpropaganda, Erfahrungsberichte, Bewertungen, Referenzen und Empfehlungen. Pre-Sales steht für alle Aktivitäten vor, Loyalty für alle Aktivitäten nach einem Kauf. Die Dicke der Pfeile reflektiert die jeweilige Intensität der WOM-Aktivitäten.

Die Wasserloch-Strategie zieht Kunden wie magisch an

Im Outbound-Marketing gehen die Anbieter von sich aus auf die Kunden zu. Dies ist schon allein aus Datenschutzgründen zunehmend schwierig geworden. Potenzielle Käufer wehren sich außerdem heftig, wenn sie ungefragt vom Vertrieb belästigt oder mit Werbung überfallen werden. Und das mit Recht! Inbound-Marketing und eine neue Form von Leadmanagement, das nach dem Pull- statt dem Push-Prinzip funktioniert, sind nun das Mittel der Wahl, um Interessentendaten zu generieren.

Inbound-Marketing basiert darauf, sich von potenziellen Käufern finden zu lassen. Leadmanagement-Spezialist Norbert Schuster beschreibt uns diese Strategie so: »Die Inbound-Marketing-Methode nutzt das Internet, um potenziellen Kunden interessante Inhalte, sprich Content, anzubieten, sie auf die eigene Webseite beziehungsweise eine Landingpage zu ziehen und sie dort zu konvertieren.« Er vergleicht diese Methode mit einem Wasserloch, das man in der Savanne baut, um den Tieren, die man auf einem Foto einfangen will, nicht hinterherrennen zu müssen.[32]

Man bedrängt seine Kunden also nicht länger mit Bannerterror, Egogeschrei und Dicktuerei, wovor sich nur jeder versteckt, nein, man baut ein Content-Wasserloch, um sich von »durstigen« Interessenten finden zu lassen. Dazu wird qualitativ hochwertiger und für die User nützlicher Content sowohl auf den eigenen Onlinepräsenzen als auch auf Fremdplattformen platziert und in die sozialen Netzwerke eingestellt. So kann dieser heruntergeladen oder beim Anbieter angefordert und zudem geteilt werden, um Dritte auf interessante Angebote aufmerksam zu machen.

Statt Kunden mit Egogeschrei zu bedrängen, baut man ein Content-Wasserloch.

Hierbei präsentiert sich ein Unternehmen als Ratgeber für seine Klientel. Es geht also nicht um Getöse, sondern um Unwiderstehlichkeit. »Magnet statt Megafon« kann man auch sagen. Das Unternehmen ist zwar präsent, tritt aber nur dezent als Urheber auf. Content soll Interesse wecken, Expertise vermitteln, Vertrauen aufbauen und die anvisierten Zielpersonen an den Anbieter und seine Produkte heranführen. Content will außerdem Bestands-kunden loyalisieren, eine Themenwelt besetzen, für Gesprächsstoff sorgen und Wettbewerbsvorteile erringen. Denn Menschen suchen selten nach einem konkreten Produkt. Sie haben vielmehr Infobedarf oder ein akutes Problem. So beginnen sie mit einer Recherche, ohne dass ein Anbieter davon überhaupt etwas mitbekommt. Dazu geben sie spezifische Fragestellungen oder Schlagworte in eine Suchmaschi-ne ein. Über Ihren Content werden sie nun die passenden Antworten finden.

Bei diesem Content, idealerweise im Storytelling-Stil aufbereitet, handelt es sich um Fachartikel, E-Books, Checklisten, Anwenderbe-richte, Infografiken, Webinare, Erklärvideos und so weiter. Zudem können Sie auch fremden Content, also Interviews, Gastbeiträge, Studienergebnisse, Umfragen, neueste Branchenmeldungen und so weiter präsentieren. Über diese Mehrwertstrategie werden Sie zu ei-nem Kompetenzzentrum Ihrer Branche. Dies verbessert nicht nur das Google-Ranking, es bringt auch mehr Traffic, also mehr »Interessen-tenverkehr« auf Ihrer Website. Auf den Trefferlisten tauchen Sie weit vorne auf, weil Suchmaschinen hochwertigen Content den minder-wertigen Inhalten (Thin Content) vorziehen. Und: Wer sich auf Ihrer Seite aufhält, weil er dort viele nützliche Dinge findet, der kauft dann auch dort. Oder er initiiert einen ersten Kontakt.

So werden Interessenten von brauchbaren Inhalten angelockt, fordern diese nun an und erteilen via Double-Opt-in eine datenschutzrecht-lich einwandfreie Erlaubnis, weitere Informationen an sie zu senden. Mithilfe von Marketing-Automation entfaltet der entwickelte Con-tent dann seine ganz gewaltige Kraft. Im Zuge einer vordefinierten mehrstufigen Abfolge wird der Interessent zwecks »Reifung« zunächst »genurtured«, das heißt, individuell und situativ mit passenden Infor-mationen versorgt, und dann bis zum Abschluss geführt. Indem der Interessent jeweils zeigt, wofür er sich ganz genau interessiert, qua-lifiziert er sich quasi selbst. Wird der Vertrieb in die Bearbeitung der Leads involviert, muss gemeinsam festgelegt werden, bei welchem Reifegrad diese übergeben werden und wie die weiteren Schritte aus-sehen sollen.

Werden nämlich die Leads zu früh überführt, weil der Interessent »sich erst nur mal umschauen« wollte, ist der Erfolg marginal. Werden sie hingegen zu spät übergeben, ist das anfängliche Interesse vielleicht schon wieder erloschen. Eine Lead-Klassifizierung kann helfen, die Prioritäten richtig zu setzen. Statt mühsamer Kaltakquise mit vagem Adressmaterial kümmert sich das Vertriebsteam hiernach fast nur noch um »heiße« Interessenten, die realistische Abschlusschancen bieten. So arbeitet es viel effizienter und zugleich motivierter. In *Marketing-Automation für Bestandskunden*, das Sie in der Literaturliste finden, wird das gesamte Prinzip ausführlich beschrieben.

Diese Vorgehensweise funktioniert sowohl bei Neuinteressenten als auch bei bestehenden Kunden, die ja quasi vor jedem Wiederkauf erneut zu Interessenten werden. Durch immer neue Content-Angebote sorgt man für ein kontinuierliches Mehrbestellen und bei bislang inaktiven Kunden fürs Wiederkommen. Zudem verbreitet sich gut gemachter Content derart viral, dass ständig neue Kunden vorbeischauen und kaufen. Ergänzt wird dies durch eine Content-Distribution mithilfe bezahlter Formate. Content kann auch über Influencer und professionelle Weiterverbreiter einen Markt tiefer durchdringen. Mehr dazu im achten Kapitel.

Die Zweiklassengesellschaft in Unternehmen

Mitunter machen Unternehmen mit Kunden die merkwürdigsten Dinge. So gibt es, auch wenn das auf den ersten Blick nicht immer den Anschein hat, in vielen Branchen eine Zweiklassengesellschaft. Da sieht man als Stammkunde fassungslos zu, wie Neukunden die ganzen Goodies erhalten. Sie bekommen Nachlässe, Schnupperpreise, kostenlose Testangebote und andere Nettigkeiten, damit sie sich für einen Erstkauf entscheiden. Bestandskundenabzocke hingegen ist gang und gäbe: Kostspielige Softwarelizenzen, überteuerte Handytarife, hohe Abogebühren und teure Versicherungsprämien sind weiter zu zahlen, obwohl sie im Neugeschäft längst deutlich günstiger sind. Was bedeutet: Neukunden, die bis zum Abschluss nur kosten, werden belohnt, Altkunden hingegen, mit denen man längst gutes Geld verdient, werden bestraft.

In zunehmend gesättigten Märkten ist eine Fokussierung auf Wiederkauf und Empfehlungsbereitschaft geradezu zwingend. Dennoch stehen Eroberungen und schneller Abverkauf noch immer am höchsten im Kurs. Dabei luchsen sich die Anbieter mit Lockvogelangeboten gegenseitig die Kunden ab. Manager sehen dabei anscheinend nur das, was sie gewinnen, nicht aber das, was sie verlieren. Während nämlich vorne fleißig gebaggert wird, laufen einem hinten die eigenen Kunden weg. Denn die haben gelernt: Nur bei Untreue gibt's Goodies. Ergo: Die Anbieter höchstpersönlich haben uns zu Quengelkunden und Schnäppchennomaden erzogen. Zudem haben sich viele verramscht. Ein Teufelskreis, zumeist fatal.

Leider oft Usus: Neukunden werden belohnt, Bestandskunden werden bestraft.

Denn irgendwer macht es immer billiger. Der Fokus auf Preise erzeugt eine Abwärtsspirale. Im Zuge dessen werden treue Stammkunden durch illoyale Gelegenheitskäufer ersetzt. Eine Aufwärtsspirale hingegen entsteht durch Wertschätzung bestehender Kunden via Emotionen, Erlebnisse, Sinn.

Analysieren wir weiter: Eine Zweiklassengesellschaft herrscht nicht nur auf der Kundenseite, sondern auch im Vertrieb. Die Kundenjäger (= Hunter) sind die Helden vom Dienst. Sie werden hofiert, bestens trainiert, fürstlich entlohnt und mit Boni geködert. Die Kundenbetreuer (= Farmer) hingegen agieren, herumkommandiert und *nicht* bonifiziert, vom Backoffice (= Hinterzimmer!) aus. Dies mit dem Ziel, aus Bestandskunden nun Cashcows (Melkkühe!) zu machen. Ja, so werden selbst Stammkunden in vielen Firmen noch immer genannt – und so werden sie dann auch behandelt.

Ganze Managergenerationen haben an den Unis etwas über das Abschöpfen von Zahlungsbereitschaft gehört und glauben tatsächlich, dass das auch heute noch funktioniert. Früher haben die Kunden so was murrend ertragen. Doch das ist vorbei. »Nicht so!« und »Nicht mit mir!«, sagen sie lautstark und missgestimmt. Niemand lässt sich mehr für dumm verkaufen. Eine wachsende Beschwerdezahl ist die Folge. Längere Bearbeitungszeiten sind das Ergebnis. Der Frust der Servicemitarbeiter steigt, die Stimmung sinkt. Die ersten Krankheitsausfälle. Noch mehr bleibt liegen. Der Groll der Kunden verlagert sich ins Web. Die Missstände werden öffentlich. Die Umsätze brechen ein. Doch anstatt das Übel bei der Wurzel zu packen, wird jetzt an der Kosten-schraube gedreht. Beim Vertrieb kann man nicht sparen, die sollen ge-fälligst ackern! Aber bei der Kundenbetreuung, da ginge noch was. Ist sowieso viel zu teuer. Manche Manager sind dabei völlig verblendet. »Jedes Mal wenn ein Kunde bei uns anruft, sind das Kosten«, hat uns kürzlich einer gesagt. Es kam ihm nicht einmal in den Sinn, dass jeder Anruf auch eine Chance sein könnte, an Mehrumsatz zu gelangen.

Schlimmer noch: Im B2B werden Bestandskunden bisweilen nicht mal von eigenen Mitarbeitern betreut, sondern in Service GmbHs ausgelagert. Im B2C-Massengeschäft werden sie von exter-nen Callcentern betreut. Informationsstand und Bezah-lung sind dort niedrig, die Fluktuation ist hoch. Die Lösungskompetenz ist eher gering und viel Zeit für Gespräche hat man da nicht. Obendrauf kommt eine Endlos-Warteschleife. Für Noch-nicht-Neu-kunden hingegen gibt es eine eigene Hotline, bei der sofort jemand ans Telefon geht. Jaja: Ist man erst mal Kunde, ist man zweite Klasse.

Die Kunden lassen sich nicht mehr für dumm verkaufen.

Dabei sollten Anbieter gerade in Zeiten des beschleunigten Wandels alles dafür tun, dass ihnen die einmal gewonnenen Kun-den erhalten bleiben. Dazu muss man mehr in die Loyalisierungsphase investieren. 48 Prozent der Bestandsklientel erwarten inzwischen eine spezielle Behandlung, weil sie gute Kunden sind.[33] Doch 76 Prozent der Marketingbudgets fließen nach wie vor in die Vorkaufphase, fand kürzlich eine Untersuchung von Brand Trust heraus. Das liege leider daran, meint Studienautor Christoph Hack, dass sich viele Unterneh-men vor allem über kurzfristige Wachstumsziele definieren.[34]

Langfristiges, planbares Wachstum erreicht man vor allem durch Kun-den, die immer wieder kaufen und zu Fans und Fürsprechern wer-den. Ergo: Sorgen Sie für erinnerungswürdige Momente, damit genau das passiert. Zeigen Sie durch Nur-für-Stammkunden-Aktionen, dass diese etwas ganz Besonderes sind. Wenn etwa Kunden von Zappos, das ist ein US-Onlinehändler, sich als Fan des Unternehmens outen, erhalten sie spezielle Sonderangebote in einem Bereich, der nur Fans vorbehalten ist. Bei Zappos nennt man das eine Like-like-Beziehung. Man wird zum Fan seiner Fans.

Vom aggressiven Vertrieb zum assistierenden Verkaufen

Jemand Besonderes sein: Das ist es, was Menschen goutieren. Statt Allerweltslösungen und Massenware rückt die maximale Individualisierung nach vorn. An perfekt auf uns zugeschnittene Angebote, die dank kontextbezogener Daten, künstlicher Intelligenz und ausgeklügelter Tests zu Volltreffern werden, haben wir uns längst gewöhnt. Früher hatten alle die gleiche Schallplatte, heute hat jeder seine ganz persönliche Playlist. Das Standardsegment erodiert. Je persönlicher das Produkt, desto höher die Absatzchancen. Losgröße eins: Customization wird zum neuen Erfolgsformat. Wir wollen uns mit Dingen umgeben, die unserer Identität Ausdruck verleihen. Dabei spielen das Selbstgestalten und die eigene Kreation (»I made it myself!«) eine zunehmend wichtige Rolle. Doch bisweilen braucht man dabei eine helfende Hand.

Zum Beispiel? Sicher kann fast jeder im Web ein Wunschprodukt vorkonfigurieren. Das macht Spaß und schafft erste Erfolgserlebnisse, die man gerne mit anderen teilt. Geht es dann aber um komplexe Details, wird gern fachkompetente Hilfe hinzugezogen. So wird das assistierende Verkaufen fortan eine wichtige Rolle spielen. Dies wird über Contactcenter passieren, in denen Menschen arbeiten, die extrem gut ausgebildet sind und richtig viel von einer Sache verstehen. Denn bei vorinformierten Kunden werden die Fragestellungen kniffliger und die Anliegen werden komplexer.

Die Zukunft des Vertriebs findet im digitalen Raum und am Telefon statt. Etwa ein Drittel der Außendienstmitarbeiter wird zeitnah verschwinden.[35] Die zunehmende Dematerialisierung, die die Digitalisierung mit sich bringt, verlagert viele Aktivitäten in den Dienstleistungsbereich. Man kauft kein Produkt mehr, sondern zahlt für den Gebrauch. Eine ausgefeilte Servicearchitektur ist deshalb unumgänglich. Hierbei wünschen sich die Kunden modernste Technologien, möchten aber zugleich bei Bedarf die Beratungskompetenz eines menschlichen Mitarbeiters nicht missen.

Was auch immer am Ende das Kundenproblem ist, es sollte im ersten Anlauf gelöst werden können, möglichst in Echtzeit und ohne viel Hin und Her. »First Contact Resolution« nennt man das im Fachjargon. Neben der klassischen Hotline bieten sich dafür der digitale Livechat, die Videoberatung und das Co-Browsing an. Chatbots, das sind von künstlicher Intelligenz unterstützte Sprachprogramme, kommen hinzu. Dies verlangt, dass im Hintergrund alles ohne Bruchstellen miteinander verbunden ist.

Einer der nächsten technologischen Sprünge wird die »Zero-Screen-Ära« sein. Der Trend geht weg von physischen Endgeräten, weg von den unzähligen Apps und vor allem weg von mühevollen Texteingaben, hin zur Sprachsteuerung. Siri, Alexa & Co. sind erst der Anfang. Gut trainierte Bots werden ihre Arbeit schon bald besser machen als schlecht ausgebildete Menschen. Sie werden unglaublich viel über uns wissen, unsere Emotionen treffsicher erkennen, Kontext verstehen, unsere Wünsche decodieren. Personality-Designer bringen ihnen bei, sympathisch zu wirken, ausgesucht höflich zu reagieren und in jeder Situation den richtigen Ton zu treffen. Bots werden sich zudem spezialisieren: Gesundheitsbots, Bildungsbots, Beziehungspflegebots, Einkaufsbots, Finanzbots werden sich um uns scharen, so eine Trendstudie von 2b Ahead.[36] Die Privatsphäre definiert sich damit neu.

Jedes Kundenproblem sollte im ersten Anlauf gelöst werden.

Die Inter-Bot-Kommunikation wird zu einem zentralen Thema der nahen Zukunft. Digitale Assistenten und virtuelle Stellvertreter werden das Web in unserem Namen durchforsten. Sie beschaffen Informationen, beraten uns, verhandeln mit Anbieterbots, kaufen für uns ein und halten uns Probleme vom Hals. Tendenziell geht die Entwicklung vom klassischen Sales- und Servicedialog zwischen Menschen hin zur Interaktion zwischen künstlichen Intelligenzen. Wenn Sprachbots auf der Basis von selbstlernenden Algorithmen schließlich die fundiertesten Antworten geben, dann vertrauen wir diesen. In dem Fall wird der direkte Kundenkontakt in vielen Situationen nicht mehr gebraucht. Aber wenn wir ihn brauchen, dann muss er außergewöhnlich sein. »Sie sprechen jetzt mit einem Menschen« kann und muss zu einem Qualitätsmerkmal werden. Wer seine Mitarbeiter nämlich komplett durch Chatbots ersetzt, riskiert, dass er Kunden verliert. Die menschliche Komponente bleibt auch in Zukunft von hoher Bedeutung.

Touchpoints: Die »Momente der Wahrheit« gestalten

Touchpoints entstehen überall da, wo ein (potenzieller) Kunde mit einem Unternehmen und seinen Mitarbeitern, Produkten, Lösungen, Services, Plattformen und Marken interagiert. Schätzen Sie einmal selbst, wie viele das bei Ihnen sind! Meist sind es viel mehr, als Manager meinen, weil sie häufig nur ihren eigenen Verantwortungsbereich überblicken. So hat man etwa bei Porsche weit mehr als 300 Touchpoints identifiziert, über die der potenzielle oder tatsächliche Kunde mit Hersteller, Händler und Marke in Berührung kommen kann. Online wie offline zeigt sich dann in solchen »Momenten der Wahrheit« (Jan Carlzon), was die Versprechen eines Anbieters tatsächlich taugen.

Im Deutschen werden Touchpoints gern als Kontaktpunkt bezeichnet – ein unterkühlter, versachlichter Begriff. Das Wort »Berührungspunkt« drückt sehr viel besser aus, wie Kundenbeziehungen zu gestalten sind: nicht nur verlässlich und funktionierend, sondern auch begeisternd, emotional und sinnlich berührend. »Erwartung plus x« ist das Stichwort dafür. Erst dann, wenn zum Üblichen etwas Besonderes und zur reinen Funktionalität eine Prise »Sternenstaub« hinzugefügt werden, also etwas umwerfend Überraschendes, Berührendes, Faszinierendes, Unerwartetes passiert, weckt dies heftiges Habenwollen.

Herausragende Unternehmen bieten ihren Kunden an allen Touchpoints die beste Erfahrung, und zwar über die gesamte Kundenreise hinweg. Dabei ist jedes Detail von Belang. Das ist wie bei einem Orchester. Selbst dann, wenn die Pauke im gesamten Opus nur ein paar wenige Einsätze hat, ist der Genuss vermasselt, wenn sie dies an der falschen Stelle tut. Will heißen: Ein einziger schlecht gemanagter Berührungspunkt, Ihr schwächster, kann leicht dazu führen, dass Sie Kunden für immer verlieren. Einen durch und durch begeisterten Kunden hingegen können auch Negativmomente nicht demotivieren. Das ist der »Rosarote-Brille-Effekt«: Fehler werden verziehen und über kleine Schwächen sieht man milde hinweg.

Deshalb müssen nicht nur die direkten Kontaktpersonen, sondern auch all die Mitarbeiter, die »nur« indirekt mit den Kunden zu tun haben, wie etwa die Buchhaltung, der Einkauf oder die Logistik, kundenorientiert denken und handeln. Die Mitarbeiter sind sogar sehr oft der entscheidende Knackpunkt. Ihr Verhalten nimmt den stärksten Einfluss auf begeisternde oder frustrierende Kundenerfahrungen. Im Schnitt beträgt ihr Anteil bei der Begeisterung 60 Prozent. Bei der Frustration jedoch sind es alarmierende 70 Prozent.[37] Mangelndes Kundenverständnis, fehlende Spielräume und eine schlechte interdisziplinäre Prozesskoordination sind die wesentlichen Ursachen dafür.

Umfangreiche Fragebögen sind lästig – und viel zu langsam.

Im Gegensatz zur Inside-out-Perspektive, die sich an Machbarkeiten orientiert, von eigenen Vorlieben ausgeht und dabei oft Kundenbedürfnisse falsch interpretiert, überlegt man im Touchpoint-Management ständig, wie sich Customer-Experience beziehungsweise User-Experience, also das, was ein Kunde offline und online erlebt, über den gesamten Kaufprozess hinweg immer weiter verbessern lässt. Dabei wird untersucht, was die Kunden erwarten, welche Leistungen sie tatsächlich erhalten und wie ihre Reaktion darauf ist. Zudem wird sondiert, wie man Kundenerwartungen sogar übertreffen kann, um keine Angriffsfelder zu bieten und dem Wettbewerb stets voraus zu sein.

Um zu einer Outside-in-Sicht zu gelangen, werden die Kunden involviert und befragt. Hierfür braucht es intelligente Ad-hoc-Methoden. Umfangreiche Fragebögen sind aus Kundensicht lästig – und viel zu langsam. Auch die allgegenwärtigen grün-gelb-roten Smileys und ähnliche Feedback-Abfragen, mit denen manche Anbieter einen nach jeder Interaktion regelrecht stalken, sind nicht geeignet, weil man so zwar innerbetriebliche Vergleichswerte schafft, aber in puncto Ursachenerforschung nichts lernt.

Um die Wichtigkeit eines Touchpoints aus Sicht eines Kunden sowie seine (Wieder-)Kauf- und Empfehlungsbereitschaft zu messen und daraus konkreten Handlungsbedarf abzuleiten, werden ausgewählte Kunden besser wie folgt befragt:

- Auf einer Skala von 0 bis 10: Wie wichtig ist Ihnen … (den Touchpoint nennen)?
- Auf einer Skala von 0 bis 10: Würden Sie an … (wieder) kaufen?
- Auf einer Skala von 0 bis 10: Würden Sie … weiterempfehlen?

Dies kann mündlich oder softwarebasiert sowohl punktuell als auch regelmäßig erfolgen. Je nach Situation und Unternehmensgröße reichen 30 bis 50 oder auch 100 relevante Personen zum Start. Für die so wesentlichen qualitativen Erkenntnisse brauchen Sie nun noch ein paar Zusatzfragen, die sie *wahlweise* stellen:

- Was ist der Hauptgrund für die Bewertung, die Sie gerade abgegeben haben?
- Was läuft dabei besonders gut?
- Was fehlt aus Ihrer Sicht?
- Was stört Sie besonders?
- Wie sieht für Sie ein besonders gelungenes Kauferlebnis aus?
- Was müsste passieren, damit Ihre Bewertung (noch) positiver ausfiele?
- Was könnte noch besser laufen, und sei es auch nur ein bisschen?

Mit solchen Fragen kommen Sie sofort ganz nah an die wichtigsten Kundenmotive heran. Sie sind Lockrufe für kundenorientierte Verbesserungsvorschläge.

Betrachtet man Kaufprozesse strikt durch die Kundenbrille, wird sehr schnell klar, welche Touchpoints noch fehlen, welche hochrelevant und welche völlig irrelevant sind. Vermeintlich unbedeutende Touchpoints können in Wahrheit tückische Schwachstellen sein, die zu einem sofortigen Ausstieg des Kunden führen. Diese müssen schnellstens gefunden und ausgemerzt werden. Lovepoints hingegen müssen verstärkt und gepampert werden. Zudem lassen sich Wirkungszusammenhänge erfassen.

Durch Verlassen des Unternehmensstandpunktes gelangt man zu einer Priorisierung derjenigen Touchpoints, die die jeweiligen Kunden favorisieren. So können auch neue, für bestehende oder potenzielle Kundengruppen wichtige Verkaufsorte und Beziehungspflegepunkte gefunden und durch geeignete Maßnahmen aktiviert werden. Vorhandene Touchpoints lassen sich optimieren. Veraltete, unnötige oder unrentable Interaktionen können verschwinden. Schließlich lässt sich viel besser ermessen, welche Ressourcen an welchen Touchpoints sinnvoll sind.

Ein kundenzentriertes Touchpoint-Management kann sogar eine Menge Geld sparen helfen. Bei einer Versicherungsgesellschaft kam zum Beispiel heraus, dass von den 120 existierenden Broschüren lediglich 18 in der täglichen Arbeit der Makler eingesetzt wurden.[38] Solch erfreuliche Resultate gibt es im Touchpoint-Management oft.

EPOMS: Wie sich Touchpoints klassifizieren lassen

Analog zum Kaufprozess eines Kunden lassen sich die infrage kommenden Touchpoints, im Konsumentengeschäft auch Erlebnispunkte genannt, passend gruppieren. Hierzu hat Anne das Akronym EPOMS entwickelt:

- **E = Earned Touchpoints,** also solche, die man sich als Anbieter durch gute Arbeit verdient (Bewertungen, Presseberichte, Testergebnisse, Referenzen usw.)
- **P = Paid Touchpoints,** also solche, die ein Unternehmen sich kauft (Anzeigen, Banner, AdWords, TV- und Radiospots, Plakate, Handzettel usw.)
- **O = Owned Touchpoints,** also solche, die man besitzt (Website, Unternehmensblog, Kundenmagazin, Onlineshop, Firmengebäude, Ladengeschäft usw.)
- **M = Managed Touchpoints,** also solche, die man an Drittplätzen managt (YouTube-Kanal, Regalfläche im Handel, externes Callcenter, Messestand usw.)
- **S = Shared Touchpoints,** also solche, die ein User mit anderen teilt (Stimmen Dritter im Web, Anbieter-Content, von Usern selbst generierter Content usw.)

Die Paid und die Owned Touchpoints lassen sich relativ leicht »kontrollieren«. Bei den Managed Touchpoints hat die Kontrolle allerdings Grenzen, weil der Portal- oder Plattformbetreiber die dortigen Regeln diktiert. Unangekündigt kann er sie jederzeit ändern. Dies kann sehr viel Arbeit von heute auf morgen zunichtemachen. Zudem kann eine Plattform ruckzuck wieder von der Bildfläche verschwinden. Deshalb gehören Kernaktivitäten und kommunikative Kronjuwelen immer auch auf eigene Präsenzen.

Weil klassische Anbieterwerbung oft ignoriert oder durch Tools zunehmend blockiert wird, haben die Earned und die Shared Touchpoints enorm an Bedeutung gewonnen. Die Kommunikation über Unternehmen und ihre Leistungen wird längst durch die Konsumenten bestimmt. Sie findet in unzähligen sozialen Medien und dort vor allem in den nicht öffentlich sichtbaren Bereichen statt. So tappen die Anbieter sehr oft im Dunkeln. Und »kontrollieren« lässt sich das nicht. Vielmehr gibt es nur einen einzigen wirklich funktionierenden Weg: Man muss sich das, was dort besprochen, kommentiert und weitergetragen wird, durch exzellente Arbeit verdienen. Wahrhaft großartig ist man nur dann, wenn die Kunden das sagen. Über Gewöhnliches wird niemand berichten. Durchschnitt wird niemals empfohlen. Deshalb spielen Superlative und auch Sympathie eine so entscheidende Rolle.

Wahrhaft großartig ist man nur dann, wenn Kunden das sagen.

Bei alldem gilt: Je emotionaler, desto viraler. Jeder Kauf ist ja mit einer Unmenge an Emotionen verbunden. So kann das Ringen um eine Entscheidung sehr aufwühlend sein. Oft müssen wir etwas Altes »feuern«, um zunächst Platz zu schaffen. Das Neue ist mit Hoffnungen, Wünschen und Träumen verbunden, aber auch mit Ängsten und Stress. Die Verlustaversion, also die Neigung der Menschen, Verluste vermeiden zu wollen, ist, wie der Wirtschaftspsychologe und Nobelpreisträger Daniel Kahneman herausfand, doppelt so stark wie die Aussicht, etwas hinzuzugewinnen.[39] Man sollte also sehr sensibel mit den Dingen umgehen, von denen ein Kunde sich trennt.

Ein weiteres Detail, das positiv ankommt: Zwischendurch-Lebenszeichen. Sie helfen überall da, wo es Wartezeiten gibt, diese erträglich zu machen, Sicherheit zu vermitteln und Vorfreude zu schüren. Denn die Zeit zwischen Abschluss und Lieferung überbrückt man als Kunde mit blindem Vertrauen. Tracking-Verfahren, wie wir sie von Paketdiensten kennen, oder Apps, die ein gerufenes Taxi lokalisieren, sind deshalb prima. Das Christkind versüßt Wartezeiten analog: mit dem Adventskalender. Daimler nährt Vorfreude digital: Auf einer speziellen Website kann man die Produktion seines individuell zusammengestellten neuen Traumautos quasi in Echtzeit verfolgen.

Die unendlich vielen weiteren Facetten, die zum Meistern der multi-plexen Touchpoints gehören, können mangels Platz hier nicht weiter erörtert werden. In Annes Büchern *Touchpoints* und *Touch.Point.Sieg* finden Sie alles Wesentliche zum Thema.

Buyer-Personas: Das neue Zielgruppenkonzept

Buyer-Personas sind fiktive prototypische Stellvertreter einer Kundengruppe, die deren charakteristische Erwartungshaltungen, Vorgehensweisen und Präferenzen in sich vereinen. Sie ersetzen das klassische Zielgruppengemenge, das in aller Regel nur Alter, Geschlecht, Einkommen, Wohnort und Milieu berücksichtigt, durch eine quasi menschliche Gestalt mit Herz und Seele, in die man sich gut hineindenken kann.

Weshalb das so nützlich ist? Wie ein Mensch handelt und was er kauft, hängt von seinen Motiven ab. Den einen interessiert mehr die Leistung eines Autos, den anderen das Fahrerlebnis, einen dritten der Prestigewert. Nicht die Soziografie, sondern die Psychografie ist hauptentscheidend. Dafür brauchen wir Einfühlungsvermögen. So helfen Personas auch den Mitarbeitern, die nur indirekt mit Kunden zu tun haben, den Menschen hinter der Bestellnummer oder dem Aktenzeichen zu sehen. Und dort, wo nur noch mit Algorithmen gearbeitet wird, werden Datenpakete auf einmal lebendig. Zudem lernt man, in der Kommunikation so zu sprechen, wie die Persona spricht, damit sie einen wirklich versteht. Schließlich entgeht man der Gefahr, bei einer zu treffenden Entscheidung von sich selbst und seinen eigenen Vorlieben auszugehen.

Nicht die Soziografie, sondern die Psychografie ist entscheidend.

Der »Steckbrief« einer Persona umfasst im Konsumentengeschäft in aller Regel sechs wesentliche Elemente. Verzichten Sie dabei auf zu viele Details zugunsten der Klarheit.

Steckbrief einer Buyer-Persona im B2C

- **Name und Foto:** Wie sieht ein typischer Vertreter aus der betrachteten Ziel- oder Kundengruppe aus? Und wie heißt er oder sie? Überlegen Sie, ob bei der Bildauswahl eine gut gemachte Zeichnung besser ist. Fotos realer Menschen, die meist aus Bilderbanken stammen, nageln eine Persona oft zu sehr fest.

- **Hintergrundinformationen:** Hier geht es um Alter, Geschlecht, Wohnort, Beruf, familiäre Verhältnisse, Einkommenssituation, Hobbys und andere Interessen, gegebenenfalls auch um das kulturelle Milieu und den sozialen Spielraum.

- **Statements:** Zitieren Sie wörtliche Aussagen, die für diesen Kundentyp typisch sein könnten. Oder listen Sie Schlagworte auf, die seine Werte, Standpunkte, Ansichten und Einstellungen widerspiegeln. Ordnen Sie ihm typische Marken zu, durch die er ein Statement über sich machen könnte.

- **Erwartungen / Ziele:** Was möchte diese Persona mit dem Kauf eines Produktes beziehungsweise der Inanspruchnahme einer Dienstleistung erreichen? Welche Probleme will sie lösen? Welchen Nutzen will sie erzielen? Welche Ängste könnte sie haben? Was würde sie überzeugen und ganz besonders begeistern?

- **Kaufprozess:** Wie entscheidet und kauft diese Persona? Welche Customer-Journey geht sie? Welche Art von Infos präferiert sie? Was mag sie? Welche Abneigungen hat sie? Wer hat auf sie Einfluss? Wie ist das digitale Verhalten? Die frequentierten Medien? Die wichtigsten Touchpoints?

- **Ideale Lösung:** Wie sähe eine ideale Produkt- oder Servicelösung aus dem Blickwinkel einer solchen Persona aus?

Ein Workshop, bei dem man sich wie die Profiler bei der Kripo mit detektivischem Gespür an das Kreieren von Personas macht, bringt über den Nutzen hinaus richtig viel Spaß. Mitmachen sollten vor allem die Mitarbeiter, die tagtäglich im Kontakt mit den jeweiligen Kunden sind. Zusätzlich lassen sich Studien, gesunder Menschenverstand und

Spuren in sozialen Netzwerken nutzen, um eine treffsichere Persona zu kreieren. Kollegen aus dem Vertrieb, dem Kundendienst und dem Beschwerdemanagement können wertvolle Hinweise geben. Marktforschungsdaten und aktuelle Studien helfen, das Typische einer Personengruppe herauszuarbeiten. Zudem können Sie eine kleine Zahl repräsentativer Vertreter aus dieser Kundengruppe befragen, um das Charakteristische an ihren Einstellungen, Bedürfnissen, Anforderungen und Vorgehensweisen herauszuarbeiten.

Etwa drei bis fünf sorgfältig konstruierte Personas sehr typischer Käufer reichen zum Start. Deren »Steckbriefe« werden idealerweise an eine Bürowand oder auf Pappfiguren gepinnt, um so mit beinahe echten Menschen kommunizieren zu können. Zudem lassen sich physische oder digitale Setcards erstellen. So schafft man ein gemeinsames Verständnis und sorgt dafür, dass alle dasselbe Bild von einer Zielperson vor Augen haben, wenn sie an Kundenprojekten arbeiten, Touchpoints optimieren und neue Konzepte entwickeln. Immer kann man sich gemeinsam fragen, was die Persona wohl von einer Sache hält und wie sie sich auf ihrer Kundenreise gerade fühlt. Schließlich kann man etwaige Vorhaltungen auf die Persona produzieren. Aus »Da haben Sie einen Fehler gemacht!« wird: »Uschi (= die Persona) hätte sich sicher gewünscht, dass …«

Außerdem sollten Sie dabei Folgendes beachten: So wie sich die Menschen im Zeitverlauf ändern, so müssen auch die konstruierten Personas diesem Wandel angepasst werden. Insgesamt verschafft man sich mithilfe von Buyer-Personas eine Vielzahl von Vorteilen gegenüber den Unternehmen, die ihre Kunden weiterhin nach »Schema F« behandeln.

Vergessen Sie ABC: Buyer-Personas im B2B

Auch im B2B sind Buyer-Personas hochrelevant. Denn Menschen kaufen von Menschen. Unternehmen können keine Angebote einholen, keine Anbieter listen und keine Aufträge vergeben. Am Ende der Prozesskette sitzt immer ein Mensch. Und dieser Mensch hat Launen, Begierden, Hoffnungen, Wünsche und Träume. Jedes Problem, das gelöst werden muss, verursacht ein schlechtes Gefühl. Und jede Lösung bringt Erleichterung. Ein Kauf-Ja wird also nie nur von sachlichen Gründen geleitet, sondern auch von Emotionen begleitet. Zudem hat ein Entscheider nicht nur die Unternehmensinteressen im Kopf. Er verfolgt zugleich eigene Ziele. All das geht über die Informationen, die üblicherweise in einer Datenbank gespeichert werden, weit hinaus. Arbeiten wir mit Personas, tritt der Mensch hinter seiner Funktion hervor.

Am Ende der Prozesskette sitzt immer ein Mensch.

Doch betrachten wir zunächst die in B2B-Unternehmen übliche ABC-Kundenstruktur: Pauschal werden die Kunden mit den höchsten Umsätzen als A-Kunden, Kunden im mittleren Umsatzbereich als B-Kunden und die mit wenig Umsatz als C-Kunden eingestuft. Diesen drei Kategorien werden Betreuungsstandards zugewiesen, die der Vertrieb zu erfüllen hat. Dabei stellt sich eine entscheidende Frage: Kann der Umsatz überhaupt die richtige Messgröße sein? Ganz gewiss: Nein. Im schlimmsten Fall pflegt man Kunden, mit denen man herbe Verluste macht.

Neben den »harten« Fakten spielen auch im B2B die »weichen« Aspekte eine wichtige Rolle. Denn Kunden haben nicht nur einen monetären, sondern auch einen ideellen Wert. Deshalb müsste die Messung der Beziehungsqualität genauso wichtig sein wie die Messung der Profitabilität. Hierzu bieten sich folgende Kriterien an:

- **Kaufhistorie:** Wie viel hat der Kunde mit welchem Umsatz gekauft?
- **Kauffrequenz:** Wie oft kauft er und wann kam sein letzter Auftrag?
- **Deckungsbeitrag:** Wie profitabel ist alles in allem der Kunde?
- **Imagefaktor:** Können wir uns mit diesem Kunden schmücken?
- **Empfehlungswert:** Ist dieser Kunde ein wertvoller Empfehler?
- **Zukunftsperspektive:** Gehört er einer Wachstumsbranche an?
- **Preissensibilität:** Verhandelt der Kunde ständig »bis aufs Messer«?
- **Schnäppchenfaktor:** Kauft er nur die wenig rentablen Schnäppchen?
- **Zahlungsmentalität:** Zahlt er pünktlich und ohne Beanstandungen?
- **Bonität:** Wie steht es um seine zukünftige Zahlungsfähigkeit?

- **Betreuungsaufwand:** Wie anspruchsvoll ist dieser Kunde?
- **Sympathiefaktor:** Ist der Kunde angenehm und gern gesehen?
- **Beschwerdeverhalten:** Reklamiert der Kunde sehr häufig?

Aus diesen und weiteren für Ihr Unternehmen relevanten Kriterien lässt sich eine Bewertungsmatrix erstellen. Ist das erledigt, betrachtet man die einzelnen Menschen, die im Kundenunternehmen jeweils von Interesse sind. Denn egal, ob im Neu- oder Folgegeschäft: Meist wird ein ganzes Entscheidungsgremium, ein Buying-Center, aktiv. Und nicht jeder Teilnehmer sitzt zwangsläufig mit am Verhandlungstisch. Wer sich dennoch – sowohl inhaltlich als auch typgerecht – auf diese Menschen einstellen kann, hat einen Vorsprung vor der Konkurrenz.

Ein Buying-Center umfasst im Schnitt fünf bis sieben Personen. Jede dieser Personen hat neben den über sie gespeicherten Daten auch ganz persönliche Einstellungen und Bedürfnisse sowie funktionstypische Anforderungen und Vorgehensweisen. Um das Grundsätzliche daran herauszuarbeiten, sind Buyer-Personas sehr nützlich. Oft gibt man ihnen Namen, die typische Funktionsträger repräsentieren: Ingo IT, Peter Produktion, Egon Einkauf, Monika Marketing oder Sabine Service. Auch mit dabei: Gerhard Geschäftsführer, der heimliche Entscheider, die graue Eminenz. Real bekommt ihn der Verkauf nie zu Gesicht. Doch er segnet ab. Oder auch nicht. Was für einer der überhaupt ist? Hm? Ein LinkedIn- oder XING-Profil hat er nicht, in den Medien taucht er kaum auf. Ein Persona-Profil hilft, sich eine klarere Vorstellung von ihm zu machen.

Steckbrief einer Buyer-Persona im B2B

- **Name und Foto:** Wie sieht ein typischer Vertreter aus der betrachteten Berufsgruppe aus? Wie heißt er oder sie? Wie lautet die Berufsbezeichnung? In welcher Branche arbeitet er/sie und wie groß ist das Unternehmen?

- **Hintergrundinformationen:** Hier geht es um Alter, Geschlecht, Wohnort und Arbeitsstelle, Ausbildung und Werdegang, die familiären Verhältnisse, die Einkommenssituation, Hobbys und andere Interessen.

- **Statements:** Zitieren Sie wörtliche Aussagen, die für diesen Kundentyp typisch sein könnten. Oder listen Sie Schlagworte auf, die seine Werte, Standpunkte, Ansichten und Einstellungen widerspiegeln.

- **Stellung im Unternehmen:** Welche Position bekleidet die Persona? Welche Projekt- oder Führungsverantwortung hat sie? Wo ist sie im Organigramm verortet, wenn es eins gibt? Welche beruflichen Ziele verfolgt sie? Was treibt sie an? Was brächte ihre Karriere ins Straucheln? Welchen Einfluss hat sie im Unternehmen?

- **Erwartungen / Ziele:** Welche Anforderungen hat diese Persona an einen Geschäftspartner? Was möchte sie mit dem Kauf eines Produktes beziehungsweise mit der Entscheidung für einen Anbieter erreichen? Welche Probleme will sie lösen? Welchen Nutzen will sie erzielen? Welche Gefühle könnten im Spiel sein? Welche Ängste könnte die Persona haben? Und was könnte sie ganz besonders überzeugen?

- **Kaufprozess:** Wie entscheidet diese Persona? Welche Customer-Journey geht sie? In welchen Medien informiert sie sich? Welche Kaufimpulse braucht sie? Wer hat auf sie Einfluss? Welchen Stellenwert haben Offline, Online und Mobile? Was sind für sie die wichtigsten Touchpoints? Welche Fakten und Argumente werden benötigt?

- **Ideale Lösung:** Wie sähe eine ideale Produkt- oder Servicelösung aus dem Blickwinkel einer solchen Persona aus? Von welchen Interessen wird sie geleitet – beruflich und auch persönlich? Im Rahmen welchen Emotions- und Motivsystems trifft diese Persona ihre Entscheidungen?

Durch eine solche Profilierung und die damit verbundene intensive Beschäftigung mit den Kunden können sich völlig neue Erkenntnisse ergeben. Dazu das Beispiel eines Softwarehauses. Es hat sich immer als technologisch führender Lösungsanbieter gesehen und dementsprechend die Produktentwicklung gesteuert. Die Vermarktung war durch Preiskämpfe und ein ständiges Ringen mit dem Wettbewerb geprägt. Doch jede neue Funktion hat die Konkurrenz nach kurzer Zeit kopiert, jede Zertifizierung übertrumpft. Die Kunden konnten den neuen Versionen und Funktionen kaum mehr folgen, empfanden diese sogar als Last. Großteils hatten sie gar keinen Bedarf dafür.

Nach dem Persona-Workshop hat der Anbieter erkannt: Die bedarfs-gerechte Implementierung rund um den Einsatz der Software ist für unsere Kunden viel entscheidender als alle sechs Monate eine neue Funktion. Ein 180-Grad-Schwenk war die Folge. Früher hieß es: »Wir bieten die beste Technik und sind Vorreiter in unserem Marktseg-ment.« Nun heißt es: »Wir helfen unseren Kunden, ein erfolgreiches Geschäftsmodell zu betreiben, indem wir die passenden Lösungen auf-bauen und in Einklang mit den Kunden optimieren.« Eine hohe Be-standskundenloyalität, viele Neukunden via Weiterempfehlung und steigende Erträge waren die logische Folge.

Die Customer-Journey im Konsumentengeschäft

Nicht nur auf einer Reise in fremde Länder, auch auf einer Reise durch die Kommunikations- und Servicelandschaft eines Unternehmens kann man als Kunde eine Menge erleben. Dabei hinterlässt jeder Kon-takt Spuren: in den Köpfen und Herzen der Menschen – und eben oft auch im Web. Denn wie im wahren Leben will man von seiner Reise erzählen. So sammelt der Kunde Eindrücke, macht Nutzungserfah-rungen oder hat Anwendererlebnisse, die sich zu einem Gesamtbild verdichten: Dieser Anbieter ist auf Dauer der richtige für mich – oder auch nicht.

Die Meinung eines Kunden ist immer subjektiv, häufig verallgemei-nernd, manchmal unfair, vielleicht sogar falsch. Aber es ist seine Mei-nung, die er gefragt und ungefragt weitergibt. Dabei geht es nicht nur um die Leistungsmerkmale einer Lösung, sondern am Ende auch da-rum, was der Kunde aus welchen Gründen enttäuschend, okay oder begeisternd findet. Diese, seine ureigene Meinung entscheidet darü-ber, ob er wiederkommt, mehr kauft und weiterempfiehlt.

Um also die Perspektive vom Produkt auf den Kundennutzen zu ver-schieben und den Kaufprozess durch die Brille des Kunden zu betrach-ten, sind Customer-Journeys sehr hilfreich. Ursprünglich stammen sie aus dem E-Commerce. Dort beschreiben sie den Weg des Users beim Surfen über Views und Klicks bis zum Kauf. Doch in Wahrheit ma-chen es die Kunden ganz anders: In Echtzeit verknüpfen sie zunehmend smart die virtuelle mit der realen Welt. Bevor man am Ende den Kaufen-Knopf klickt, hat man sich zum Beispiel mal schnell mit der besten Freundin bequatscht. *Ihr* guter Rat gab den entscheidenden Ausschlag – und nicht die Sonderpreisaktion für das Produkt.

Ein Kunde existiert eben nicht nur digital. Selbst bei reinen Online-anbietern verquickt er virtuelle mit physischen Touchpoints. Das Gleiche müssen auch die Anbieter tun. Denn Online braucht Offline. Genau das hat der Online-Matratzenversender Casper im Zuge seiner Casper-Nap-Tour bedacht. Er schickte Trucks voller Schlafkabinen auf Tour, damit Interessenten Probe liegen und etwas Ruhe genießen konnten. So schuf das Start-up einen erlebbaren Markentouch-point und eine Brücke zwischen digital und real.

Online braucht Offline, denn Kunden existieren nicht nur digital.

Selbstverständlich ist eine Kundenreise nicht nach einem Kauf zu Ende, damit fängt die Kundenbezie-hung vielmehr erst richtig an. All die Erlebnisse beim Ge- oder Verbrauch, die dann zu Wiederkauf und Weiter-empfehlungen führen, beginnen überhaupt erst nach einem Ja. Höchst selten folgt der Käufer dabei den vom Anbieter vorgedachten Kanälen, die isoliert und unkoordiniert vor sich hin agieren, oft sogar miteinander konkurrieren. Die tatsächliche, kundenindividuell syn-chronisierte, komplett vernetzte »Mobile-Offline-Online-Customer-Journey« und ihr durchgehend positiver Verlauf müssen Dreh- und Angelpunkt aller Unternehmensaktivitäten sein.

Doch leider folgen Customer Journeys in vielen Unternehmen nicht der Kundenrealität. Aus einer Eigensicht heraus betrachten sie nur, was sich managen und messen lässt. So fand die Digital-Brand-Leader-ship-Studie der Esch Brand Consultants heraus: Gerade mal 34 Pro-zent der befragten Unternehmen erfassen Customer-Journeys ganz-heitlich über analoge und digitale Kanäle. 23 Prozent schauen sich nur die analogen, 19 Prozent nur die digitalen Touchpoints an. 24 Prozent erfassen die Customer-Journey gar nicht.[40] Wer aber Kundenreisen nicht oder nur unvollständig betrachtet, der stochert im Trüben, ver-lässt sich auf trügerische Einschätzungen, zieht falsche Rückschlüsse, investiert in wirkungslose Aktionen und setzt am Ende die unterneh-merische Zukunft aufs Spiel.

Um die Bedeutung von Customer-Journeys für das gesamte Unternehmen sichtbar zu machen, mobilisiert man am besten das Topmanagement, auf Kundenreise zu gehen. Die Schweizer Bundesbahn (SBB) hat das so gemacht: 100 Führungskräfte schlüpften in die Rolle des Fahrgasts und absolvierten zehn verschiedene Reisearten, etwa das Reisen ohne Fahrausweis oder das Reisen mit sperrigem Gepäck. Über ihre Eindrücke und Erlebnisse führten sie Tagebuch. Dies schärfte das Verständnis für die Bedürfnisse echter Kunden. Einige Verbesserungen konnten hiernach sofort umgesetzt werden.[41]

Das Topmanagement sollte auf Kundenreise gehen.

In sieben Schritten zur Customer-Journey

Im wahren Leben gibt es unzählige verschiedene Customer-Journeys. Jeder Kunde reagiert bei jedem Kauf anders. Deshalb sollten für die wichtigsten Kundengruppen oder die entwickelten Buyer-Personas prototypische Customer-Journeys angefertigt werden. Das Ziel: besser verstehen, wann, wo, wie und warum ein Kunde tatsächlich kauft, um sich dementsprechend zu organisieren. Die sieben Schritte, die dazugehören:

- **Schritt 1:** Legen Sie fest, welches Szenario Sie für welchen Kundentyp untersuchen wollen. Zum Beispiel: Eine Familie kauft ein neues Auto. Am besten definieren Sie alle »Reisenden« in Form von Buyer-Personas, um ein klares Bild von ihnen zu bekommen.
- **Schritt 2:** Ordnen Sie die möglichen Kundenaktivitäten in einzelne Phasen. Dies hilft, den Überblick zu behalten. Erstellen Sie dann eine möglichst vollständige Übersicht aller dazugehörigen Touchpoints. Ober-Touchpoints wie zum Beispiel der Besuch im Autohaus lassen sich in Unter-Touchpoints untergliedern.
- **Schritt 3:** Stellen Sie die Kundenaktivitäten in ihrer zeitlichen Abfolge dar und bereiten Sie diese grafisch auf. Illustrieren Sie dabei zunächst aus Kundensicht, quasi wie in einem Reisebericht, was an den einzelnen Touchpoints rein faktisch passiert. Kunden zu beobachten, ist dabei noch hilfreicher, als Kunden zu befragen.

- **Schritt 4:** Neben dem Faktischen ist auch von Belang, wie sich ein Kunde bei den Aktivitäten an den einzelnen Touchpoints fühlt. Dies ermitteln Sie durch Befragen nach den Kriterien »enttäuschend«, »okay« und »begeisternd«. Finden Sie vor allem die Lovepoints und Painpoints, also die Höhen und Tiefen einer Kundenerfahrung sowie die Lieblings- und die Ausstiegspunkte heraus.
- **Schritt 5:** Erarbeiten Sie im engen Austausch mit Kunden, was Sie tun können, um die Kundenerlebnisse an jedem Punkt zu verbessern, reibungsloser, einfacher, schneller, unbeschwerter und liebenswerter zu machen. Definieren Sie dazu das Soll, wie also eine optimale Customer-Journey tatsächlich aussehen könnte und welche Verbesserungsmaßnahmen notwendig sind.
- **Schritt 6:** Setzen Sie die verabschiedeten Maßnahmen möglichst rasch um. Favorisieren Sie dabei die Quick Wins, also punktuelle Aktionen, die schnelle Erfolge erzielen. Alle Prozesse müssen abteilungsübergreifend an den Kundenbedürfnissen ausgerichtet werden. In einem iterativen Dialog mit den Kunden ist zu sondieren, ob und wie gut das klappt.
- **Schritt 7:** Monitoren Sie, ob die umgesetzten Maßnahmen aus Kundensicht erfolgreich waren. Legen Sie dazu die wesentlichen Kennzahlen fest. An den wichtigen Touchpoints sollten, wie weiter vorne gezeigt, vor allem die (Wieder-)Kauf- und die Weiterempfehlungsbereitschaft gemessen werden. Geeignete Software hilft, die Ergebnisse sichtbar zu machen. Kommunizieren Sie Ihre Erfolge rege, und zwar nach drinnen und draußen.

In einem eintägigen Workshop mit einer Auswahl von Mitarbeitern, denen die Kunden im Verlauf ihrer Kaufprozesse direkt und indirekt begegnen können, lassen sich prototypische Customer-Journeys entwickeln. Ein externer Experte kann Sie dabei gut unterstützen. Um sich nicht zu verzetteln, konzentrieren Sie sich zunächst am besten auf eine erste Journey, die erfolgskritisch ist: Welches Szenario wollen Sie für welchen Kundentyp untersuchen? Bei Fressnapf, einem Anbieter für den Bedarf tierischer Mitbewohner, wurde sogar eine Welpen-Journey entwickelt. Und statt Hundeleinen werden Spaziergänge verkauft.

Um eine Customer-Journey sichtbar zu machen, ist ein toolbasiertes »Customer-Journey-Mapping« sehr hilfreich. Im Web finden Sie eine Fülle von Grafiken, die zeigen, wie sich das optisch darstellen lässt. Eine typische Kundenreise kann aus folgenden Phasen bestehen: Onlinerecherche – Vorauswahl – Kontaktaufnahme – Beratungsgespräch – Vertragsabschluss – Rechnungsempfang – Bezahlung – Empfang der Ware – Nutzung der Ware – (Reklamation) – (Wiederkauf) – (Weiterempfehlung) – (Absprung).

Wie bei einer Collage wird dabei auch gemalt und geklebt. Videoaufnahmen, Fotos, episodische Begebenheiten, symptomatische Bewertungen oder exemplarische Meinungen werden beigefügt. Enttäuschungs- und Begeisterungsfaktoren werden gelistet. Don'ts und Dos werden benannt. Wichtige Einstiegs- und Ausstiegspunkte werden hervorgehoben. Was fehlt, wird ergänzt. Was überflüssig ist, wird gestrichen. Was optimiert werden muss, wird markiert.

Das Ganze kann auf Pinnwänden oder Postern dokumentiert werden, sodass man alles für den Projektfortgang in seine Abteilung mitnehmen und weiter bearbeiten kann. Denn Customer-Journeys sind niemals statisch. Sie ändern sich im Zeitverlauf, so wie sich ja auch das reale Kaufverhalten im Zuge der voranschreitenden Digitalisierung verändert. Ist die Methodik erst mal bekannt, kann sie im Unternehmen – zum Beispiel mithilfe eines Customer-Touchpoint-Managers, den wir im nächsten Kapitel näher kennenlernen – kontinuierlich weiterentwickelt werden.

Die Buyer-Journeys im Geschäftskundenbereich

Kundenreisen im Konsumenten- und solche im Geschäftskundenbereich verlaufen verschieden. Im B2C sind sie mehr oder weniger kurz, oft spontan und manchmal rein impulsgetrieben, etwa beim Shopping. Im B2B hingegen sind die Entscheidungswege eher lang und komplex. Sie werden gründlich geplant. Die formalisierte Beschaffung nimmt dabei zu. 84 Prozent starten den Kaufprozess mit einer Empfehlung.[42] Meist sind mehrere Entscheider involviert, die zwar zu Mitkäufern, aber nicht zu direkten Kunden werden. Deren Einfluss auf die Vorauswahl und die finale Entscheidung herauszufinden, ist, wie wir im Kontext der Buyer-Personas schon sahen, elementar.

Nach dem Erstkauf gibt es in aller Regel ein Folgegeschäft, wobei Erstkäufer und Stammkunden unterschiedlich agieren. Der Entscheidungsprozess, den neue Kunden bis zu ihrem ersten Kauf durchlaufen, heißt im B2B »Buyer-Journey«. Den Entscheidungsprozess, den Kunden beginnen, wenn sie wiederholt bei einem Anbieter kaufen, nennt man »Bestandskunden-Buyer-Journey«. Diese ist separat zu entwickeln.

Lange, komplexe Entscheidungswege sind typisch für B2B-Käufe.

Die wesentlichen Phasen einer Buyer-Journey sind je nach Branche, Einkaufsprozedere und Kaufgut zu differenzieren. Typischerweise sieht das in etwa so aus:

1. Vorrecherche zum Thema
2. Suche nach geeigneten Anbietern
3. Vorauswahl geeigneter Anbieter
4. Telefonische / persönliche Vorgespräche
5. Anforderung eines jeweiligen Angebots
6. Erstellung der Shortlist (meist zwei oder drei)
7. Entscheidung (auf Basis einer Entscheidungsmatrix)

Zunächst individualisieren Sie die Buyer-Journey. Dazu erstellen Sie eine prototypische Journey für die mitbeteiligten Entscheider im Buying-Center, also zum Beispiel für Ingo IT, Peter Produktion und Egon Einkauf. Jedes Diagramm erhält zudem einen Zeitstrahl, damit alle sehen, wie lange ein typischer Kaufprozess insgesamt dauert.

Im Anschluss geht es dann darum, herauszufinden, wie die jeweilige Buyer-Persona – als Stellvertreterin für wahre Kunden – beim Entscheidungsprozess vorgeht. Dann überlegen Sie, wie Sie mithilfe maßgeschneiderter Inhalte die jeweiligen Phasen zu Ihren Gunsten beeinflussen können. Überlebenswichtig sind dabei die beiden ersten Phasen, also die Vorrecherche und die Anbietersuche. Wenn Sie hier nicht performen, ist alles verspielt. Denn wer Sie nicht findet, kann auch nicht bei Ihnen kaufen. Warum dies zunehmend wichtig ist, zeigen folgende Zahlen:[43]

o 95 Prozent der Geschäftskunden recherchieren im Internet, wenn sie nach Fachinformationen und Geschäftspartnern suchen.

- 57 Prozent des Einkaufsprozesses sind bereits gelaufen, wenn die Entscheider erstmals einen Vertriebsmitarbeiter kontaktieren.
- 80 Prozent der B2B-Geschäftskunden präferieren Fachinformationen in Artikelform anstelle von Werbeanzeigen.

Ist man mit Buyer-Personas und ihren Kaufreisen gut vertraut, kann man im Alltag jederzeit schnell entscheiden, ob eine Maßnahme passt oder nicht. So kann man sich bei der Content-Erstellung fragen: Wäre diese Checkliste für Ingo IT nützlich? Was genau müsste in einem E-Book stehen, damit Peter Produktion es tatsächlich anfordern will? Und wie können wir Gerhard Geschäftsführer erreichen? Ein hochwertiger Anwenderbericht mit Wirtschaftlichkeitsdaten, ja, der könnte ihn überzeugen. Wenn er sich den jetzt herunterlädt, dann haben wir endlich einen direkten Zugang zu ihm.

Grundsätzlich sind zwei essenzielle Fragen zu stellen:

1. Werden wir zum recherchierten Thema überhaupt gefunden? Und wie weit vorne in den Trefferlisten?
2. Werden wir mit Inhalten (Content) gefunden, die so interessant sind, dass wir in die Vorauswahl kommen?

Eine gute Content-Strategie, gekoppelt mit einer permanenten Suchmaschinen-Optimierung (SEO), ist für beide Punkte fundamental, wobei der Inhalt immer Vorrang vor der SEO, der Leser also Vorrang vor den Suchmaschinen hat. Die gute Nachricht: Was den Lesern gefällt, gefällt auch Google und landet damit bei den Treffern weit vorn.

3. Das Aktionsfeld der kundenfokus-sierten Brückenbauer

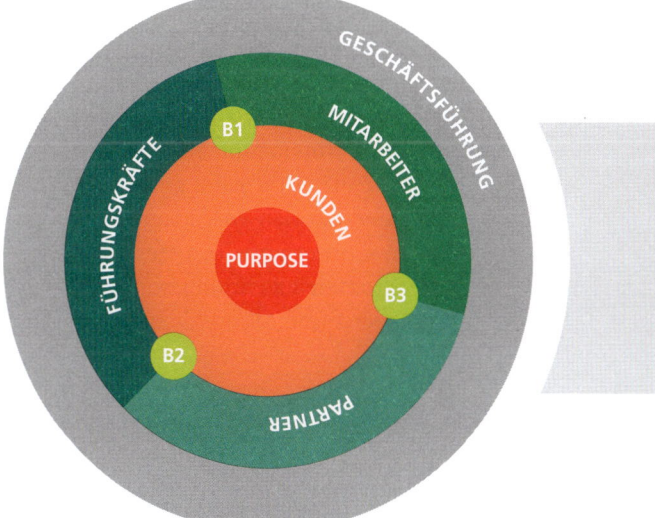

Viele Probleme an den einzelnen Touchpoints und im Verlauf einer Customer-Journey sind den Unternehmen wohlbekannt. Sie werden aber nicht wirklich angegangen, weil sie siloübergreifende Ursachen haben. In die Hoheitsgebiete anderer greift man eben nicht ein (»Das ist nicht Ihre Aufgabe!«). Und »die da« lassen das auch nicht zu. Lieber quält man sich weiter mit Insellösungen ab, die an den Nerven aller zehren, Ressourcen verschleudern und aus Kundensicht längst nicht mehr tragbar sind.

Damit das Kundenwohl voll und ganz ins Zentrum rücken kann, braucht es Personen mit Einfluss, die interdisziplinäre Prozesse kundenorientiert koordinieren und vehement die Kundeninteressen vertreten. Die Marketingleute sind das jedenfalls nicht. Ursprünglich hat das Marketing die ehrenwerte Aufgabe bekommen, eine marktorientierte Unternehmensführung sicherzustellen. Die Produktentwicklung, die Preispolitik, die Kommunikation und der Vertrieb gehörten dazu. Doch immer mehr wurden Marketer, und das ist sehr traurig, in die Ecke von Werbeschleudern und Datenjunkies gedrängt.

Sie haben sich den Kunden völlig entfremdet und Messpunkte aus ihnen gemacht. Den Datensalat, der auf ihren Dashboards erscheint, halten sie für die ganze Wahrheit. Doch smarte Konsumenten ducken sich mithilfe passender Tools ganz gezielt weg. Das Kaufverhalten der Kunden ist bei Weitem nicht so gläsern, wie es oft scheint. So bleibt das meiste, das die Menschen denken, sagen, kaufen und tun, den Cookies und Crawlern verborgen. Menschen sind eben keine Nullen und Einsen. Sie sind auch keine Datenpakete. Und ganz gewiss kein bürokratischer Vorgang, der sich vorgedachten Steuerungsmechanismen unterwirft. Um Herz und Seele zu berühren, muss sich technologisches Können mit sozialer Intelligenz und Menschlichkeit paaren.

Marketer haben aus Kunden Messpunkte gemacht.

Gute Kommunikation will Menschen betören – und *nicht* ihr Vertrauen zerstören. Nichtsdestotrotz meinen Werbeleute noch immer, sie müssten uns volllabern und zuballern, damit ihre Botschaften in unseren Köpfen landen. Dreist lügen sie in ihrer Hochglanzreklame, stalken uns aus der Ferne, produzieren nutzlosen Massencontent, ärgern uns mit Pop-up-Bannern, die man nicht wegbekommt. Kaum wird eine neue Sau durchs Marketing-Dorf getrieben, rennt die ganze Meute los, um die Konsumenten damit zu plagen. So haben sie uns zu Werbehassern und sich selbst zum Feind statt zum Freund des Kunden gemacht.

Wie das passieren konnte? Quantitative Fakten verlangt das Controlling, für Qualität hat es wenig Sinn. In der Zahlenfalle gefangen, meint ein Marketer dann, viel helfe viel. Dabei ist viel vom Falschen fatal. Weghören, wegsehen, weggehen ist das Ergebnis. Die Menschen weichen unwillig aus, ziehen sich über Messenger-Dienste aus dem öffentlichen Web zurück, entgehen so den Datenkraken und erobern sich ein Stück Privatheit zurück. Alle Werbung wird kurzerhand weggeblockt, keine einzige Botschaft eines Anbieters kommt dann je wieder an. Die ganzen Belästigungs-, Bestrafungs- und Rufschädigungskosten sowie die entgangenen Erlöse, die durch Bürokratie und Kundenvergraulungsprogramme entstehen, die soll das Controlling bitte mal rechnen.

Wer seine Kunden liebt, der sollte sie nicht verärgern. Sonst drohen nicht nur Kundenverluste, sondern auch Reputationsschäden aus Rache. Selbst Leichen, die vor Jahren verbuddelt wurden, kommen dann auf den Seziertisch der Öffentlichkeit. Digitale Netzwerke verstärken immer, was in sie eingespeist wird. Und sie intensivieren das Image eines Unternehmens – im Guten wie im Schlechten. Druckverkauf und Verbraucherbetrug haben großflächig Vertrauen zerstört. Das Resultat: Glaubwürdige Influencer, über die wir in Kapitel acht eine Menge erfahren, sind als Absender inzwischen gefragter als der Anbieter selbst.

Fehlentwicklungen in Bezug auf den Kunden

Wie es zu Fehlentwicklungen in Bezug auf den Kunden kommt? Die drei maßgeblichen Gründe wollen wir hier vertiefen:

- Datenmanie
- Kurzfristverhalten
- Abteilungsdenke

Datenmanie killt Empathie, ihretwegen verliert man das Menschliche aus den Augen. Wer nämlich auf Zahlen fixiert ist, denkt nur noch in Zahlenkategorien. Natürlich sind Daten wichtig. Und Messbarkeit hilft, die Spreu vom Weizen zu trennen. Man darf nur nicht blind den Ergebnissen trauen. Die finale Ausbeute ist immer nur so gut wie das zuvor eingefütterte Ausgangsmaterial. »GIGO« (Garbage in, Garbage out) wird dieses Prinzip in der Informatik genannt. Die große Gefahr: Zahlen legitimieren. Selbst dann, wenn sie falsch sind, dienen sie als Entscheidungsgrundlage. Zudem sollten Kontrollfreaks verstehen: Nicht das, was war, ist interessant, sondern das, was kommt. So wird leicht übersehen, dass das eigentlich Wichtige nicht in Zahlenkolonnen passiert, sondern an den Touchpoints zwischen Mitarbeitern, Unternehmen und Kunden. Doch da, wo nur harte Fakten zählen, werden soziale Faktoren negiert. Weil man sie nicht rechnen kann. Ein Denkfehler, der sich schnell rächt. Zum Beispiel lässt sich Vertrauen nicht messen, ist aber entscheidend. Und Misstrauen kostet: Zeit, Kraft, Geld.

Der Drang zur Messbarkeit führt uns direkt zum zweiten Punkt: Jede Maßnahme soll Resultate liefern, die sich eins zu eins zuordnen lassen, und das am besten sofort. So steckt das Marketing in der Kurzfristfalle. Es hat zeitnah zu erfüllende Zielvorgaben. Das verengt den Horizont und macht Druck an der falschen Stelle. Wissentlich wird das Falsche getan. Statt in langfristig wirksame Erfolge zu investieren, liegt die naheliegende Ausbeute vorn. Dieses »Low Hanging Fruits«-Phänomen kann zu äußerst dummen Entscheidungen führen. Werden Ziele zudem bonifiziert, gibt es kein Halten mehr. Man tut alles, macht sogar Männchen wie ein pawlowscher Hund, um die Leckerlis zu ergattern. Will heißen: Solange die kurzfristige Zielerreichung belohnt wird, wird die Zukunft nicht langfristig in Angriff genommen.

Das Marketing steckt in der Kurzfristfalle.

Ein grundsätzlicher Fehler war schließlich der, dass man die marktorientierte Unternehmensführung eingepfercht hat. Das hätte nie passieren dürfen. »Unternehmen, die Marketing in eine Abteilung sperren, haben aufgehört auf den Markt zu hören«, schreibt der ehemalige Absatzwirtschaft-Chefredakteur Christian Thunig.[44] So passiert dann genau das, was in einer Abteilung immer passiert: Man teilt sich ab. Eigene Belange, Ziele und Pläne stehen im Vordergrund. Man beschäftigt sich mit sich selbst.

Schlimmer sogar: Im »Wir hier gegen die da«-Modus grenzt man Kollegen aus anderen Bereichen ganz gezielt aus. Symptomatisch dafür und vielfach gelebte Realität: Statt einander die Bälle zuzuspielen, agieren Online und Offline wie befeindete Units, die einander die Kunden »klauen«. Zwischen Sales und Marketing wird darüber gestritten, wem der Kunde »gehört«. Die größte Umsatzverschwendung entsteht aus einem Mangel an Zusammenarbeit. Doch nur Hand in Hand kann man gegen externe Konkurrenten gewinnen.

Abteilungsdenke ist aus Kundensicht tödlich

Zusammenarbeit braucht Kommunikation. Wenn das wer im Unternehmen gut können sollte, dann sind es die Leute aus dem Marketing und dem Vertrieb. Doch man stelle sich vor: 49 Prozent der Probleme zwischen Vertrieb und Marketing liegen in der Kommunikation, gefolgt von schlechten Prozessen mit 42 Prozent.[45] Die Grabenkämpfe zwischen Sales und Marketing sind geradezu legendär. Oft geht es dabei auch um Interessentenadressen. Kommen keine Abschlüsse zustande, dann waren die Leads, die vom Marketing beschafft worden sind, sagt der Vertrieb, einfach Schrott. Aus Marketingsicht hingegen haben es die Verkäufer mal wieder vergeigt. Leider bekommen die Kunden solche Zwistigkeiten oft genug mit. Oder, noch schlimmer: Interne Querelen werden auf dem Rücken der Kunden ausgetragen. Erbost machen die sich, völlig verständlich, auf und davon. Und online erzählen sie allen, warum.

Gegeneinander statt miteinander: in vielen Unternehmen leider die Norm. Das hat mit territorialer Denke, missverstandenen Zuständigkeiten, falsch aufgesetzten Incentive-Programmen und mangelndem Austausch zwischen den einzelnen Bereichen zu tun. Leute! Abgrenzungsstrategien sind mit einer vernetzten Kundenwelt unvereinbar. Doch anstatt gemeinsam nach gangbaren Wegen zu suchen, wird weiter über »die Deppen da« geschimpft und wertvolle Zeit mit Vorurteilen verplempert.

»Die« im Marketing können bloß bunte Bildchen. »Die« im Vertrieb fahren nur durch die Gegend. Und »die« in der Auftragsabwicklung sind solche Stümper, dass die Kunden gleich wieder flüchten. Indes gerät man dort in die Bredouille, weil der Vertrieb, dem die Quartalsziele im Nacken sitzen, unhaltbare Versprechen macht. Ingenieure, die sich für was Besseres halten, hören den Kundendienstlern nicht einmal zu, wenn die mit den Hilferufen der Kunden zurück in die Firma kommen. Prasseln Beschwerden auf das Customer-Care-Center nieder, zuckt man nur mit den Schultern.

Gegenüber dem Kunden klingt das dann so: »Sorry, ist bei uns so vorgeschrieben«, »Tut mir leid, mir sind die Hände gebunden«, »Ich würde ja gern, ist aber nicht meine Baustelle«. Oder, hinter vorgehaltener

Hand: »Ich weiß, ist der größte Blödsinn, aber ich kann leider nichts ändern.« Engagement und Eigeninitiative sind über das Notwendige hinaus in einem solch kranken Umfeld nicht zu erwarten. Doch anstatt am System zu arbeiten, wird mehr vom Falschen getan: Weitere Regeln werden erlassen, noch mehr Verfahren standardisiert, mehr Belohnungs- und Bestrafungstools implementiert, teure Incentive-Programme entwickelt und Motivationstrainer angeheuert. Sich mal ausgiebig zusammensetzen, damit die Prozesskette funktionsübergreifend reibungslos klappt? Nö!

Man meetet immer nur abteilungsintern und regt sich über die anderen auf. Bei denen mal mitarbeiten, um Einblick in deren Arbeitsweise zu gewinnen? Damit aus tumbem Unverständnis zarte Annäherung wird? Also bitte! Wenn, dann sollen sich gefälligst die anderen ändern, dort liegt das Problem, nicht bei uns! Anstatt Ursachen zu erkunden und gemeinsame Lösungen zu finden, werden Sündenböcke gejagt. Und schuld sind natürlich immer die andern. Doch außer böses Blut bringt so was rein gar nichts.

Für einen Kunden ist all das indiskutabel. Er betrachtet ein Unternehmen immer als Ganzheit. Ihm ist es schlichtweg egal, was hinter den Kulissen passiert, wer wofür zuständig ist und warum es wo klemmt. Abteilungsgrenzen und Abstimmungsprobleme interessieren ihn nicht. Ob eine Lösung aus dem Service, dem Marketing oder dem Vertriebsbereich kommt, ist ihm schuppe. Hauptsache, sie funktioniert.

Unternehmensintern fallen die kundenrelevanten Aktivitäten jedoch meist unkoordiniert auseinander. Hier die Werbung, da das Callcenter, dort die Pressearbeit. Die Onlinespezialisten machen komplett ihr eigenes Ding. Und die Social-Media-Leute hängen irgendwo mittendrin. Solch eine Aufgabenfragmentierung ist aus Kundensicht katastrophal: Vieles wird doppelt gemacht, manches gar nicht, einiges bleibt ewig liegen, das meiste wird in wechselhafter Qualität abgeliefert. Wenn es aber irgendwo stockt oder ein Mitarbeiter was verbockt, kann das sofort das Aus bedeuten. Schon ein einziges schlechtes Ereignis kann alle vorherigen guten Erfahrungen zunichtemachen. Das passiert sogar reichlich oft.

Der Kundenadvokat und seine Kernaufgaben

Es gibt durchaus kundenorientierte Initiativen in den Unternehmen, aber keiner bringt sie zusammen. Und solange jeder seine Eigeninteressen verfolgt, hat auch niemand ein Interesse daran. Der Ausweg aus diesem unkoordinierten Dilemma? Es braucht einen Vertreter der Kundeninteressen, der entlang der Customer-Journey die jeweils involvierten Bereiche und Prozessketten miteinander verknüpft. Er ist das Bindeglied zwischen drinnen und draußen. Als Koordinator bringt er die Kundenerlebnisse an den einzelnen Touchpoints zu einem perfekten Zusammenspiel. Er verbindet Fachbereiche und Einzelprojekte miteinander, damit für den Kunden alles reibungslos klappt.

Mancherorts spricht man dabei vom Customer-Experience-Manager, vom Customer-Journey-Manager oder vom Customer-Centricity-Manager. Wir nennen dieses Bindeglied, diesen Brückenbauer, diesen Kundenadvokaten im Unternehmen den Customer-Touchpoint-Manager. Anne bietet hierzu zertifizierte Ausbildungen an.

Kernaufgabe des Customer-Touchpoint-Managers ist es, an den externen Touchpoints des Unternehmens, also den Berührungspunkten zwischen Produkten, Services, Lösungen, Marken, Mitarbeitern, Plattformen und Kunden, eine hundertprozentige Kundenfokussierung zu erreichen. Seine Rolle ist crossfunktional. Sie hat sowohl strategische als auch operative Komponenten. Sein Ziel ist die Transformation des gesamten Unternehmens hin zu einer vernetzten, kundenzentrierten Organisation.

> **Ziel ist eine vernetzte, kundenzentrierte Organisation.**

Dazu wird er die jeweils passenden Experten aus den einzelnen Bereichen zusammenbringen, um funktionsübergreifend und in enger Zusammenarbeit das Bestmögliche für die Kunden zu erreichen. In selbstorganisierten Einheiten verknüpft er die einzelnen Kundenprojekte zu einem großen Ganzen. In diesem Fall sind die Product-Owner seine direkten Ansprechpartner. Als Stimme des Kunden wird er Vorschläge machen und in alle Business-Units hinein wichtige Impulse setzen, um die Leistungen des Unternehmens laufend zu optimieren und an die sich ständig wandelnden Anforderungen der Kunden anzupassen. Zu diesem Zweck entwickelt er einen Methodenbaukasten und bringt die zusagenden Instrumente zum Einsatz.

Ohne jedes Abteilungsinteresse kann der Touchpoint-Manager chronologisch erkunden, wie die Kunden tatsächlich kaufen – und wie nicht. Die »Moments that matter«, also die aus Kundensicht besonderen Momente über- oder unterdurchschnittlicher Kundenzufriedenheit, wird er eingehend sondieren. Zudem wird er die typischen Einstiegs- und Ausstiegspunkte der Kunden genau untersuchen. Dabei nimmt er diejenigen Touchpoints detailliert ins Visier, bei denen es um gewonnene oder verlorene Aufträge geht. So hat beispielsweise ein Händler eine Navigationshilfe entwickelt, die Interessierten aufs Handy geschickt wird, damit sie ihr Wunschobjekt im Geschäft sofort finden.

Mithilfe geeigneter Befragungsmethoden gelangt der Touchpoint-Manager als neutraler Dritter viel besser an die wahren Gründe für das Kommen und Gehen der Kunden. So ist der angebliche Hauptgrund für einen Kundenverlust fast immer der Preis. Eine Tiefenanalyse der kritischen Ereignisse jedoch offenbart: Mängel in der Ablauforganisation spielen bei Kundenabwanderungen oft die entscheidende Rolle. Für die Unternehmenserlöse macht es allerdings einen Riesenunterschied, ob man an der Preisschraube dreht oder kundenbezogene Abläufe koordiniert und verbessert. Schon allein deshalb rechnet sich die Position eines Customer-Touchpoint-Managers schnell.

Besser man optimiert die Abläufe, statt an der Preisschraube zu drehen.

Zudem kann der Customer-Touchpoint-Manager das Sprachrohr des Unternehmens gegenüber der Öffentlichkeit sein, wenn es um Kundenbelange geht. In dieser Rolle kann man ihn in schönstem Denglisch als Customer-Evangelisten bezeichnen. Hierbei streut er die besten Kundengeschichten in den Markt. Er ist Ansprechpartner für die Presse bei kundenbezogenen Themen und tritt auf Kongressen als Redner auf, um über die richtungweisende Kundenorientierung seines Arbeitgebers zu referieren.

Kundeninteressenvertreter über Abteilungsgrenzen hinweg

Ein Customer-Touchpoint-Manager soll in Sachen Kunde der erste und oberste Anlaufpunkt sein. Er ist quasi der Reisebegleiter auf der »Reise« des Kunden durch die Unternehmenslandschaft. Er kümmert sich darum, dass an den einzelnen Haltepunkten alles wie aus einem Guss funktioniert und der Kunde ein rundum gutes Gefühl hat. Er nimmt immer die Kundensicht ein, und das wird so akzeptiert, auch wenn es schon mal unbequem ist. Seine wichtigsten Fragen:

- »Wie sieht das aus Kundensicht aus?«
- »Was würden die Kunden dazu sagen?«
- »Haben wir die Kunden dazu befragt?«

Geht es um Entscheidungen, die die Kunden betreffen, hat er das erste und das letzte Wort. Und er hat ein Vetorecht. Er setzt sich mit Herzblut für die Kunden ein, verteidigt ihre Interessen und koordiniert ihre Belange. Die meisten Probleme, die Kunden bekommen, sind Kommunikations- und Koordinationsprobleme: Informationen fließen nicht, Abstimmungsprozesse finden nicht statt, Missverständnisse entstehen. Zudem kommen zwischenmenschliche Konflikte ins Spiel: Kompetenzgerangel, Animositäten, Egoismen, Eitelkeiten, Antipathien. Alles auf dem Rücken des Kunden. Der wird von A nach B geschickt, muss sein Anliegen immer wieder neu erklären und ist in einem Wust aus Verfahrensvorgaben und Nichtzuständigkeiten gefangen. Noch schlimmer als ein lustloser ist aus Kundensicht aber ein machtloser Ansprechpartner. So scheitern ambitionierte Verkäufer oft gar nicht am Kunden, sondern an den internen Strukturen.

Der ganze unkoordinierte kundenbezogene Wildwuchs, der sich im Unternehmen breitgemacht hat, muss von einer neutralen internen Person komplett gesichtet und dann gemeinsam beseitigt werden. Auch das Kreieren von Personas, das Konzipieren von Customer- bzw. Buyer-Journeys und das Erreichen von Hyperrelevanz wird am besten über den Touchpoint-Manager initiiert und moderiert.

Zum Start ist ein erstes aussichtsreiches Pilotprojekt überaus hilfreich. Dessen Erfolg sollte, als Geschichte erzählt und als Video dokumentiert, bis in die letzte Ecke des Unternehmens getragen werden. Erfahrungsgemäß inspiriert dies weitere Bereiche und ihre Verantwortlichen, die notwendigen Themen nun endlich gezielt anzupacken.

Sehr wichtig sei es, betont Katharina Büeler, die in mehreren Schweizer Unternehmen als federführende Touchpoint-Managerin gearbeitet hat, entsprechende Aktivitäten nicht von oben zu verordnen und über das gesamte Unternehmen erzwungenermaßen auszurollen, sondern auf Basis der ersten Erfahrungen das jeweils passende Vorgehen von den Beteiligten selbst erarbeiten zu lassen. So gelangt man schließlich aus sich heraus zu einem fortlaufenden Entwickeln und Umsetzen synchronisierter, dauerhaft kundenfokussierter, verlässlicher und rentierlicher Wertschöpfungsprozesse.

Stellung und Profil eines Customer-Touchpoint-Managers

Der Touchpoint-Manager ist Generalist. Er verbindet eine ausgereifte Persönlichkeit mit hohem Erfahrungswissen. Gleichzeitig ist er verbindlich und empathisch, aber auch analytisch und strukturierend. Schon allein deshalb ist dies keine »Junior«-Stelle. Er sollte interdisziplinär arbeiten können und sich sowohl im Kundenbeziehungsmanagement als auch in Digitalisierungsdingen gut auskennen. Keinesfalls darf er ein Machtmensch sein, der seine persönlichen Ansichten unbedingt durchboxen will. Nach innen ist er Moderator, Netzwerker, Kommunikator und Diplomat. Und manchmal ist er auch Mediator, der Konflikte entschärft und für alle gangbare Trittsteine legt. Er braucht Biss, Mut und Durchhaltevermögen, um nicht nur neue, sondern auch unbequeme Wege gehen zu können. Er muss leidenschaftlich vom Nutzen seiner Funktion überzeugt sein, um andere überzeugen zu können.

In großen Unternehmen sollte es eine Touchpoint-Manager-Einheit unter der Leitung eines Chief-Customer-Managers (CCM) geben. Organisatorisch ist diese Einheit, man kann sie alternativ auch Customer-Experience-Unit nennen, direkt an die Geschäftsleitung angebunden. Sie wird von Fall zu Fall durch Touchpoint-Projektteams unterstützt. In internationalen Organisationen koordinieren sich die Customer-Units länderübergreifend. Zumindest sollte es eine interne Touchpoint-Best-Practice-Community geben, also eine onlinegestützte Gemeinschaft, in der man sich intensiv austauscht, Erfahrungen miteinander teilt und so voneinander lernt.

Da jede Abteilung unabhängig von ihrer Kernaufgabe direkt oder indirekt auch mit Kundenthemen zu tun hat, arbeitet ein Customer-Touchpoint-Manager mit allen Bereichen gleichberechtigt zusammen. Hierzu muss er zunächst das mittlere Management für das Bewältigen seiner Aufgabe gewinnen. Wenn dieses aus welchen Gründen auch immer blockiert, laufen selbst die notwendigsten Maßnahmen ins Leere. Interdisziplinär agiert er unmittelbar mit all den Kollegen, die das »Ohr« nah am Kunden haben. So können gerade die vielen kleinen Unzulänglichkeiten, die fast überall existieren, unkompliziert und schnell aus der Welt geschafft werden. Weil die Mitarbeiter einbezogen sind und als Ideenbringer direkt mitwirken können, steigen unternehmensweit sowohl die Sensibilität als auch das Engagement für das Kundenwohl.

Ein Customer-Touchpoint-Manager benötigt die absolute Rückendeckung der Geschäftsleitung, da sein Weg holprig ist und er sich nicht immer nur Freunde macht. Wer als Interessenvertreter des Kunden agiert, deckt zwangsläufig Missstände auf. In Bezug auf die Daueroptimierung der Kundenzentrierung ist er der wichtigste Vertraute der obersten Führungsebene und sichert unverfälscht deren Zugang zum Markt. Schon ein paar Videos mit O-Tönen aufgebrachter Kunden können oft mehr bewirken als ein Berichtband voller Zahlensalat. Was in Marktstudien angeliefert wird, ist immer interessengeleitet und enthält nie die ganze Wahrheit. Wer sich in vorzimmerbewehrten Teppichetagen verschanzt, dem wird nach dem Mund geredet. Echte Kundenstimmen werden ihn niemals erreichen. »Executive Isolation« nennt man diese bedrohliche Filterblase. Höchste Zeit, sich daraus zu befreien!

Ohne die Rückendeckung der Geschäftsleitung geht es nicht.

Touchpoint-Aktion im B2C: Hochzeit auf der Kreuzfahrt

In wirklich, wirklich jedem Unternehmen, selbst im fortschrittlichsten, gibt es in Bezug auf die Kundentouchpoints und das interne Zusammenspiel zahlreiche Optimierungschancen. Viele Anbieter negieren das, weil sie glauben, es bereits gut genug zu machen. Doch gerade die Kundenchampions sind permanent auf der Suche nach Verbesserungspotenzial – im Großen, ja, aber vor allem auch immer im Kleinen.

Andrea Tetzlaff, Expertin für Touchpoint-Management und exzellenten Service, erzählt uns dazu: »Jeder redet von crossfunktionalem Agieren und ›über den Tellerrand schauen‹ – doch die Praxis sieht oft ganz anders aus. Umso mehr freut es mich, wenn ich Unternehmen dabei begleiten kann, Kundenbegeisterung abteilungsübergreifend erlebbar zu machen. So bekam ich den Auftrag von TUI Cruises, sie bei der Implementierung ihrer Gastphilosophie zu unterstützen. ›Wir möchten ein einheitliches Verständnis darüber, was es bei uns an Bord heißt, den Gast in den Mittelpunkt zu stellen‹, sagt mein Auftraggeber. Dabei gilt es, die Erwartungen der Gäste nicht nur zu erfüllen, sondern sie immer wieder zu übertreffen. Eigenverantwortliches Handeln, abteilungsübergreifendes Denken, Regeln hinterfragen, Gastgeber mit Herz sein und einzigartige Erlebnisse schaffen – all das sind zentrale Elemente der TUI-Cruises-Servicephilosophie. Der Gast soll sich an Bord wie zu Hause fühlen. Und dafür wird (fast) alles möglich gemacht. Sowohl auf dem Schiff als auch an Land.

Während einer Kreuzfahrt verliebt sich ein Paar in die Idee, sich auf seiner nächsten Kreuzfahrt trauen zu lassen. Es fragt an Bord die Crew nach den Möglichkeiten. Ja, es gibt ein Paket namens ›Eheversprechen‹. Doch dies ist dem Paar zu umfangreich. Sie wollen nur die Zeremonie und nicht das Komplettpaket. Jetzt könnten es sich die Mitarbeiter an Bord einfach machen und getreu dem Motto ›Entweder so oder gar nicht‹ entscheiden. Doch weit gefehlt. Sie geben den Kundenwunsch an die Kollegen der Landseite weiter, mit der Bitte, das Ganze zu prüfen.

In diesem Moment, der außerhalb der Routine und des Regelhandbuchs liegt, zeigt sich, ob crossfunktionales Denken und Handeln wirklich gelebt wird. Denn ›Premium‹ sein, das erfordert ein gelungenes Zusammenspiel zwischen Land- und Seeseite. Was wäre, wenn die Landseite die Prioritäten anders setzen und kein Verständnis für die Situation an Bord haben würde? Das wäre fatal, denn die Mitarbeiter an Bord würden die Service-philosophie als theoretischen Firlefanz abtun und ihre Bemühungen sehr schnell einstellen.

Dazu kam es nicht. Zwar hat jede Änderung einer Norm Auswirkungen auf viele Abteilungen, und es ist sehr verlockend, im gewohnten Fahrwasser zu bleiben. Doch im Mittelpunkt steht das beste Ergebnis für den Gast, und dafür lohnt es sich, die Extrameile zu gehen. So hat man die Anfrage geprüft und das Eheversprechen-Paket wurde in kleine, individuell zu buchende Bausteine aufgeteilt. Die Gäste wurden an Bord getraut und haben bereits ihre nächste Kreuzfahrt gebucht. Dieses Beispiel zeigt, wie Service crossfunktional auch über Weltmeere und Länder hinweg funktioniert.«

Service funktioniert crossfunktional auch über Weltmeere hinweg.

Touchpoint-Aktion im B2B: Angebotsoptimierung bei Rittal

Was ist ein gutes Angebot? Mit dieser Frage hat sich eine interdisziplinäre Arbeitsgruppe unter der Leitung von Customer-Excellence-Managerin Johanna Archutowski bei Rittal, einem weltweit führenden Systemanbieter für Schaltschränke, IT-Infrastruktur und Services mit weit über 9000 Mitarbeitern, befasst. Rückfragen von Kunden gaben, wie Johanna uns erzählt, den entscheidenden Impuls, die bestehenden Dokumente auf den Prüfstand zu stellen.

Die größte Herausforderung, um den Anspruch nach einem aus Kundensicht transparenten und zugleich wertschätzenden Angebot zu erfüllen, war die abteilungsübergreifende Zusammenarbeit. Schließlich haben Experten aus unterschiedlichen Bereichen Einfluss auf diesen Touchpoint: das Marketing, das die formale Gestaltung der Angebote festlegt, Mitarbeiter aus dem Produktmanagement, die für die Produktbeschreibungen zuständig sind, Ingenieure, die einen Produkt-

Konfigurator aufbauen, IT-Mitarbeiter, die die Einbindung in die Systemlandschaft übernehmen, und natürlich die Vertriebsmitarbeiter, die die Angebote erstellen und an die Kunden versenden.

So kam Johanna ins Spiel. Sie übernahm zwei Aufgaben: eine fachliche und eine interpersonelle. Unterstützt vom Topmanagement, sorgte sie für die Etablierung einer bereichsübergreifenden, ganzheitlichen Steuerungslogik der Zusammenarbeit. Durch die Festlegung von Strukturen und klaren Verantwortlichkeiten gab es von Anfang an *kein* Silodenken. Nach Diskussionen über Relevanz, Wirkung und Ausgestaltung kam man zu folgendem Schluss: »Die Kunden erwarten Qualität bis ins kleinste Detail. Das gilt auch für unsere Angebote.«

Der Customer-Touchpoint-Manager sichert eine abteilungsübergreifende Zusammenarbeit.

Das Ergebnis der gemeinsamen Arbeit: kundenorientiert gestaltete Angebote von Rittal. Ein Deckblatt listet die wichtigsten Daten zum Angebot auf. Dadurch finden die Kunden alle relevanten Informationen auf den ersten Blick – egal, ob das Angebot zwei oder zwanzig Seiten enthält. Die Produkttexte sind vereinheitlicht und mit einem passenden Link zu den jeweiligen Produktseiten im Internet ergänzt. So erhält der Kunde in Sekundenschnelle alle technischen Details und Dokumentationen zum gewünschten Artikel angezeigt. Komplexe Projektangebote werden mit Produktbildern und Grafiken vervollständigt und so für die Kunden besonders attraktiv. Solche Maßnahmen erleichtern den Kunden das Arbeiten und helfen Rittal, die Kunden zu begeistern. Dies bestätigen der deutliche Rückgang von Rückfragen zu Angeboten und das positive Feedback der Kunden.

4. Das Aktionsfeld der Mitarbeiter

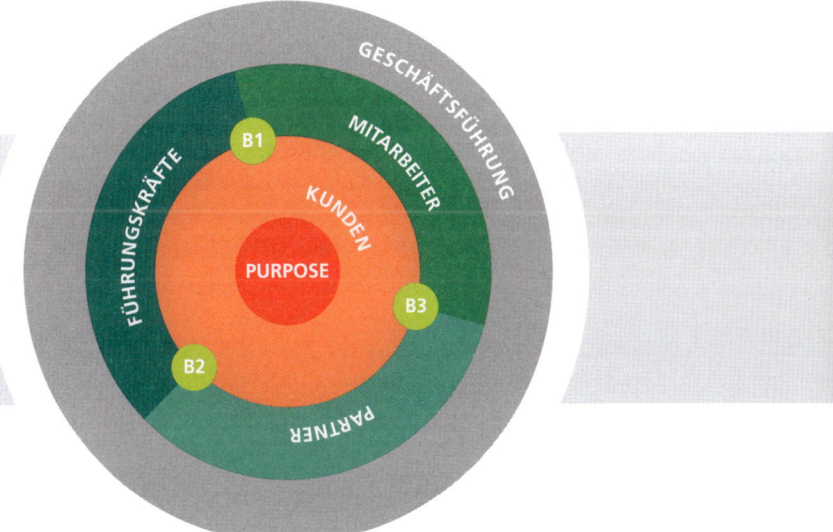

Sich selbst organisierende Mitarbeitereinheiten sind das favorisierte Zukunftsmodell, weil sie den rasch aufkommenden und zunehmend unvorhersehbaren Anforderungen besser gewachsen sind als das Kommandieren und Kontrollieren alten Stils. Die Führung gibt nun nur noch die grobe Marschrichtung vor. Und sie schafft einen Rahmen, der kollegiale Selbstorganisation möglich macht. »Die Mühe endet, wenn Können ausgeprägt ist sowie das Dürfen seine Bremskraft löst und das Wollen seine Zugkraft entwickelt«, schreibt der Emotionsforscher Richard Graf.[46]

Smarte Unternehmen reduzieren also das Müssen – und stärken das Dürfen, Können und Wollen. Das Dürfen ist dabei der wahre Knackpunkt. Eingezwängt in eine Zwangsjacke aus Regeln, Standards und Normen, ist es den Mitarbeitern einfach nicht möglich, Probleme unkompliziert und kundenfreundlich zu lösen, selbst wenn sie es wollten. Ohne die Freiheit des Dürfens ersticken Können und Wollen im Keim. Dort aber, wo alle drei Komponenten zusammenkommen, entsteht die höchste Leistung. Die drei wichtigsten Ziele in diesem Zusammenspiel:

- die Zeit verkürzen, die die Dinge brauchen,
- den Gestaltungsspielraum der Mitarbeiter vergrößern,
- die Angst aus den Unternehmen vertreiben.

Fangen wir mal gleich mit dem letzten Punkt an. Angst ist in vielen Unternehmen das vorherrschende Handlungsmotiv: Angst um den Job, Angst vor dem Chef, Angst vor Versagen und Scheitern, Angst vor möglichen Konsequenzen, Angst vor der Konkurrenz, Angst vor Kontrollverlust, Angst vor Vertrauensmissbrauch, Angst vor dem vermeintlichen Chaos, wenn Hierarchien abgebaut werden, Angst vor der künstlichen Intelligenz. Diese Liste ließe sich beliebig verlängern. Ja, Angst wird sehr gerne verbreitet, denn ängstliche Menschen lassen sich leichter beherrschen. Angst betoniert das Gestrige, beutet aus, spinnt Lügengewebe und hält rüde Obrigkeiten an der Macht. Sie macht die Menschen für Populisten und Bauernfänger empfänglich. Denn wenn Angst im Spiel ist, sind Fakten egal. Die Logik wird ausgeblendet. Und das Denken blockiert. So verhindert Angst den Erfolg.

Angst ist der größte Killer von Leistung und Fortschritt

Dass Menschen unter Druck geistige Großtaten vollbringen, ist eine gefährliche Mär. Das Gegenteil ist nämlich der Fall. Aggression, Angst und Schrecken sabotieren die Fähigkeit des Gehirns, sein Bestes zu geben, weil die im Angstzustand ausgeschütteten Botenstoffe Synapsen blockieren. Das kennen wir alle als Blackout, zum Beispiel beim Lampenfieber oder der Prüfungsangst. In Momenten höchster Not können nur noch Routinen abgespult werden. In Urzeiten war dieser

Mechanismus auch sinnvoll, denn langes Nachdenken im Augenblick der Gefahr wurde schnell mit dem Leben bezahlt.

Angst als Warnsystem ist unentbehrlich. Wird sie hingegen aus macht-politischen Gründen erzeugt, ist das töricht – und nicht tolerabel. Denn Blackouts sind im Business tödlich. Für Denkarbeit, die zu In-novationen führt, sind schnelle Synapsen zwingend vonnöten. Wer es dagegen als Erfolg betrachtet, wenn seine Leute in Folge von Här-te parieren, dem fehlt vor allem eins: die Feinfühligkeit, zu spüren, wie sein Verhalten beim Gegenüber bereits Trotz oder aufschäumende Wut, eisiges Desinteresse oder Rachegedanken erzeugt.

Mit Angst im Nacken laufen wir zwar schneller, aber nur ein ganz kurzes Stück. Danach sind wir vollkommen ausgepowert. Unablässiger Druck und das Androhen von Strafe versetzen den Körper in perma-nente Alarmbereitschaft, mindern seine Leistungskraft und ruinieren die Gesundheit. Der Dauerbeschuss von Stresshormonen unterdrückt auch die körpereigenen Abwehrkräfte, schwächt unser Immunsystem und macht uns krank. Ist Arbeit also mit Angst besetzt, ist das quasi Körperverletzung.

Wird eine Belastung, weil von außen gesteuert, unkontrollierbar, kommt sogar Panik ins Spiel. Aus der anfänglichen Angst werden Ver-zweiflung, Ohnmacht und Hilflosigkeit. Dies kann bis zum körperli-chen, geistigen und seelischen Kollaps führen. Das beste Gegenmittel: Beistand und die Möglichkeit, in kleinen Schritten die Kontrolle zu-rückzugewinnen. Erst dann, wenn wir eine Situation (wieder) beherr-schen, schlägt Angst in Erleichterung um, wir gewinnen Zuversicht, Selbstvertrauen und Mut.

Angst hingegen lähmt und macht dumm. Verängstigte Mitarbeiter ha-ben demnach die unangenehme Eigenschaft, allerhöchstens mittelmä-ßige Arbeit abzuliefern. Sie machen »Dienst nach Vorschrift«, denn dann kann ihnen nichts passieren. Zudem wird die Aufnahme von Neuem durch Unsicherheit, Bedrohung und Stress stark behindert. Darüber hinaus verfestigen sich Ängste, wenn man sie oft durchlebt. Unter positiven Umständen hingegen lernt und performt unser Ober-stübchen sehr viel besser.

Kreativität schöpft aus der Quelle des Unterbewussten, zu dem wir nur Zugang haben, wenn wir keine Angst haben. Schon allein deshalb kann sie nur in einem angstfreien Umfeld entstehen. Dann glaubt man an sein Potenzial und die Aussicht auf Erfolg. Man beschäftigt sich mehr mit dem Pro als mit dem Kontra. Man wird offener und damit ideenreicher. Man wird agiler und schreitet zur Tat. Die Dinge gehen locker und leicht von der Hand. Optimistisch geprägt sieht man vor allem die Chancen – und kommt über Hürden behände hinweg.

Sich sicher zu fühlen gehört zu den Grundbedürfnissen jedes Menschen. Erst dann, wenn wir keine Furchtsamkeit spüren und unser Geist nicht durch Sorgen vernebelt ist, sind wir bereit für den Wandel und laufen zu Höchstleistungen auf. Nur in offenen Vertrauenskulturen, in denen es den Menschen gut geht, können die ganz großen Würfe gelingen. So sind Angstabbau und Vertrauensaufbau für jede Organisation auf dem Weg in die Zukunft elementar.

Die neue Workforce: Mitarbeiter statt Abarbeiter

Sind Ihre Mitarbeiter Anweisungs-Abarbeitende, Nebeneinanderher-Arbeitende, Gegeneinander-Arbeitende oder Miteinander-Arbeitende? In unserer sich zunehmend wandelnden Arbeitswelt gehört es zu den wichtigsten Aufgaben der Führungsriege, Kooperation und Selbstorganisation unternehmensweit zu fördern. Dazu brauchen wir gut vernetzte Führungskräfte, die ihrerseits eine starke Vernetzerfunktion in der Organisation einnehmen. Sie fördern das Miteinander, das Füreinander und soziale Dichte. Dass Konfrontation, interner Massenwettbewerb, Einzelziele, Einzelboni und der dauernde Kampf um Ressourcen die besten Ergebnisse bringen, sind Kopfgeburten weltfremder Alphatierchen in den abgeschotteten Zentren der Macht.

Genau das Gegenteil ist nämlich der Fall: Wissensarbeit kann nur durch Kollaboration reiche Früchte tragen. Dazu werden sich selbst steuernde Einheiten gebraucht, bei denen abteilungsübergreifend (!) alle auf ein gemeinsames Ziel hinarbeiten. Denn wie bitte soll Außergewöhnliches passieren, wenn stromlinienförmige Vorgänge-Abarbeiter und maultote Mitläufer das Unternehmen bevölkern? Und wie kann

Zukunftsweisendes gelingen, wenn alle immer nur abwartend nach oben schauen, anstatt nach draußen zum Kunden und zum Markt? Wer ständig fremden Anweisungen folgt, verliert die Kompetenz für eigenständiges Tun. Außerdem machen Befehl und Gehorsam lustlos und schlapp.

Die Arbeitswissenschaft kennt diesen Zusammenhang längst: Beim sturen Abarbeiten bleibt alles im unmotivierten Sollen und Müssen. Selbstbestimmung hingegen verleiht den Menschen Flügel. Ein hohes Maß an Produktivität ist damit garantiert. Um 13 Prozent steigen, einer Untersuchung der Universität St. Gallen zufolge, die Umsätze der Unternehmen, die ihren Leuten mehr Freiheiten gewähren.[47]

Der Chef als Ansager und Aufpasser ist längst ein Auslaufmodell. Gerade die jungen High Potentials erleben auf diese Weise, dass ihr Input nicht zählt. Und sie wandern in Scharen ab. Sie sind kompromisslos, wenn die Bereitschaft fehlt, sie konsequent einzubeziehen. Sie wünschen sich eine Teamkultur, in der sie selbstorganisiert ihre Talente einbringen können. Und sie wissen: Der Fortschritt ist auf ihrer Seite. So steigen sie nur mit denen ins Boot, die die Rahmenbedingungen dafür schaffen.

> Der Chef als Ansager und Aufpasser ist ein Auslaufmodell.

»Gib Menschen Spielraum und sie werden dich in Staunen versetzen.« In unseren Workshops erleben wir so was ständig. Mit den Freiheitsgraden, die die zunehmende Selbstorganisation bringt, haben die meisten Mitarbeiter, nachdem sie, ganz wichtig, den Umgang damit einüben konnten, auch gar keine Probleme. Probleme hat damit vor allem das Management. »Die Mitarbeiter können das nicht«, hört man von denen. »Wir wollen das nicht«, müssten sie eigentlich sagen. Wenn die Leute sich nämlich selbst organisieren, bleibt im Management nur noch wenig zu tun. Doch niemand entsorgt sich gern selbst.

So sagen 83 Prozent der Mitarbeiter in deutschen Unternehmen, in ihrer Firma werde noch strikt hierarchisch entschieden.[48] Nur 29 Prozent sollen an ihrem Arbeitsplatz neue Ideen einbringen; nur 26 Prozent meinen, dass in ihren Unternehmen Fehler als Lernchance gesehen werden; und lediglich acht Prozent nutzen agile Arbeitsmethoden wie Scrum und Kanban in ihrem Berufsalltag, so kürzlich eine Studie der Manpower Group.[49] Solche Zustände sind schlimm? Es kommt noch schlimmer: Bei der GfWM-Studie *Der Ruf nach Freiheit* gaben 39 Prozent der 2550 Befragten zu Protokoll, dass ihre Führungskräfte Veränderungen generell blockieren.[50]

Ja, ja, Wandelwille wird heftig bekundet, doch tatsächlich passiert viel zu oft viel zu wenig. Eine Kernaufgabe des Managers ist es, die Zukunftsfähigkeit seiner Firma zu sichern. Wer sich dem in den Weg stellt, hat dort nichts zu suchen. Leider haben derzeit noch ganze Industrien ein Interesse daran, den Fortschritt zu hemmen, um den Wert des Kapitals zu schützen, das in ihren veralteten Technologien investiert ist. Doch den Kunden ist das egal. Sie ziehen, genauso wie die jungen Talente, ganz einfach weiter.

Die Geschichte von der Ampel und dem Kreisverkehr

Bevor wir uns tiefer mit dem Miteinanderarbeiten befassen, betrachten wir zunächst eine Allegorie, und zwar die von der Ampel und dem Kreisverkehr. Sie stammt von Julian Wilson, einem der Mitgründer des britischen Flugzeugindustriezulieferers Matt Black Systems (MBS).[51] Traditionelle Systeme, sagt er, sind wie Ampelsysteme, selbstorganisierte Unternehmen ähneln dem System eines Kreisverkehrs. Die Ampel funktioniert nach dem Befehl-und-Gehorsam-Prinzip. Sie ist zentral gesteuert, sie diszipliniert – und sie verursacht Stress durch Stop-and-go. Die Verkehrsteilnehmer sind dabei fremdbestimmt. Harte Strafen einer Kontrollinstanz sollen dafür sorgen, dass die Regeln eingehalten werden. Aber man verstößt doch dagegen. Gerne sogar, je nachdem. Das System austricksen, sich nur nicht erwischen lassen: für viele ein Sport.

Der Kreisverkehr hat zwar auch ein paar wenige Regeln, im Wesentlichen jedoch herrschen Autonomie und Verantwortlichkeit. Die Interaktionen sind selbstorganisiert. Durch Kommunikation stimmen die Verkehrsteilnehmer sich untereinander ab. Aggressionen wie an einer Ampel gibt es nur selten. Alles fließt, ohne Stress und nervige Staus. Ein Kreisverkehr erlaubt deutlich mehr Durchfluss als ein Ampelsystem. Experimente zeigen zudem, dass die Wachsamkeit nachlässt, sobald man die Kontrolle einem System übergibt. So verursacht der Kreisverkehr erheblich weniger Unfälle als eine Ampelanlage und die Höhe der Unfallschäden ist sehr viel geringer. Zudem sind die Bau- und Betriebskosten eines Kreisverkehrs sehr viel geringer. Außerdem senkt er die Emissionen und schützt damit die Umwelt. Und, wenn ansprechend gestaltet, ist er sogar ein Augenschmaus. Regelverstöße hingegen gibt es nur selten.

Im Großstadtgetümmel sind Ampeln hie und da sicher die bessere Wahl, doch meistens sind sie es nicht. Etwa jede dritte Entscheidung einer Ampel ist schlichtweg Blödsinn. Obwohl weit und breit kein Gegenverkehr ist, also ganz ohne Grund, zwingt sie die Autofahrer, für eine Weile anzuhalten. Alternativlos, weil sie die Macht dazu hat. Und alle paar Minuten ist der gesamte Verkehr für eine Weile blockiert, da alle Ampeln an der Kreuzung auf Rot sind. Der Zeitverlust ist enorm. Zwei Wochen steht ein Durchschnittsbürger in seinem Leben vor einer Ampel. Spannend ist es, zu überlegen, was all das mit der alten und der neuen Unternehmens- und Arbeitswelt zu tun hat.

Die alte Arbeitswelt: Offiziell und inoffiziell

Das alte Organisationssystem hat zwei Vorgehensweisen hervorgebracht: eine offizielle und eine inoffizielle. Der amerikanische Soziologe Erving Goffman hat dies bereits vor Jahrzehnten sehr treffend als Vorder- und Hinterbühne bezeichnet. Auf der Vorderbühne spielt man das gewünschte Spiel. Auf der Hinterbühne jedoch tun die Mitarbeiter das, was sie in einer gegebenen Situation für wirklich richtig halten. Dies kann sowohl positive als auch negative Auswirkungen haben. Im positiven Fall werden informelle Wege genutzt, um Dinge schnell voranzubringen oder Prozesse effizienter zu machen. Vorgeschriebene Verfahrensweisen werden mutig zurechtgebogen, um den Kunden unbürokratisch zu helfen: »Moment, ich muss mal kurz das System umgehen.«

Als kundennaher Mitarbeiter steckt man ziemlich oft in einer moralischen Zwickmühle. Und zwar vor allem immer dann, wenn der Kundenwunsch einleuchtet, aber nicht mit den etablierten Verfahren der Firma vereinbar ist. Hält man sich an die Vorgaben, kann man den gewünschten Service nicht bieten. Aus Leidenschaft für die Kunden halst sich so mancher Ärger mit seinem Vorgesetzten auf. Lieber vertuscht er das Vernünftige, das er tut, weil es nicht den Vorschriften entspricht. Kulissen werden errichtet, um dahinter in Ruhe arbeiten zu können. Demzufolge lebt die Führung in einer Scheinwelt, man gaukelt ihr vor, was sie hören und sehen will. Das, was formell nicht erwünscht ist, wird hinter vorgehaltener Hand erledigt. Umgehungsstrategien entstehen. Überall im Unternehmen stehen Besen herum, um Missstände gemeinsam unter den Teppich zu kehren. Taktische Spielchen werden gespielt. Und Grauzonen breiten sich aus. Im schlimmsten Fall kann ein Sumpf aus Unregelmäßigkeiten, Willkür, Eigennutz, Kumpanei, Intrigen und Skrupellosigkeit und entstehen.

Wie Organisationen alter Schule sich davor zu schützen versuchen? Mit einem Vorschriftendickicht, das im Verlauf der Ereignisse immer groteskere Formen annimmt. Wenn aber ein Handbuch zum Gesetzbuch wird, sind die Mitarbeiter vor allem damit beschäftigt, den vorbestimmten Abläufen akribisch zu folgen, selbst dann, wenn das der größte Unsinn ist. Verkrustung ist unvermeidlich. Und Lethargie stellt sich ein. Eine Marionette bewegt sich ja auch immer erst dann, wenn man an ihren Strippen zieht.

Kontrollsysteme neigen zur Selbstvermehrung.

Zudem sorgen Kontrollsysteme für Selbstvermehrung: Jeder Ausrutscher hat eine weitere Vorschrift zur Folge, quasi als kollektive Bestrafungsaktion für das Missgeschick einer einzelnen Person. Zwecks Absicherung nach allen Seiten werden sogar vorauseilend harsche Regeln erlassen, was jeglichen Handlungsspielraum immer mehr limitiert. »Managing the three percent« nennt man dieses Syndrom. 97 Prozent leiden darunter. Am Ende ersäuft alles in Compliance-Bürokratie. Doch kein Unternehmen erzielt Wettbewerbsvorsprünge dadurch, dass seine Mitarbeiter die Regeln einhalten. Und ganz nebenbei: Die, die ein Schlupfloch finden wollen, die finden es trotzdem.

Wenn sich in Organisationen Fehlverhalten zeigt, liegt das meist an den Strukturen. Man muss also gezielt die Strukturen ändern, damit das Fehlverhalten versiegt. Doch was passiert in tradierten Unternehmen tatsächlich? Man duldet Fehlverhalten, um das formelle System zu retten. Böse Machenschaften sind damit vorprogrammiert.

Selbstorganisation: Was dabei wesentlich ist

Für Unternehmen, die neue Formen der Zusammenarbeit eingeführt haben, kursieren unterschiedliche Begrifflichkeiten, zum Beispiel diese: agile Organisationen, kollegial geführte Unternehmen, demokratische Unternehmen, dezentrale Organisationen, Netzwerkorganisationen, selbstorganisierte Unternehmen. Dabei gibt es marginale Unterschiede, die wir an dieser Stelle jedoch nicht aufdröseln wollen. Im Kern ändert sich bei allen die Machtverteilung. Statt Entscheidungen, wie in Linienorganisationen üblich, »nach oben« zu verlagern, werden diese nun autonom dort gefällt, wo sie anfallen. Die parallele Einführung agiler Arbeitsmethoden sorgt für eine hohe Flexibilisierung und beschleunigte Arbeitsweisen. Wir favorisieren den Begriff Selbstorganisation. Sie ist das bestimmende Element agiler Organisationen.

Eigenmotivation – und nicht Fremdbestimmung – ist dabei der zentrale Treiber für den Umsetzungserfolg. Hierzu definieren die Mitarbeiter ihre Ziele sowie die dazu notwendigen Mittel und Wege gemeinsam und übernehmen Verantwortung für die erbrachten Ergebnisse. Nicht Vorgaben von oben, sondern kollegial miteinander erstellte Vereinbarungen über die Art und Weise der Zusammenarbeit bestimmen das Vorgehen. Dies geschieht in einer Wertewelt aus Vertrauen, Heiterkeit, Transparenz, Verlässlichkeit und Commitment. Auch Disziplin und Konsequenz gehören dazu.

Man richtet Projektmärkte ein, damit sich jeder aus eigenem Antrieb dort einbringen kann, wo seine Talente den meisten Nutzen stiften. Hierdurch erlebt man Selbstwirksamkeit und erlangt Bedeutung. Sehr schnell kommt es zu einer fachlichen, menschlichen und motivatorischen Stärkung des Einzelnen. Wie von Fesseln befreit wird eine enorme Energie freigesetzt. Weitere willkommene Nebeneffekte: Das Verständnis für Gesamtzusammenhänge im Unternehmen wächst, das unternehmerische Denken wird angeregt, der Wissenshorizont und die Expertise werden erweitert.

Verbesserungsideen, die den eigenen Bereich betreffen, werden im Team besprochen, entschieden und umgesetzt, es braucht also keinen Segen von oben. Interdisziplinäre Ideen gehen nicht an den Chef, sondern direkt an das jeweilige Team – oder in eine zentrale Ideenbank, die allen zugänglich ist. Onlinebasierte Kollaborationsplattformen, über die wir noch sprechen werden, eignen sich bestens dazu. Wie in einem Regal werden dort Ideen zur Ansicht, zum Ausprobieren und zum Weiterentwickeln angeboten.

Führungskräfte können darauf vertrauen: In sich selbst organisierenden Einheiten entstehen Strukturen und Vorgehensweisen, die dem Unternehmenszweck dienen und außergewöhnliche Ergebnisse hervorbringen werden. Hierzu braucht es ein Umfeld, das Vorschriften abbaut, auf Fehler smart reagiert, Vertrauen zulässt und Freiräume schafft. Leitplanken statt Handschellen, Empfehlungen statt Statuten und Mut zum Versuch sind die Devisen. All das macht eine Firma beweglich und anpassungsschnell.

Bei Favi, einem französischen Metallverarbeiter, gab es einen Lagerraum mit Lagerwart, der den Arbeitern Werkzeuge und Material nur dann ausgeben durfte, wenn ein vom Schichtleiter unterschriebener Antrag vorlag. Machte der Lagerwart Pause, war der Raum verschlossen. War der Schichtleiter nicht da, konnte es zu Verzögerungen kommen, die den ganzen Betrieb blockierten. Dann hat man mal sauber gerechnet: Steht eine Maschine still, kostet das x-mal mehr als ein vorschriftenkonformes Blatt Papier. Seitdem ist der Lagerraum immer offen und es braucht keine Formalien mehr. Das spart eine Menge Zeit und Geld. Wer etwas entnimmt, muss dies nur in ein Bestandsbuch eintragen, damit man den Überblick behält und Ausgehendes nachbestellt werden kann. Eines Tages fehlte ein Bohrer. Der Firmenchef stellte ein Flipchart auf mit folgender Botschaft: »Ein Bohrer wurde gestohlen. Sie wissen, dass wir aus Prinzip jemanden entlassen würden, der Toilettenpapier gestohlen hat. Es ist also wirklich dumm, etwas zu stehlen, insbesondere weil jeder ein Werkzeug für einen Tag oder am Wochenende ausleihen kann.« Damit war die Sache erledigt, es gab keine Diebstähle mehr.[52]

Auch Selbstorganisation braucht Rahmenbedingungen

Selbstorganisation gibt es auch in klassischen Unternehmen, allerdings wie beschrieben nur auf den Hinterbühnen. Solche Selbstorganisation entsteht autogen, also von selbst, um all *das* vernünftig abzuwickeln, was eine offizielle Organisation üblicherweise erschwert oder unmöglich macht. Die ausdrücklich *gewollte* Selbstorganisation holt dies aus der Schattenkultur auf die Vorderbühne und lässt es offiziell zu.

Nicht allen Mitarbeitern wird der Sprung in die Selbstorganisation auf Anhieb gelingen. In diesem Fall werden besser Trittsteine gelegt, um ein sanftes Hineingleiten in die neue Gestaltungsfreiheit möglich zu machen. Hierzu werden Grenzen als Orientierung benötigt, um ein Gefühl der Sicherheit zu bewirken. In einem Fall wurde den Mitarbeitern freigestellt, über die Höhe ihres Weiterbildungsbudgets völlig autonom zu entscheiden. Dieses Angebot wurde aber nur sehr verhalten in Anspruch genommen. Nachdem es dann Beispielbudgets pro Jahr und Mitarbeiter zusammen mit ein paar wenigen praktischen Regeln gab, wurde der Spielraum tatsächlich selbstbestimmt ausgeschöpft. Die Freiheit, über ein quasi unbeschränktes Budget verfügen zu können, hatte zunächst zu einer Verunsicherung geführt, die man zum Glück beseitigen konnte.

Um in die richtige Richtung zu steuern, lassen sich jenseits von Direktiven auch smarte Anstupser setzen. Dieser Ansatz ist durch den Wirtschaftsnobelpreisträger Richard H. Thaler als Nudging bekannt geworden. Dazu gleich ein Beispiel: Es gibt Unternehmen, da kostet das Erstellen und Kontrollieren von Reisekostenabrechnungen genauso viel wie die Reisen selbst. Wie man das wegkriegt? Erstens: Reiserichtlinien zusammenstreichen. Sophia von Rundstedt, Geschäftsführerin des Outplacement-Anbieters von Rundstedt erzählt: »Früher waren das bei uns sieben Seiten und kein Mensch hat das verstanden. Übrig geblieben ist eine Seite.« Zweitens: Ein paar wenige Leitlinien formulieren, wie etwa diese: Jeder tätigt ausschließlich sinnvolle Ausgaben. Drittens: Kontrolle streichen. Stattdessen die Reisekosten jedes Einzelnen transparent ins Intranet stellen. So kann jeder sehen, wer's über- und untertreibt. Das Kollektiv als Korrektiv funktioniert. Ganz

> Nicht allen gelingt der Sprung in die Selbstorganisation auf Anhieb.

prächtig sogar. Transparenz ist der Schlüssel. Anonymität, Geheimnistuerei, Misstrauensgehabe und Herrschaftswissen-Gedöns hingegen sorgen für eine vergiftete Unternehmenskultur mit all ihren bösen und teuren Folgen.

Ein weiteres Beispiel: Bislang zahlte ein Unternehmen kräftig für Überstunden, um der ständigen Lieferverzögerungen Herr zu werden. Eines Tages entschied es sich folgendermaßen: Die Firma zahlt keine Überstunden mehr. Punkt. Werden verbesserte Liefertreue-Zielvorgaben erreicht, wird stattdessen ein Teambonus ausgezahlt. Von nun an gingen die Mitarbeiter nicht nur pünktlich heim, was einer Produktivitätssteigerung von 20 Prozent entsprach, die Liefertreue stieg zudem beträchtlich. Wie das? Die Rahmenbedingungen änderten sich. Weitere Vorgaben hat man den Mitarbeitern nicht gemacht. Diese haben sich selbst organisiert, um die gemeinsamen Ziele zu schaffen.

Die Systemforschung weiß das schon lange: In der Selbstorganisation entsteht aus einer Eigendynamik heraus Ordnung. Zudem manifestiert sich der Wunsch nach einem guten Ergebnis, das ist evolutionär so in unseren Genen verankert. Demgemäß sind Strukturen zu schaffen, die es möglich machen, dass die Mitarbeiter ohne Kontrolle von oben vollumfänglich selbst agieren und eigenverantwortlich zum Erfolg kommen können. Solche Strukturen beinhalten auch Verhaltensgrenzen, die wie die Umrandung eines Fußballplatzes den groben Rahmen des Zusammenspiels definieren.

Man bohrt keine Löcher unterhalb der Wasserlinie ins Boot, in dem alle sitzen.

So gibt es bei Gore, unter anderem Hersteller von Textilprodukten wie Gore-Tex, ein Prinzip namens Waterline. Es besagt: Man bohrt keine »Löcher« unterhalb der Wasserlinie in ein Boot, in dem alle sitzen. Dazu heißt es auf der Website: »Jeder Associate [= Mitarbeiter] bei Gore sucht Rat bei erfahrenen Kollegen, bevor er etwas unternimmt, was ›unter die Wasserlinie‹ zu geraten droht – und dadurch dem Unternehmen ernsthaften Schaden zufügen könnte.«[53] Gore, 1958 gegründet, zählt mit über 10 000 Mitarbeitern zu den ältesten und zugleich größten selbstorganisierten Unternehmen weltweit.

Sich selbst organisierende Teams bestehen aus einer überschaubaren Mitgliederzahl. Bei Scrum – einer agilen Arbeitsmethode – sind es meist sieben. Bei anderen Ansätzen sind auch Teams von bis zu maximal fünfzehn Personen möglich. Danach teilt sich das Team. Besonders am Anfang sollte das jeweilige Team stabil zusammenbleiben, um sich an die neue Arbeitsweise zu gewöhnen, Routinen zu entwickeln und Vertrauen aufzubauen. Zudem müssen Feedback-Kompetenz und Konfliktbewältigungsstrategien antrainiert werden. Denn autonome Teams regeln alles unter sich. Da kann es auch schon mal Spannungen geben und sogar ganz schön krachen.

Die sechs wichtigsten Zutaten für Selbstorganisation

Selbstmotivation, fortwährender Lernwille, hohe Freiheitsgrade, ein Höchstmaß an Flexibilität und umfangreiche Mitgestaltungsmöglichkeiten sind in der Selbstorganisation üblich. Statt auf Entscheidungen von oben zu warten, berät man sich – das ist Pflicht – mit den Kollegen, entscheidet dann selbst und übernimmt auch die Verantwortung dafür. Dies impliziert einen sanktionsfreien Umgang mit Fehlern.

Verantwortung bedeutet in diesem Zusammenhang, die Folgen sowohl für eigene Entscheidungen als auch für Gruppenhandlungen zu tragen und gegenüber einer Instanz dafür zur Rechenschaft gezogen werden zu können. Diese Instanz kann eine externe Stelle (der Kunde, das Unternehmen) oder das innere Selbst sein. Sechs Zutaten werden benötigt, um die Bereitschaft zu schaffen, Verantwortung zu übernehmen:

1. das notwendige Wissen
2. das notwendige Können
3. Regeln der Zusammenarbeit
4. Spielraum zur Entfaltung
5. Rückendeckung
6. interne Fehlertoleranz

In der Selbstorganisation sind die Leistungen jedes Einzelnen transparent, sie werden im Team besprochen und vom Team auch eingefordert. Klar formulierte Absprachen und gemeinsam erstellte Regeln der

Zusammenarbeit werden beispielsweise in einem Kulturbuch festgehalten. Werden diese missachtet, erzeugt das sozialen Druck und wird geahndet. Auf dieser Basis arbeiten abteilungsübergreifende Teams an Kundenprojekten oder für Kundengruppen. Die Mitarbeiter sind hoch motiviert, weil sie Gestaltungsfreiheit erhalten, gemeinsame Siege erringen, sich weiterentwickeln und den Sinn ihrer Arbeit in einem Gesamtzusammenhang sehen.

Der Unterschied zwischen Fremdbestimmung und Selbstorganisation lässt sich wie folgt deutlich machen:

- »Baut eine Brücke über diesen Fluss! Macht das so und so!«, befiehlt die konventionelle Führungskraft dirigistisch.
- »Wir müssen über diesen Fluss! Findet heraus, was die beste Möglichkeit ist, und setzt diese gemeinsam um«, sagt der neue Leader ermunternd.

Hierbei sorgt die Führungskraft entlang von Leitplanken der Zusammenarbeit für die Ausrichtung auf ein gemeinsames Ziel. Nur im Notfall greift sie direktiv ein. Ansonsten agiert sie als Moderator der Lösungsfindung, ist vor allem fördernd tätig und gibt Rückendeckung. So stürzt die Gruppe auch nicht ins Chaos.

Level 1, 2 und 3: Die Stadien der Selbstorganisation

Bis hin zur vollständigen Selbstorganisation gibt es verschiedene Stadien, über die man sich dieser annähern kann. Vor allem die Historie der Unternehmensstruktur und -kultur ist dabei von Belang. Für die sich zunehmend selbst organisierenden Teammitglieder ist eine coachende Begleitung unabdingbar, um sowohl die methodischen als auch die gruppendynamischen Tücken zu meistern. Zudem hängt der Grad der Selbstorganisation von den anstehenden Aufgaben ab, sie passt nicht zu jedem Zweck. Wird Selbstorganisation im großen Stil eingeführt, was wir grundsätzlich begrüßen, braucht es das Go von ganz oben.

Die einzelnen Stadien der Selbstorganisation

○ **Level 1 – die sich dezentralisierende Organisation:** In der sich dezentralisierenden Organisation finden wir die ersten Schritte in Richtung
Selbstorganisation. Die zentrale Steuerung wird zurückgefahren. Hierarchien werden verflacht. In Zwischenetappen, im Rahmen von Pilotpro-
jekten oder in Teilbereichen des Unternehmens wird eine zunehmende
Selbstorganisation eingeleitet. Das Arbeitsumfeld ist lebendig, offen
und heiter, die Zusammenarbeit konstruktiv. Immer weniger direktive
Anweisungen werden ausgesprochen, immer mehr Entscheidungen
verbleiben im Team. Das Berichtswesen, das die Leute nur von der Arbeit abhält, wird minimiert. Die kollektive Intelligenz wird systematisch
genutzt. Verfahrensoptimierungskonzepte werden von den Mitarbeitern
selbst erstellt. Bei alldem sind Erprobungsphasen überaus wichtig, damit sich sowohl die Führungskräfte als auch die Mitarbeiter in die neue,
noch ungewohnte Situation einüben können und es nicht ständig zu
Rückfällen kommt. Eine fehlertolerante Lernkultur begleitet den Weg.
Etappensiege werden gefeiert.

○ **Level 2 – die unterstützte Selbstorganisation:** Die unterstützte
Selbstorganisation ist ein sehr gangbarer Weg für einen Großteil der
klassischen Unternehmen. Operative Entscheidungen und die Verantwortung dafür verbleiben komplett im Team. Dies erfordert von jedem
Mitarbeiter Selbstführung, eine offene Lernhaltung und die Bereitschaft
zu konstruktiver Auseinandersetzung. Alle an einer Aufgabe Beteiligten
organisieren sich gemeinsam – im Rahmen der gemeinsam bestimmten
Regeln und Ziele, an die man sich konsequent hält. Kontrolle findet nicht
über den Vorgesetzten, sondern durch die Teammitglieder und auch
über die Kunden statt. Die Führung achtet vor allem darauf, dass nichts
Operatives zu ihr zurückdelegiert wird. Nur noch in Ausnahmefällen und
in strategischen Kontexten greift sie direktiv ein. Ansonsten ist sie vor
allem möglich machend tätig. Es gilt, die Selbstverwaltung im Team zu
stärken und Hindernisse auf dem Weg zu optimalen Arbeitsergebnissen
fortzuräumen (»Was braucht ihr?«). So sorgt die Führung für perfekte
Rahmenbedingungen und umfassende Entwicklungsmöglichkeiten. Das
Tagesgeschäft erledigen die Teams autonom.

○ **Level 3 – die komplett selbstgesteuerte Organisation:** Sie ist unserer Einschätzung nach nur für dezidiert ausgewählte Unternehmen geeignet. Auch Soziokratie-Modelle fallen in diesen Bereich. Komplett selbstgesteuerte Organisationen finden wir vor allem in kleineren Unternehmen der IT- und Internetszene.

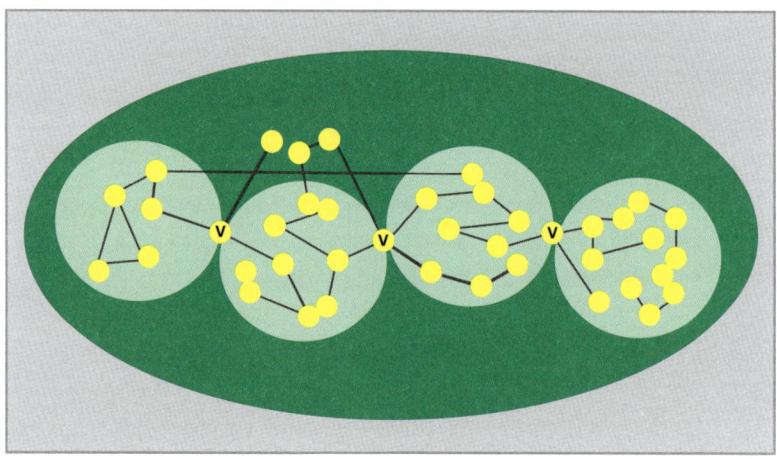

Abb. 9: Schaubild einer Organisation mit selbstorganisierten Teams: Die gelben Punkte innerhalb der Kreise stehen für Personen, die interdisziplinär vernetzt zusammenarbeiten. Zwischen den einzelnen Kreisen gibt es Verbindungsleute. Die gelben Punkte außerhalb der Kreise stehen für interne Experten, die bei Bedarf hinzugezogen werden.

Klassische Organisationen bewegen sich zunächst zügig hin zu Level eins: zur sich dezentralisierenden Organisation. Wer dort angekommen ist, begibt sich in Richtung Ziellevel zwei: zur unterstützten Selbstorganisation. Gegebenenfalls steuern sie schließlich zu Level drei: zur komplett selbstgesteuerten Organisation. Brückenbauer, von denen wir noch hören, begleiten den Weg.

In der Übergangsphase kann in Teilen der Belegschaft, die in der klassischen Struktur verbleibt, eine Mischung aus Neid und Bewunderung für die vermeintlich Privilegierten entstehen. Missgunst und Verständnismangel lassen sich verhindern, wenn eine gute Vernetzung in die klassische Organisation besteht, wenn transparent, freundlich und reichlich kommuniziert wird, wenn Neugier geweckt und Erfolg sichtbar gemacht wird. Dabei helfen Einladungen, sich das Ganze anzusehen oder temporär mitzuarbeiten. »Unser erstes agil arbeitendes Team übte auf fast alle anderen eine wahnsinnige Anziehungskraft aus«, erzählt Bastian Wilhelms, Senior Adviser beim Telefonie-Dienstleister Sipgate.[54] Schnell entsteht auch der Wunsch, es den Erfolgreichen gleichzutun. Nach und nach entwickelt sich so auf freiwilliger Basis immer mehr Selbstorganisation.

Gelungene Beispiele von Selbstorganisation

Beispiele, die zeigen, wie Dezentralisierung, verbunden mit Selbstorganisation, ein Unternehmen erfolgreich macht, gibt es inzwischen en masse.[55] Dabei handelt es sich nicht nur um wachstumsstarke Jungunternehmen, sondern auch um klassische Organisationen in vielerlei Branchen und Ländern. Insgesamt fünf Beispiele wollen wir hier näher beleuchten, vier davon kurz, das fünfte, Buurtzorg, ausführlich.

Im ersten Beispiel geht es um Allsafe. Das mittelständische Unternehmen produziert kundenspezifisch individualisierte und personalisierte Ladungssicherungssysteme in Deutschland, im Gegensatz zu den Wettbewerbern, die ihre Ware aus Fernost beziehen und hier nur noch verteilen. »Bei uns«, erzählt uns der CEO Detlef Lohmann, »stehen die Kunden oben im Organigramm, darunter die Mitarbeiter, ganz unten die Geschäftsleitung, also ich. Wir arbeiten nicht mit funktionsorientierten Abteilungen, sondern in einer Prozessdenke von Abläufen und autonomen Projekten. Das tun wir, um den Arbeitsfluss so wenig wie möglich zu unterbrechen. Unsere 260 Mitarbeiter arbeiten in 17 autonomen multifunktionalen Teams, alle operativen Entscheidungen treffen sie selbst. Damit haben wir konsequent das interne Hin und Her, das keine Wertschöpfung erzielt, eliminiert. Das bedeutet, wir brauchen Multikompetenz in den Teams sowie die Bereitschaft, in Zusammenhängen zu agieren, eigenverantwortlich zu handeln und vom Kunden her zu denken. Die Arbeitseinteilung liegt voll und ganz in den Händen der Teams. Wir haben keine Zeiterfassung, keine festen Pausenzeiten und keine Incentives. Manche Teams haben einen Teamleiter, andere agieren völlig selbstbestimmt, das entscheiden die

Teams selbst. Wir haben zum Beispiel auch keinen Vertriebsleiter. Alle Vertriebler kommunizieren direkt und ungefiltert in die Organisation hinein. Wir beteiligen die Mitarbeiter am Unternehmensgewinn vor allen Steuern, wobei wir je nach Rentabilität bis zu 25 Prozent ausschütten.« Unser ergänzender Hinweis: Allsafe arbeitet hochproduktiv. Zudem wurde das Unternehmen bereits viermal von TOP JOB zum besten Arbeitgeber im Mittelstand gekürt.

Bei unserem zweiten Beispiel, Swarovski Gemstones, dem B2B-Bereich des österreichischen Kristallspezialisten, war klar: Um auf dem veränderten Markt überleben zu können, müssen die Abläufe schneller, die crossfunktionalen Routinen flexibler und die Kundenlösungen individueller werden. Die Antwort auf Kundenanfragen dauerte oft Wochen, weil Entscheidungen bis ins Topmanagement hochdelegiert wurden, die Prozesse waren starr, die Freiheitsgrade der Mitarbeiter gering. Doch statt an zig kleinen Veränderungsschrauben zu drehen, erkannten die Manager das eigentliche Problem: Sie selbst waren die Ursache dieser Missstände. Heute arbeitet man dort mit acht selbstorganisierten Teams, die in Circles organisiert sind. Einer der ersten Kreise hat sich um den Großkunden herum gebildet, der mit seiner Abwanderungsdrohung den Wandlungsprozess losgetreten hatte – und blieb. Die Kreise sind direkt dem Topmanagement zugeordnet. Selbst die ursprünglichen Gegner dieses Modells geben inzwischen unumwunden zu, dass Swarovski Gemstones damit erfolgreicher ist. [56]

Die Manager erkannten, dass sie selbst die Ursache des Problems waren.

Im dritten Fall geht es um das digitale Verlagshaus Mindvalley mit Sitz in Malaysia. Dorota Stanczyk, Executive Creative Director, hat dort ihre Teamführung erfolgreich umstrukturiert, wie sie uns erzählt. Bislang hatte sie stets das letzte Wort bei den Kreativprojekten. Ihre Teams lieferten ihre Arbeit bei Dorota ab und erhielten fast immer ein Okay. Dieses routinemäßige Genehmigungsverfahren war für Dorota ein erstes Zeichen von Ressourcenverschwendung. Zudem erkannte sie einen Indikator für einen unpassenden Filter: Ihr eigener Geschmack zählte und nicht Qualität. Dadurch entstand eine ungewollte Eigendynamik und manches Mal auch Rivalität im Team. So entschloss sie sich, eine Kreativgruppe, Creative Squad genannt, ins Leben zu rufen.

Designer aus jedem Team waren darin vertreten. Entscheidungen wurden von nun an im Squad gefällt. Und sie sind bindend, auch wenn Dorota anderer Meinung sein sollte. Dorota sagt, dass das herausfordernd ist. Macht fühle sich gut an. Doch sie erkannte, dass sie mit der Dezentralisierung das Richtige tat. Ihr Fazit: Eine Führungskraft sollte ihre Befriedigung nicht aus dem eigenen Ego ziehen, sondern aus der Entwicklung des Teams.

Ministerien zählen wohl zu den rigidesten Organisationen. Wer es wie in unserem vierten Fall schafft, ein Ministerium samt Digitalisierung und New Work zu transformieren, baut einen Leuchtturm für jegliche Organisation. Genau das ist Frank Van Massenhove gelungen. 2002 manövrierte er sich strategisch klug in die Position des Leiters des belgischen Ministeriums für soziale Angelegenheiten. Was er vorfand, war ein Amt wie aus dem bürokratischen Bilderbuch: fünf Hierarchieebenen, niedrige Mitarbeiterbindung, niedrige Attraktivität für hoch qualifizierte Talente, niedrige Produktivität, hohe Kosten und hohe Burn-out-Rate. In fünf Schritten transformierte er die Organisation zum Vorzeigeministerium. Zuerst reduzierte er die Hierarchiestufen von fünf auf zwei. Im zweiten Schritt machte er sein Ministerium praktisch papierlos, sorgte für flexible Arbeitszeiten und ließ den Mitarbeitern ein Zeitbudget von zehn Prozent für Innovationsprojekte. Drittens schuf er eine Rolle namens »Absurdistan«. Hierbei galt es zu eruieren, wo und wie man bislang missliche Arbeitsweisen verbessern konnte. Viertens wurde Arbeit am Ergebnis und nicht länger nach Anwesenheitszeit gemessen. Und im fünften Schritt wurde ein Großteil der Meetings abgeschafft, was eine Menge Zeit und Nerven sparte. Das Gesamtresultat? Mitarbeiterbindung, Produktivität und »Kundenzufriedenheit« sind enorm gestiegen, während die Kosten deutlich sanken. Operative Entscheidungen werden im Team getroffen. 93 Prozent der Bewerber wollen nun in Van Massenhoves Ministerium arbeiten, vormals waren es 18 Prozent. Niedrig qualifizierte Mitarbeiter machen nur noch zwei Prozent der Belegschaft aus, zu Beginn waren es 30 Prozent. Interessanterweise hat Van Massenhove bei seiner Einstellung nichts von seinem Transformationsvorhaben erzählt, sonst hätte er den Job wohl nicht bekommen.[57]

Kommen wir nun zu Buurtzorg, das Beispiel, das wir etwas genauer betrachten wollen: Die Institutionen des Gesundheitswesens, zu denen man auch Buurtzorg zählen kann, sind gemeinhin geprägt von Herrschaftshierarchien und einer zunehmenden Standardisierung. Unter vorgeblichen Effizienzgesichtspunkten haben sie kleinteilige Prozesse eingeführt und die anfallende Arbeit fremdbestimmt durchstrukturiert. Die Beschäftigten agieren nicht primär zum Wohl der Patienten, sondern haben im Takt von Zeitvorgaben zu ticken und aufeinanderfolgende Vorgänge abzuspulen. Die Hälfte der Zeit geht für Bürokratie und Dokumentationspflichten drauf. Der ureigene Sinn ihrer Arbeit wird den Pflegekräften so genommen. Und die Würde des Patienten? Sie wird vom System ignoriert.

Der Niederländer Jos de Blok wollte das ändern, wie bereits Frédéric Laloux in *Reinventing Organizations* ausführlich beschreibt. Dazu gründete de Blok, der selbst jahrelang im Pflegedienst beschäftigt war, zusammen mit vier weiteren Pflegekräften Ende 2006 Buurtzorg, zu Deutsch »Nachbarschaftspflege«. Die häusliche Kranken- und Altenpflege sollte wieder ganzheitlich werden. »Menschlichkeit statt Bürokratie« ist das Anliegen, das er vertritt. Hierzu setzt er auf ein völlig neues ambulantes Pflegemodell, auf hochwertige Qualität und auf Selbstorganisation. Hierarchiefreie Zwölfer-Teams kümmern sich gemeinsam um jeweils etwa 50 Patienten in einer Nachbarschaft. Es gibt keinen Teamchef. Jedes Team organisiert sein gesamtes Vorgehen komplett autonom und trägt Ergebnisverantwortung. Es entwirft zudem seine Jahresvorausplanung selbst. Neue Mitarbeiter werden von den Teammitgliedern in Eigenregie ausgewählt. Neben der Gesundung ist es vorrangiges Ziel, die Selbstständigkeit der Patienten so lange wie möglich zu erhalten. »Für ambulante Pflegekräfte ist es ein ethischer Imperativ, sich überflüssig zu machen«, sagt Jos de Blok. Das Wohlbefinden der Patienten steht über den Eigeninteressen. Neben der Rundum-Versorgung gibt es auch Zeit für Gespräche.

Bei Buurtzorg gibt es keine zentrale Führung, kein mittleres Management, keine Regionalleiter und keine anweisenden Funktionseinheiten. Anfangs werden die Teams von einem internen Coach begleitet, der die notwendigen Fertigkeiten für die Kommunikation mit den Patienten, mit externen Helfern und innerhalb des Teams adressiert. Dazu gehören auch Methoden der Entscheidungsfindung, der Konfliktlösung und der kollegialen Beratung. Doch insgesamt hält sich die Unterstützung im Rahmen. Jos de Blok erzählt: »Wir haben einigen der ersten Teams sehr viel Unterstützung gegeben, und noch heute merken wir, dass sie abhängiger und unselbstständiger sind als andere Teams.«

Alles notwendige Wissen wird über eine interne Kollaborationsplattform ausgetauscht, die von den Pflegekräften sehr intensiv genutzt wird. Neue Ideen, egal, von welcher Seite sie stammen, werden dort zur Diskussion gestellt. So kommt ein Prozess der gegenseitigen Unterstützung in Gang, von dem alle Beteiligten profitieren. Neue Geschäftsfelder entstehen so: Finden sich vier Personen, die sich für ein neues Projekt engagieren wollen, wird es probeweise gestartet. Der Gründer de Blok hat weder Weisungsrechte noch Kontrollfunktionen. Er agiert vor allem als rühriges Bindeglied zur Öffentlichkeit und zu den Behörden.

> »Menschlichkeit statt Bürokratie« ist das Anliegen des Gründers.

Buurtzorg hat ein enormes Wachstum hingelegt. Stolz erzählt man uns von 13 385 Beschäftigten und 966 selbstorganisierten Teams in den Niederlanden (Stand: 1. August 2018). Neben 71 Coaches arbeiten in der »Zentrale« derzeit nur 50 Mitarbeiter, die meisten in Teilzeit. Die Overheadkosten sind mit etwa acht Prozent weit niedriger als bei anderen Anbietern, wo sie bis zu 25 Prozent betragen. Viele der Pflegeteams erwirtschaften Überschüsse im zweistelligen Bereich. Das Unternehmen hat die höchste Patientenzufriedenheit im Vergleich zu den über 300 Mitwettbewerbern. Es wurde bereits viermal zum attraktivsten Arbeitgeber der Niederlande gewählt. Fachkräfte aus anderen Unternehmen laufen in Scharen über, um bei Buurtzorg mitarbeiten zu können. Denn dort finden sie zurück zu ihrer Berufung. Im Vergleich zu den üblichen fragmentierten Pflegekonzepten erzielen die Teams bei rund 40 Prozent weniger Arbeitsstunden pro Patient eine um 50 Prozent schnellere Gesundungsquote. Hierdurch spart das holländische Gesundheitssystem Milliarden.

Inzwischen wird das Modell in mehr als 24 Ländern weltweit eingesetzt. Zwei ehemals konkurrierende holländische Pflegedienste wurden kürzlich auf das Buurtzorg-Modell umgestellt. Beide erzielen bereits ähnlich gute Ergebnisse in Bezug auf Produktivität, Mitarbeiter- und Patientenzufriedenheit. Buurtzorg selbst entwickelt sich auch außerhalb des Kerngeschäfts weiter, zum Beispiel in der Jugendarbeit. Zudem stehen jenseits des Gesundheitssektors eine Reihe von Überlegungen an. Die Welle rollt …

Wie man Veränderungsbereitschaft erzeugt – und wie nicht

Jede Veränderung bedeutet zunächst, dass etwas bislang Unbekanntes entsteht, von dem niemand ganz sicher weiß, ob es besser oder schlechter sein wird als das, was vorher war. Ständig haben die Menschen das Alte verworfen und das Neue gewagt. Die Evolution stellt den Entdeckergeist und die Neugier vor das Beharren und die Routine. Sonst wären wir nicht da, wo wir heute sind. Die Suche nach Neuem zählt zu den wichtigsten Trieben unseres Denkapparats. Das Problem ist also nicht der Wandel an sich.

Das eigentliche Problem ist vielmehr, wie Veränderungsinitiativen in den Unternehmen bislang verlaufen: Groß angelegte Change-Projekte werden, gern von Beratungshäusern teuer begleitet, weit oben geplant und dann als Rundumschlag mit viel Tamtam intern »ausgerollt«. Trotz erheblichem Aufwand scheitern bis zu 80 Prozent.[58] Wie kann man eine Vorgehensweise einfach stur beibehalten, die derart kläglich versagt? So sind, kein Wunder, klassische Change-Projekte längst zu Hassprojekten verkommen. Von ihrer Grundlogik her sind sie reaktiv. Sie holen Veränderung nach, werden also erst angestoßen, wenn sich ein Problemfeld gezeigt hat. Veränderung ist jedoch ein Prozess, kein Projekt mit Anfang und Ende. Welche Art Vorgehen wird also gebraucht? Eine erstens fortwährende und zweitens vorausschauende Selbsterneuerung.

Klassische Change-Projekte sind längst zu Hassprojekten verkommen.

Streichen Sie den Begriff »Change« am besten gleich aus dem Unternehmensvokabular. Er macht den Leuten nur Angst und führt zu Blockaden. Dann ändern Sie die Vorgehensweise. Der meist verwendete auf den Soziologen Kurt Lewin zurückgehende Dreiphasenprozess von »unfreeze, change, refreeze«

aus dem Jahr 1947 (!), also auftauen, verändern, wieder einfrieren, kann nicht funktionieren, weil sich ein vereistes System gegen Status-quo-Wandel wehrt. Auftauen dauert! Jeder weiß zudem, wie mühsam es ist, etwas Großes aus dem Stillstand heraus in Bewegung zu bringen, und wie einfach es dagegen ist, Bewegung zu ändern, wenn alles fließt.

Ablehnung entsteht, wenn etwas von oben verordnet wird. Zustimmung hingegen entsteht, wenn man über eine Veränderung selbst entscheidet. Freiwilligkeit ist die wichtigste Zutat für Antrieb und gelingende Wandelprozesse. Dann tut man etwas nicht, weil man es muss, sondern deshalb, weil man es wirklich will. Wenn zudem die Entscheidungen »klein« sind und man es gewohnt ist, sie immer wieder anzupassen, dann ist es viel leichter, sich zu restrukturieren, wenn die Umstände dies fordern. Sind die Entscheidungen aber »groß« und neigt man dazu, vorgedachten Plänen zu folgen, wird man auch dann noch an ihnen festhalten, wenn sie sich als unbrauchbar zeigen.

Grundsätzlich beinhaltet jede Form von Entwicklung zweierlei:

- »entlernen«, um nicht am Alten kleben zu bleiben, und
- weit offen für das ganz neue Neue zu sein.

Unser Denken und Handeln basieren auf dem, was wir unser Wissen und Können nennen. Hier fühlen wir uns sicher, oft sogar überlegen. Im Gegensatz zu Kindern begegnen wir mit dem Älterwerden dem Neuen zunehmend mit Argwohn. Lassen wir das Neue zu, bearbeiten wir es mit den uns geläufigen Denkmustern und Bewertungsmaßstäben. Vor allem dann, wenn es »eng« wird, fallen wir in Automatismen zurück und spulen das immer gleiche Verhalten ab. Beim Lösen ganz neuartiger Probleme steht uns genau das dann im Weg. Es blockiert unsere Kreativität wie alte Daten den Zwischenspeicher im PC. Wir müssen also oft zunächst lernen, das, was uns nicht mehr dient, zu »entlernen«. Erst danach können wir neue Lösungen sowohl für alte als auch neue Probleme entstehen lassen. Also: Entsorgen Sie überholte Vorgehensweisen. Und: Trainieren Sie Ihre Organisation darauf, aus üblichen Mustern auszubrechen. Verlassen Sie ausgetretene Pfade, um sich fit für den Dschungel des Neuen zu machen.

Dabei hindert uns dreierlei: Betriebsblindheit, Selbstgefälligkeit und Ignoranz. »Ach, Veränderung, papperlapapp. Hat es schon immer gegeben, haben wir früher auch immer geknackt, nix Neues für uns.« Das sagen nicht nur die alteingesessenen Manager, sondern leider auch angestammte Berater – womit sie ihre Klientel vielleicht beruhigen können, ihr aber nicht helfen. Wandel manifestiert sich, wie wir schon sahen, heute ganz anders als früher. Alles steht ständig zur Disposition. Alte Rezepte funktionieren nicht mehr. Der Erfolg von gestern sagt rein gar nichts über den Erfolg von morgen. Leider züchtet Erfolg einen gefährlichen Glauben an die eigene Großartigkeit. In Verbindung mit Macht ist das lebensgefährlich. Hirnforscher berichten von einer sich verändernden Biochemie bei Betroffenen, wobei vor allem der Testosteronspiegel steigt. »High-T« nennt man solche Personen. »Dem ist sein Erfolg zu Kopf gestiegen«, sagt sehr treffend der Volksmund. Höllisch aufpassen muss also jeder, bei dem sich Macht und Erfolg miteinander verbinden, weil dies die Illusion der Unbesiegbarkeit weckt.[59]

Workhacks: Permanente Veränderung in kleinen Schritten

In jungen Unternehmen entsteht Veränderungsbereitschaft natürlich und kontinuierlich, weil sie durch ständiges Ausprobieren, Reflektieren und Optimieren quasi täglich trainiert wird. Workhacks nennt man dort die Methoden, Maßnahmen und Tools, die dazu dienen, ineffizient gewordene Vorgehensweisen schnell loszuwerden und laufend bessere, intelligentere Wege der Arbeitsbewältigung, der Zielerreichung und der Zusammenarbeit zu installieren. Im Rahmen von »Hack the Org«-Veranstaltungen kann das auch in größerem Umfang passieren. Uns interessieren dabei natürlich nur die »White-Hat-Hacks«, also die, die guten Zwecken dienen.

Viele dieser Hacks sind im Grunde nicht neu, sie werden nur erfrischend neu interpretiert. Der entscheidende Unterschied: Jeder kann Hacks initiieren, wenn er die Notwendigkeit für eine Veränderung spürt. Sie brauchen keinen langen Planungsvorlauf und kein offizielles Controlling. Hacks werden auch nicht als Muss vorgegeben, sie stellen Anregungen dar. Weil im Vorfeld nicht klar ist, wie die Organisation darauf reagiert, werden sie zunächst ganz unkompliziert als Experiment konzipiert. So werden sie für eine festgelegte Weile getestet und nur dann implementiert, wenn sie von allen als hilfreich erachtet werden. Das Team entscheidet das unter sich. Der Chef wird weder als Ermächtiger noch als Schiedsrichter gebraucht. So machen Workhacks die Mitarbeiter frei von Bevormundung und Fremdsteuerung – und rasch sehr viel besser.

Einen ganz besonderen Hack, der gut zum Thema Purpose passt, haben wir bei der Organisationsentwicklerin Lydia Schültken entdeckt: den Y-Talk (gesprochen: »Why Talk«).[60] Das ist ein Format, bei dem man über den Sinn seiner Arbeit redet. Im Getriebe des Tagesgeschäfts gehen der Blick auf das große Ganze und die Frage nach der Identifikation mit dem Unternehmen leider oft unter. Doch wie wir schon sahen: Die Menschen wollen mehr als nur Geld nach Hause tragen. Tief drinnen sehnt sich jeder nach einer Arbeit, die ihn und die Welt mit Sinn erfüllt. Eingebunden sein, mitwirken können, mehr aus sich machen, Stolz auf Erreichtes, das ist es, was uns treibt. So kann es bei einem Treffen unter sachkundiger Leitung auch mal um folgende Fragen gehen:

o Warum bin ich hier? Und warum bin ich nicht woanders?
o Warum mache ich das überhaupt? Was kann ich der Welt damit geben?
o Was treibt mich im Innersten an? Was gibt Kraft? Was entzieht Kraft?
o Stelle, Kollegen, Purpose: Passt das für mich (noch) zusammen?

Wie sich eine solche Reflexionsarbeit konkret anpacken lässt? Am besten in Zweier-Teams stellt man einander folgende Frage:

»Kannst du dich an einen Arbeitsmoment erinnern, bei dem du wirklich das Gefühl hattest, eine sinnvolle Arbeit zu tun? Erzähl mir doch bitte davon.«

Der Fokus liegt also auf dem Positiven und hat klärende Wirkung. Grundsätzlich muss es jedem selbst überlassen sein, ob und in welcher Form er sich öffnet. Und wenn dabei Negatives zutage tritt? Gut so! Dann kann man es endlich beheben. Am gefährlichsten ist das, was im Verborgenen gärt. Und wenn daraufhin jemand geht? Besser so. Der Schaden, den maximal unzufriedene Mitarbeiter nicht nur intern, sondern auch extern anrichten können, ist enorm. Jeder Beschäftigte ist ja auch Sprachrohr am Markt, ein Ambassador und Meinungsmacher, der über die Reputation seines Arbeitgebers maßgeblich mitentscheidet: bei potenziellen Bewerbern *und* bei den Kunden.

5. Das Aktionsfeld der mitarbeiter-
fokussierten Brückenbauer

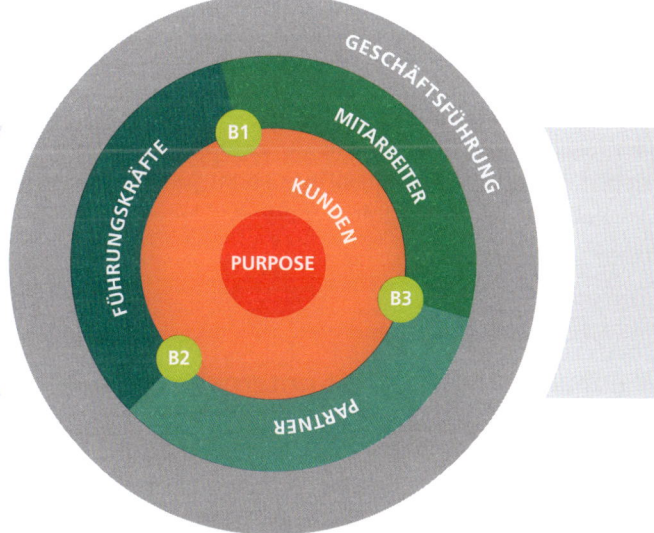

Überall in den Unternehmen entstehen nun Initiativen, bei denen sich die Beschäftigten abteilungsübergreifend *und* über hierarchische Grenzen hinweg miteinander vernetzen. Einerseits kann die Arbeit hierdurch schneller, effizienter, produktiver und auch angenehmer erledigt werden. Andererseits dienen, wie wir schon sahen, unkomplizierte Querverbindungen auch den Interessen der Kunden. Wenn nur ein einziger Mitarbeiter inkompetent patzt, war für den Kunden »dieser Saftladen« schuld. *Jedes* Vorkommnis kann Zünglein an der

Waage sein. Koordiniertes interdisziplinäres Zusammenarbeiten ist somit heute ein Muss. Um das möglich zu machen, braucht es dreierlei:

- interne Brückenbauer
- interaktive Kollaborationstools
- vernetzende Arbeitslandschaften

Alle drei Punkte unterstützen einen weiteren Zweck: das Gestalten einer Wohlfühlkultur, um die volle Schaffenskraft seiner Leute zu gewinnen und bewahren zu können. Wer Großes von ihnen will, der braucht sie nicht ausgemergelt, lustlos und im roten Bereich, sondern in Bestform. Laut einer Studie der University of Warwick sind glückliche Mitarbeiter um 12 Prozent produktiver.[61] Aus der Glücksforschung ist zudem bekannt, dass Menschen mit Glücksgefühlen über sich hinauswachsen und ihre Leistungsfähigkeit um bis zu 100 Prozent steigern können. Umgekehrt sinkt die Performance von Menschen unter Dauerdruck auf unter 50 Prozent. Dies wirkt sich entsprechend positiv oder negativ auf alles aus, was die Kunden mit einem Unternehmen erleben. Wohlbefinden entspringt somit keinem sozialromantischen Kuschelkurs, sondern zahlt unmittelbar auf die betriebswirtschaftlichen Ergebnisse ein.

Wie man Verbundenheit unternehmensweit fördert

Seitdem sich unsere Vorfahren von den Bäumen schwangen, um die Welt zu erobern, dreht sich bei uns alles um das Leben in einem Verbund. Die Akzeptanz einer Gemeinschaft ist für uns fundamental. Ausgestoßen zu sein – auch durch Mobbing – ist das Schlimmste, was uns passieren kann. Die unglücklichsten Menschen sind diejenigen, von denen niemand etwas will, die nicht gefragt sind und nicht gebraucht werden. Wer sich zurückgelassen fühlt oder den Anschluss verpasst, gerät schnell in die Panikzone. Denn den Letzten beißen die Hunde. Hingegen gibt es uns Sicherheit und Geborgenheit, ein geachtetes Mitglied einer Gruppe zu sein. Früher hing unser Leben davon ab. Die Chance, ohne den Schutz einer Gruppe zu überleben, war damals äußerst gering. So zählen Ausgrenzung und Isolation zu den grausamsten Strafen. Sie machen uns aggressiv – oder depressiv. Sie führen zu einem Absenken des Gelassenheitshormons Serotonin und schließlich zu einem Kollaps zerebraler Funktionen.

Verbundenheit ist also überaus wichtig. Sie entsteht durch Zuneigung und gemeinsames Handeln. Begleitet werden diese Prozesse durch einen körpereigenen Botenstoff namens Oxytocin. Das auch gerne »Kuschelhormon« genannte Oxytocin erhöht unser Glücks- und Genusspotenzial. Es ist neurochemischer Balsam für unsere Seele. Es wirkt entspannend und gesundheitsfördernd. Immer dann, wenn es zu einer Begegnung kommt, die feste Bindungen einleiten soll, wird Oxytocin verstärkt ausgeschüttet. Es erhöht die Bereitschaft, Vertrauen zu schenken. Gleichzeitig stabilisiert es die Beziehungen, die zu seiner Ausschüttung geführt haben. So belohnt es positive soziale Kontakte und Geselligkeit.

Was eindeutig zeigt: Wir sind *nicht* primär auf Egoismus und Konkurrenz ausgerichtet, sondern auf Zuwendung und gelingende zwischenmenschliche Beziehungen. Dabei ist das Umfeld entscheidend. Dazu führte, wie der *Harvard Business Manager* berichtet, der Sozialpsychologe Lee Ross von der Stanford University ein Experiment mit zwei gleich zusammengesetzten Gruppen durch.[62] Der einen Gruppe erklärte er, sie spielten das »Community Game«, ein auf Gemeinnutz ausgelegtes Spiel. Der anderen Gruppe wurde gesagt, sie spielten das »Wall Street Game«, in dem Egoismus belohnt wird. In Wahrheit handelte es sich um das gleiche Spiel, nur mit verschiedenen Namen. Im Community Game spielten von Anfang bis Ende 70 Prozent aller Teilnehmer kooperativ. Im Wall Street Game hingegen arbeiteten 70 Prozent aller Spieler *nicht* zusammen. Da stellt sich die berechtigte Frage: Wie nennen Sie *Ihr* Unternehmensspiel?

> Wir sind *nicht* primär auf Egoismus und Konkurrenz ausgerichtet, sondern auf Zusammenarbeit.

Ein Wirgefühl zu entwickeln bringt mehr als das Heroisieren von Einzelerfolgen. Durch Letzteres gewinnen zwar einige wenige, doch ein Großteil der Mitspieler wird zu Verlierern gemacht. Und Verlierer schwächen das gesamte System. Zudem vergleichen sich Menschen gerne mit besser dastehenden Artgenossen. So entstehen Missgunst und Neid. Boshaftigkeiten, Intrigen und Rufmord stellen sich ein. Selbst die Firma als Ganzes wird Federn lassen. Wer nämlich gegeneinander spielt, wird im entscheidenden Moment dem Kontrahenten die Hilfe versagen. Produktivitätseinbrüche auf breiter Ebene sind dann die Folge. Zudem verschlechtert sich die Arbeitgeberreputation.

Doch Menschen wollen stolz sein können auf die Kohorte, für die sie sich entschieden haben. Denn dann springt ein wenig von deren Glanz auch auf sie selbst über. Erfolgreiche Unternehmen bieten also nicht nur Entfaltungsspielraum, sondern auch Identifikationspotenzial. Die Zutaten für ein perfektes Wirgefühl? Hier sind sie:

- Erfolge, die gefeiert werden
- Zeichen der Zugehörigkeit
- Rituale, die zusammenschweißen
- Geschichten, Mythen, Legenden
- Ansehen in der Öffentlichkeit

Ein Gefühl der Zusammengehörigkeit entwickelt sich vor allem durch gemeinsame Erlebnisse, durch erzielte Ergebnisse und die Gewissheit, Teil einer großartigen Gemeinschaft zu sein. Dies trägt der Mitarbeiter durch positive Erzählungen schließlich nach draußen. Sind die Verbindungen hingegen schwach, dann beginnen die Leute, sich eine attraktivere Kollegengruppe zu suchen – in einer besseren Wirorganisation.

Eine Vielfalt von internen Brückenbauer-Rollen entsteht

Interne Brückenbauer werden installiert, um die bereichsübergreifende Zusammenarbeit zu unterstützen. So gibt es in Produktionsbetrieben ein Berufsbild namens Produktionstechnologe. Er ist das Bindeglied zwischen Produktion und IT. In Coworking-Spaces finden wir den Community-Manager. Bei Scrum gibt es die Rolle des Product-Owners. Als Produktverantwortlicher und Prioritätenmanager ist er das Bindeglied zwischen dem Scrum-Team und der Organisation sowie den internen und / oder externen Kunden. Er ist jedoch nicht der Vorgesetzte des Teams.

Ein soziokratisches Organisationsmodell namens Holacracy arbeitet mit Double-Linking. Hierzu gibt es sogenannte Lead-Links und Rep-Links. Sie stellen die Verbindung zwischen den verschiedenstufigen selbstorganisierten Kreisen her. Sie kommunizieren aktuelle Informationen aus dem Kreis, aus dem sie kommen, und vertreten dessen Interessen in den entsprechenden Nachbarkreisen. Sie haben Entscheidungskompetenzen, sind jedoch keine Führungspersonen.

Beim schwedischen Streamingdienst Spotify, Weltmarktführer für Musikvermarktung, arbeiten die derzeit rund 3500 Mitarbeiter in sich selbst organisierenden Trupps, denen ein Business-Manager vorsteht. Mehrere Trupps bilden einen Stamm mit einem Stammesführer. Ein Stamm hat maximal 100 Mitarbeiter, sie alle arbeiten im selben Bürobereich an verwandten Projekten. Zudem gibt es sogenannte Cross-Links. Hierbei verbinden sich gleiche Berufsgruppen wie etwa Web-Entwickler, die in verschiedenen Trupps arbeiten, in Verbänden. Und über Stammesgrenzen hinweg bilden sie Gilden.

Bei Trivago, einem 2005 in Düsseldorf gegründeten Hotel-Metasuchportal mit 1600 Mitarbeitern (Stand August 2018), gibt es Knowledge-Leads und Talent-Leads. Ein Knowledge-Lead ist jemand, der sich auf seinem Fachgebiet hervorragend auskennt und alle Teams, die seine Expertise benötigen, berät. Ein Talent-Lead unterstützt die überfachliche Entwicklung der Mitarbeiter und macht sich für sie stark. Hingegen wurden die althergebrachten Abteilungen aufgelöst. »Wie haben gemerkt, dass uns die Abhängigkeiten, die zwischen den Abteilungen bestanden, viel zu langsam gemacht haben«, sagt Anna Drüing, Trivagos Chief People Officer.[63]

In der Digitalwirtschaft ist das Berufsbild des Feelgood-Managers entstanden, als Terminus eine deutsche Erfindung. Man findet ihn vor allem dort, wo es nur wenige Führungskräfte und keine klassische Personalabteilung gibt. Er sorgt für das Wohlergehen der Mitarbeiter und ist eine Schnittstelle zwischen Arbeitgeber und Arbeitnehmer. Auch in schnell wachsenden Start-ups ist er gefragt, um Fachkräfte zu binden und den Spirit eines Start-ups zu erhalten.

Verwandte Berufsbilder und eher für größere Unternehmen geeignet sind der Culture-Manager und der interne Touchpoint-Manager. Während der Schwerpunkt des (Chief) Culture-Managers auf der Unternehmenskultur liegt, kümmert sich der interne Touchpoint-Manager vor allem um die Optimierung der abteilungsübergreifenden Interaktionspunkte zwischen Mitarbeitern, Führungskräften und Organisation.

Auch ein (Chief) Digital Officer gehört in den Kreis der Brückenbauer, weil er crossfunktional aktiv werden muss. Da es in diesem Buch nicht um Digitalisierung, sondern um Unternehmensstrukturen geht, lassen wir ihn hier unbetrachtet. Damit er seine Mission aber erfüllen kann, braucht es in der Firma ein hohes Maß an Agilität. Deshalb stellen wir Ihnen den (Chief) Agile Officer vor. Er treibt interdisziplinär die Agilisierung des gesamten Unternehmens voran. Ihn sowie den Culture-Manager und den internen Touchpoint-Manager lernen Sie nun näher kennen. So können Sie entscheiden, welches dieser Berufsbilder für Ihre Zwecke am besten passt.

Der Culture-Manager: Klimamacher und Kultur-optimierer

Das klassische Aufgabenspektrum des Personalwesens umfasst die Auswahl und Entwicklung von Personal. Die Auswahl bezieht sich auf Zeitpunkte und urteilt, die Entwicklung bezieht sich auf Zeiträume und fördert. Ein zweiter Aufgabenblock beinhaltet eine Fülle verwaltender und arbeitsrechtlicher Tätigkeiten, was einem völlig anderen Arbeitstypus entspricht. Fälschlicherweise sind beide Aufgabenbereiche in klassischen Unternehmen fast immer in der HR-Abteilung zusammengelegt. Diese ist stark bürokratisiert und von Prozessen getrieben statt menschenzentriert. In Zukunft muss es genau umgekehrt sein: Der Mensch Mitarbeiter und die Unternehmenskultur rücken nach vorn. Das Administrative erledigt Kollege Computer – von Menschenhand unterstützt.

> **Der Mensch Mitarbeiter und die Unternehmenskultur rücken nach vorn.**

Mit dem Culture-Manager – manchmal auch Head of Culture oder Chief Culture Officer (CCO) genannt – gehen die Unternehmen diesen neuen Weg. Sie trennen das bereichsübergreifend Gestaltende vom funktionsgebundenen Administrativen. Mit Aufgaben rund um die Lohnbuchhaltung, die Arbeitsverträge und so weiter ist der Culture-Manager also weder in kleinen noch in großen Unternehmen befasst. In das Recruiting und die Mitarbeiterauswahl hingegen sollte er unbedingt eingebunden sein.

Hauptziele des Culture-Managers sind diese:

- Mitgestaltung der Unternehmenskultur
- Erhöhung der Arbeitgeberattraktivität
- Mitgestaltung der Arbeitsbedingungen
- Stärkung der Mitarbeiterverbundenheit

Dabei befasst er sich schwerpunktmäßig mit folgenden Themen:

- **Wertebasis aufbauen:** Grundprinzipien werden im Team gesammelt, verschriftlicht (Kulturbuch) und visualisiert (Board).
- **Wirgefühl stärken:** Dies beinhaltet, die Identifikation mit den Werten im Arbeitsalltag zu sichern und den Umgang miteinander und eine gemeinsame Sprache zu entwickeln.
- **Reibungslosigkeit der Arbeit sicherstellen:** Dazu gehören die technische Ausstattung, die Arbeitswerkzeuge und die Gestaltung der Arbeitsräume.
- **Employee-Experience (EX):** Dazu zählt ein ganzer Strauß von Möglichkeiten, die das Wohlbefinden der Mitarbeiter erhöhen.
- **Weiterbildungs- und Eventplanung:** Teambuilding-Aktivitäten, fachliche und persönliche Entwicklungsaktionen, das Feiern von Erfolgen und gemeinsame Ausflüge fallen in diesen Bereich.
- **Agile Mitarbeiterbefragungen:** Stimmungsbilder und Bedürfnis-umfragen werden erstellt, gegebenenfalls gibt es auch einen Kummerkasten.
- **Kulturmitgestaltung:** Inkonsistenzen im Teamverhalten und bei den Führungsleuten werden beobachtet und angesprochen, Maßnahmen werden abgeleitet.

Jede Organisation sollte sich zunächst über ihre kultur- und mitarbeiterbezogenen Prinzipien Gedanken machen. Das muss im Kollektiv erfolgen. Dabei kann man auf die Methode des Storytellings zurückgreifen. Wer Sinn stiften will, braucht Erzählstoff.

Der Culture-Manager agiert crossfunktional. Dementsprechend kümmert er sich nur um die Optimierung der bereichsübergreifenden Arbeitsbedingungen einer Organisation, sodass die einzelnen Teams sich auf ihre inhaltliche Arbeit konzentrieren und Spitzenergebnisse erreichen können. Je nach Arbeitsumfang bekleidet er eine Vollzeit- oder Teilzeitstelle. Je größer die Organisation, desto wichtiger ist seine Rolle. Er hat eine Inhouse-Beraterfunktion für das Topmanagement und die Führungskräfte. Idealerweise untersteht er direkt dem CEO, wird also vom Bereich Personalwesen getrennt. Gegebenenfalls entsteht so ein eigener Funktionskreis. Manche Unternehmen nennen diesen dann People & Culture. Falls es keine Kapazitäten für eine eigene Position gibt, muss der Gründer/Inhaber einen Teil seiner Zeit dafür aufwenden.

In aller Regel wächst der Head of Culture schrittweise in seine Rolle und den damit verbundenen Aufgabenbereich hinein. Im Vordergrund steht die Vertrauensbildung. Für die Mitarbeiter ist er zugleich Brücke und Leuchtturm. Als Leuchtturm bietet er Orientierung. Als Brücke und neutraler Dritter ist er Anlaufpunkt für Wohlfühlthemen – und auch für Probleme. Dazu kann er bei Bedarf Anonymität sicherstellen.

Der interne Touchpoint-Manager: Bindeglied zwischen Mitarbeitern und Organisation

Der interne Touchpoint-Manager kümmert sich um die internen Touchpoints, also die vielfältigen Interaktionspunkte zwischen Mitarbeitern, Management und Organisation. Ziel ist es, die Interaktionsqualität zu verbessern, inspirierende Arbeitsplatzbedingungen zu schaffen und – im Rahmen eines wertschätzenden Klimas – ansprechende Leistungsmöglichkeiten zu gestalten. Hierbei kann jede Interaktion als Chance genutzt werden, die Exzellenz der Mitarbeiter zu erhöhen, ihre emotionale Verbundenheit zur Firma zu stärken und positive Mundpropaganda nach innen und außen auszulösen.

Im ersten Schritt geht es um eine abteilungsübergreifende, umfassende Bestandsaufnahme aller relevanten internen Touchpoints und danach um das Dokumentieren der dortigen Ist-Situation. Alles wird konsequent durch die Brille des Mitarbeiters betrachtet. Dabei tritt auch die Emotionalität, die zwangsläufig mit einer Arbeit verbunden ist, offen zutage. Vielfach herrscht in Unternehmen ja immer noch die Meinung vor, dass Emotionen im Business nichts zu suchen hätten. Doch sie wabern überall, gerade auch im obersten Stock. Sie zu negieren oder unter Verschluss zu halten ist ziemlich gefährlich. Sie müssen vielmehr betrachtet und berücksichtigt werden, damit es nicht klemmt. Scheinbar sachliche Probleme haben oft mit nicht verarbeiteten emotionalen Problemen zu tun. Eine neutrale dritte Person kann hier klärend wirken.

Emotionen zu ignorieren, ist gefährlich.

Wie beim Customer-Touchpoint-Management lassen sich auch intern entsprechende Journeys entwickeln. Die komplette »Reise« eines Mitarbeiters durch seine Arbeitszeit wird als Employee-Journey bezeichnet. Man kann sie in die Phasen Kommen, Bleiben und Gehen unterteilen. Vor allem die drei folgenden Journeys verdienen eine eingehende Analyse. Hier gibt es in aller Regel erheblichen Optimierungsbedarf:

- die Candidate-Journey, also der Bewerbungsprozess aus Kandidatensicht,
- die Onboarding-Journey, der Willkommens- und Einarbeitungsprozess,
- die Offboarding-Journey, wenn ein Mitarbeiter das Unternehmen verlässt.

Die jeweilige Abfolge lässt sich gut in Form einer Grafik darstellen. Dabei gibt es eine mehr oder weniger große Zahl von Haltepunkten, an denen man die unterschiedlichsten Dinge erlebt, die enttäuschen, zufriedenstellen oder begeistern. Hat man die Interaktionsmöglichkeiten in eine logische Abfolge gebracht, lässt sich deren Zusammenspiel optimieren und damit auch mitarbeiterfreundlich(er) gestalten.

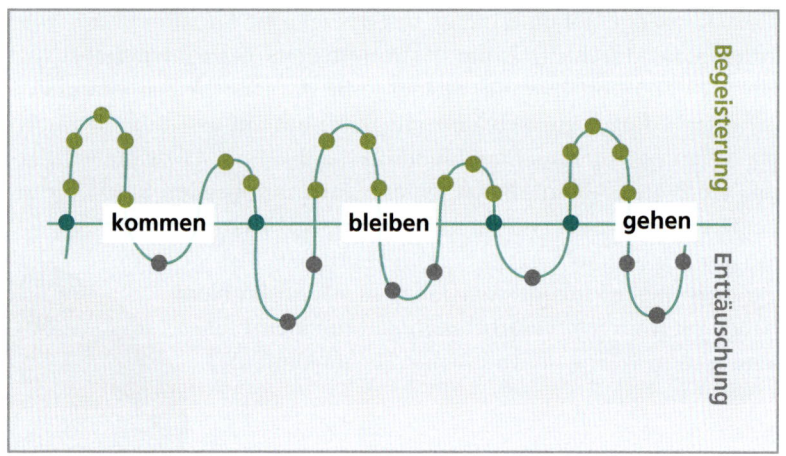

Abb. 10: Die »Reise« eines Mitarbeiters durch das Unternehmen entlang einer Fülle von internen Touchpoints, den Interaktionspunkten mit der Organisation

Immer öfter steuern Bewerber, so wie es auch die Kunden tun, zuerst das Web an. Nicht selten endet auf diese Weise die Reise, noch bevor es überhaupt zu einem ersten direkten Kontaktversuch kommt. Die Botschaften derzeitiger oder früherer Beschäftigter haben darüber entschieden. Am Anfang und am Ende einer Mitarbeiterbeziehung stehen also zunehmend die beeinflussenden Touchpoints. Sie können jede noch so toll inszenierte Recruiting-Maßnahme zunichtemachen. Doch das hat auch sein Gutes. Denn die hohe Transparenz kann von Anfang an für eine bestmögliche Passung sorgen. Am Ende werden die Besten die Besten für sich gewinnen. Und die Schlusslichter unter den bewerteten Arbeitgebern verschwinden, weil sie keine qualifizierten Mitarbeiter mehr finden, die für sie arbeiten wollen.

So gibt es also auch im Mitarbeiterbereich fünf Gruppen von Touchpoints, respektive fünf Phasen, die man ins Kalkül ziehen muss:

- **Influencing-Touchpoints:** beeinflussen die Informationssuche.
- **Recruiting-Touchpoints:** beeinflussen den Recruiting-Erfolg.
- **Loyalty-Touchpoints:** sorgen für Bindung und Zusammenarbeit.
- **Exit-Touchpoints:** entstehen bei der Kündigung und danach.
- **Advocating-Touchpoints:** was ein Mitarbeiter Dritten erzählt.

Der interne Touchpoint-Manager sorgt bereichs- und hierarchieübergreifend dafür, dass dort alles bestens läuft. Zudem kümmert er sich um die körperliche und geistige Fitness der Mitarbeiterschaft, damit deren Performance auf Höchststand bleibt.

Als Bindeglied zwischen Organisation, Mitarbeitern und Führungskreis ist der interne Touchpoint-Manager *nicht* an eine Abteilung gebunden. Sein Aufgabenbereich hat sowohl strategische als auch operative Komponenten. In Zeiten von Talente-Knappheit und Social-Media-Gerede kann sein Job über die Zukunft eines Unternehmens maßgeblich mitentscheiden. Insofern benötigt er die volle Unterstützung der Geschäftsleitung, da sein Weg – genau wie der eines Customer-Touchpoint-Managers – holprig ist und er des Öfteren aneckt. Zwangsläufig kommen Missstände ans Licht, die man bislang »unter der Decke« hielt.

Ein interner Touchpoint-Manager ist Advokat der Mitarbeiter und Vermittler zwischen Hierarchien und Bereichen. Sein mögliches Aufgabenfeld:

- Büroorganisation und Büroleben
- Mitarbeiterevents und Sozialprojekte
- Sportangebote und Gesundheitsprogramme
- Initiieren von regelmäßigen Mitarbeiterumfragen
- Prävention von Mitarbeiterfluktuation
- Involvement bei der Mitarbeiterauswahl
- Onboarding- und Offboarding-Begleitung
- Exit-Interviews und Ehemaligenbetreuung
- Betreuung von Arbeitgeberbewertungsportalen
- Kummerkasten, gute Seele, Mediator
- Innerbetriebliches Ideenmanagement
- Vernetzung aller über Abteilungsgrenzen hinweg

Oft wird argumentiert, dass ein Großteil dieser Aufgaben von den Führungskräften zu übernehmen sei. Immer dann passiert aber genau das, was in klassischen Organisationen üblich ist: Inselartig werden diese Aufgaben sehr gut, weniger gut oder gar nicht erledigt, in jedem Fall aber nicht abteilungsübergreifend koordiniert.

Der interne Touchpoint-Manager hat eine gereifte Integrität. Er ist gleichzeitig verbindlich und feinfühlig, aber auch analytisch und ordnend. Er sollte sowohl mit Führungs- als auch HR-Themen bestens vertraut sein. Er benötigt psychologische Kenntnisse und Coaching-Kompetenz. Er ist Moderator, Netzwerker, Kommunikator, Diplomat und Atmosphärendesigner in einer Person. Mithilfe einer Zusatzausbildung lässt sich diese Aufgabe systematisieren und meistern.

Der Chief Agility Officer: Ein Business-Facilitator

Der Agility-Manager ist der »Evangelist« für Agilität. Im Business-Sprech größerer Organisationen würde man ihn Chief Agility Officer (CAO) nennen. Seine Rolle ist es, abteilungs- und hierarchieübergreifend in der gesamten Organisation eine flexible, adaptive, entscheidungsschnelle Handlungsfähigkeit herzustellen – und zu erhalten. Das Erhalten ist oft der weitaus wichtigere Punkt. Denn in vielen Unternehmen werden neue Formen der Zusammenarbeit und agile Methoden ja inzwischen erprobt, doch leider auch schnell wieder aufgegeben, »weil sie bei uns nicht funktionieren«. Man kann diese eben nicht wie eine Schablone über alles stülpen. Manche eignen sich weniger, manche mehr. Hier setzt der Agility-Manager an. Er stellt sicher, dass *passende* agile Methoden ausprobiert werden, und hält sie am Laufen. Er schmiert sozusagen die »operative Maschinerie«. Seine drei Metaaufgaben:

1. **Ideengeber:** Er ist Prozessoptimierer mit der Berechtigung, sowohl Management- als auch Mitarbeiterpraktiken auf Agilität hin zu untersuchen. Etwaiges Fehlverhalten des Managements genießt also keine Immunität. Er hilft, Silos abzubauen, und zeigt auf, welche Art von Verhalten agil ist und welche nicht. »Das ist nicht agil«, werden die Führungskräfte von ihm öfter zu hören bekommen. Er analysiert Arbeitsweisen und schlägt Maßnahmenpläne inklusive Ressourcen, Zeitlinien und Verantwortlichkeiten vor, um eine agilere Zusammenarbeit zu fördern. Er kombiniert und verwebt Ideenfäden zu neuen Lösungsmöglichkeiten.
2. **Vernetzer:** Zwar können Softwareprogramme schon eine Menge Arbeit übernehmen. Doch das *sensible* Vernetzen zwischen

Bereichen, Prozessen und Projekten ist eine Qualität, für die wir Menschen brauchen. Hierbei ist es vor allem wichtig, abteilungsübergreifende Prozesse anzupacken, damit das Zusammenspiel besser gelingt. Über eine wohlmeinende Kommunikation wird der Agility-Manager Verständnis füreinander herstellen, Ineffizienzen aufzeigen, Empfehlungen aussprechen und zum Konsens verhelfen. So ist er auch ein Community-Gestalter.

3. **Facilitator:** Als Moderator von Möglichkeiten bereitet der Agility-Manager Mittel und Wege vor, um gefundene Ineffizienzen abzubauen: Abstimmungsmeetings, Checklisten, Arbeitsplatzausstattungen und so fort. Auch Schulungen in puncto agile Methoden, kollaborative Arbeitswerkzeuge und emotionale Intelligenz gehören dazu. Bei einem niederländischen Start-up wurde Alex diese Aufgabe übertragen. Das Management ließ ihn Ideenimpulse vorbereiten und einführen, wozu auch interdisziplinäre Workshops zum Thema Teamzusammenarbeit gehörten.

Ein Agility-Manager ist nicht leicht zu finden. Weil interne Erfahrung in diesem Fall essenziell ist, sollte er auch intern rekrutiert werden. Handeln Sie, wie die agilen Gewinner, nach dem »Better done than perfect«-Prinzip. Statt also auf den perfekten Kandidaten zu warten, was möglicherweise monatelang dauert, empfehlen wir, zügig loszulegen. In kleineren Organisationen starten Sie, indem Sie jemandem, der sich das zutraut, eine Zusatzrolle übertragen. Das klappt allerdings nur dann, wenn man die Person in dieser Rolle konsequent von ihrem Vorgesetzten löst. Sie agiert in diesem Bereich fortan interdisziplinär – in enger Zusammenarbeit mit der Geschäftsleitung.

> Agile Gewinner handeln nach dem »Better done than perfect«-Prinzip.

In größeren Organisationen untersteht der Agility-Manager entweder dem Chief Digital Officer (CDO) oder als Chief Agility-Manager direkt dem CEO. Er erhält ein eigenes Budget und die Befugnis, alle Bereiche des Unternehmens in Sachen Agilisierung zu coachen und Feedback klar auszusprechen. Hierzu erhält er ein Vorabtraining sowohl in Sachthemen als auch im Bereich Kommunikationskompetenz. Bei der Swisscom beispielsweise bekommt diese Rolle zweimal jährlich ein Training à zwei Tage.

Und sogleich ein Wort der Warnung: Es kann leicht passieren, dass der Agility-Manager zu einer Assistenzrolle verkommt, wenn der Alltag mit seinen tausend Anforderungen und engen Zeitfenstern ihn einholt. Deshalb ist es wichtig, die Rolle im Unternehmenskontext vorher abzustecken und sich dabei klar vor Augen zu führen, welche Themen unter »Maschinerie schmieren« fallen und damit zum Aufgabenbereich zählen.

Die Liste der Fähigkeiten, die ein CAO mitbringen muss, ist lang. Keinesfalls handelt es sich dabei um Allgemeinplätze. Jede Kompetenz muss zudem stark ausgeprägt sein:

- Starker Kommunikator
- Analytische Kompetenz
- Psychologische Kompetenz
- Coaching-Kompetenz
- Eifer und Wissbegierde
- Einfühlungsvermögen
- Moderation und Mediation

Ein weiterer Punkt ist die Abgrenzung des Chief Agility Officers zu ähnlichen Positionen im Unternehmen, wie etwa dem Projektmanager. Vor Kurzem veranstaltete Alex dazu am Rande einer Konferenz einen Workshop mit Projektmanagern aus dem Mittelstand und international bekannten Unternehmen. Die Frage war: Wer harmonisiert im Unternehmen die übergreifende Zusammenarbeit? Ist es Aufgabe des Projektmanagers, Menschen untereinander abzustimmen? Dazu sagt Julia Viehweider, Lead HR Business Partner Team / Learning & Development bei der Schweizer Luxusuhrenmanufaktur IWC: »Es braucht einen Botschafter zwischen Projekten und Einheiten, der dafür sorgt, dass die Menschen miteinander sprechen, damit Wissen transferiert wird und interne Befürwortung entsteht.« Eine andere Projektmanagerin beklagt große Unterschiede bei der Nutzung von Tools an verschiedenen Standorten. Kundenbezogen sei derzeit alles in Form von Silos aufgebaut. »Niemand kümmert sich um die Harmonisierung, was immense Ineffizienzen bedeutet«, sagt sie. Silos sind immer ein Warnsignal. Sie verursachen Systembrüche, sodass die Dinge nicht fließen können. Der Agility-Manager übernimmt als interner Brückenbauer die Aufgabe, die Silos miteinander zu verbinden.

Kollaborative Arbeitstools: Als verbindende Elemente sehr wertvoll

Social-Collaboration-Werkzeuge beziehungsweise Enterprise-Social-Networks bieten eine perfekte Unterstützung, wenn es um die innerbetriebliche Vernetzung, einen höheren Agilisierungsgrad, mehr Arbeitseffizienz und eine innovationsfreudige Unternehmenskultur geht. Die entsprechenden Tools gibt es seit Langem. Doch sie sind bei Weitem noch nicht überall am Start. Sie werden für folgende Zwecke eingesetzt:

- für das Projektmanagement
- für das Wissensmanagement
- zur interaktiven Kommunikation
- zum Erfahrungsaustausch
- für die Ideengenerierung
- für die interdisziplinäre Zusammenarbeit
- für die digitale Kundenkommunikation
- als internes soziales Netzwerk
- für den internen Dokumentenversand
- für Onlinemeetings
- für die Weiterbildung

Sie ermöglichen das Hinwenden zu einer freien, offenen Unternehmenskultur, in der sich abteilungs- und hierarchieübergreifend alle miteinander koordinieren können. Sie machen jedermanns Anteil am Unternehmenserfolg sichtbar. Sie ermöglichen zudem eine neue Art, kreativ zu arbeiten und Innovation zu den Kunden zu bringen. Sie machen die Zusammenarbeit simpler, angenehmer, schneller und produktiver – und damit auch motivierender. Sie vereinfachen den Zugang zu Entscheidern und beschleunigen Entscheidungsprozesse. Statt den Weg durch die Instanzen zu gehen, was alles heillos verzögert, kommt man so im Nullkommanix auf den Punkt. Jeder kann an einem kontinuierlichen Ideensammeln, Bereichern und Bewerten teilhaben und auf breiter Basis mitentscheiden, wo es in Zukunft langgeht.

Bei der Auswahl passender Kollaborationstools setzen viele gern auf cloudbasierte Lösungen. Dann hat jeder im Team von jedem beliebigen Ort überall auf der Welt aus und auch zu jeder Tages- und Nachtzeit

Zugriff auf die Projekte. Erst das ermöglicht die rasche Iteration, egal, wie groß das Team ist und von wo aus gearbeitet wird. Digital Natives sind von Haus aus mit dem Gebrauch solcher Software vertraut. Organisiertes Wissen wird für jedermann verfügbar gemacht. Und das zeitfressende Rundmail-Schreiben kann eingedämmt werden.

Die Tools ermöglichen eine freie, offene Unternehmenskultur.

Gängige Tools aus der Palette der kollaborativen Software sind für unterschiedliche Aufgabenstellungen und verschiedene Unternehmensgrößen konzipiert. Neben dem per Kriterienkatalog zu definierenden Zweck sollte die Benutzerfreundlichkeit im Vordergrund stehen. Zudem sollten sie sich in die vorhandenen unternehmensinternen Systeme integrieren lassen. Beziehen Sie die Mitarbeiter bei der Auswahl mit ein und machen Sie vorab einige Tests. Schalten Sie alte Anwendungen ab, sobald die neuen gut funktionieren. Derzeit aktuelle Tools:

- Slack, Microsoft Teams: für die interne Kommunikation
- Yammer, Chatter, Jive: interne soziale Netzwerke
- Skype for Business, GoToMeeting, Zoom: Onlinemeetings
- Wrike, Asana, Trello: Projektmanagement

Egal, für welche Form Sie sich am Ende entscheiden: Das Miteinander im gesamten Unternehmen wird eine neue Qualität erreichen. Die Effizienz nimmt schnell zu, das Wirgefühl steigt, der Zusammenhalt wächst, alles Trennende wird zurückgedrängt und die Innovationskraft wird erhöht. Zudem unterstützen Social-Collaboration-Tools auch eine Bewegung namens »Working Out Loud«, abgekürzt WOL. Dieser selbstorganisierte Ansatz des Sich-miteinander-Weiterentwickelns hebt vor allem in Großkonzernen die Mitarbeiter raus aus der Anonymität. Ohne Einflussnahme der Hierarchie vernetzen sie sich abteilungsübergreifend in onlinebasierten Selbstlern-Circles und geben ihrem Wirken im Unternehmen Sichtbarkeit. [64]

Kollaborative Arbeitslandschaften sind Vernetzer par excellence

Ein gut gemachtes Arbeitsumfeld bringt Ideen ins Rollen. Es ist mitentscheidend dafür, dass zunächst kraftvolle Beziehungen und dann kraftvolle Arbeitsergebnisse entstehen. So sind auch die neuen Arbeitslandschaften letztendlich Brückenbauer. Sie machen das crossfunktionale Zusammenarbeiten überhaupt erst möglich. Die tristen, uniformen, einer industriellen Denke entsprungenen »Schreibtischfarmen« früherer Tage werden zu flexiblen, farbenfrohen, inspirierenden Raumwelten mit perfekter technischer Ausstattung umfunktioniert. Das Büro als Statussymbol hat ausgedient. Vielmehr entstehen Begegnungsorte, an denen weder Silos noch Machtgefüge eine Chance haben.

Das räumliche Umfeld formt Arbeitsergebnisse stark. Ins triste Einheitsgrau der seelenlos standardisierten Einzelzellen gepfercht, trägt Wissensarbeit kaum reiche Früchte. Damit das Gehirn auf Hochtouren kommt, brauchen wir wohlige, offene, flexible Flächen, die auf die neuen Formen der Arbeit abgestimmt sind und einen regen Austausch möglich machen. Wir suchen unsere Mitmenschen am liebsten auf gleicher Ebene auf, das ist ein Relikt aus unserer Zeit als Savannenmenschen. So ist die in die Breite gehende Zusammenarbeitsfläche in Jungunternehmen längst dominierend. Dort werden die Arbeitsplätze nicht nach hierarchischen, sondern nach funktionalen Gesichtspunkten gestaltet. Orte intensiver Arbeit, Räume der Geselligkeit und Räume der Ruhe gehören dazu. Wo Kopfarbeit sich bis in die Freizeit erstreckt, da muss man auch Freizeit an den Arbeitsplatz lassen. Und wo eine physische Zusammenarbeit höchst erwünscht ist, da sollten Arbeitsumgebungen so attraktiv sein, dass sie die Vorteile des Homeoffice überstrahlen.

Auch wichtig zu wissen: Die Denkarbeit des Gehirns verläuft in vier Phasen: inspirieren, konzentrieren, aktivieren, regenerieren. Diesen Rhythmus gilt es zu unterstützen, auch durch freie Zeiteinteilung. Gehirne ermüden sehr schnell. Doch Phasen der Regeneration kommen im klassischen Arbeitsleben vielfach zu kurz. »Bitte kein Sofa«, hört man von so manchem Chef, wenn es um die architektonische Büroneukonzeption geht. »Meine Leute sollen arbeiten und nicht rumhängen«, heißt es als Begründung. Tja, vom Wesen der Kopfarbeit nix verstanden. Anwesenheit am Schreibtisch ist kein Garant für Leistung. Kreativität und Hingabe gedeihen nicht nach Stundenplan und Befehl. Passende Rückzugsorte hingegen erleichtern das konzentrierte Arbeiten in der geforderten hohen Geschwindigkeit. Stille Plätze im Grünen sind dabei sehr willkommen. Besondere Aufmerksamkeit verdienen neben den Farben auch Düfte und Musik: Hierüber lassen sich Stimmungen regulieren.

Eine gut ausgestattete Büroküche ist das Herzstück in modernen Bürogebäuden. Sie ist ein Erholungsort und macht Plauschpausen möglich. Einfallsreichtum entsteht ja vor allem dann, wenn unser Denkapparat entspannt ist und Gedankenrohlinge mit anderen teilt. Google treibt dies auf die Spitze. Im Amsterdamer Büro kann man Gourmet-Mahlzeiten mit einem atemberaubenden Ausblick aus dem zwölften Stock genießen. Auch anderswo haben sich die kantinenartigen Massenverköstigungsstätten längst in bistroähnliche Wohlfühlorte verwandelt. Dort kann man sich beispielsweise auch über organisierte »Blind Dates« mit Arbeitskollegen anderer Bereiche vernetzen.

Anwesenheit am Schreibtisch ist kein Garant für Leistung.

Zum Konzept der Arbeitslandschaften bei Google erklärt Jason Harper, Real Estate Project Executive Europe, in der Trendstudie *New Work Order* von Birgit Gebhardt und Florian Häupl: »Wir wollen, dass es den Leuten wirklich gut geht, dass das Büro ihr Leben vereinfacht und die Mitarbeiter sich freuen, hier zu sein. [...] Wir arbeiten nicht non-territorial. Non-territoriales Arbeiten bietet sich an für Unternehmen, bei denen die Mitarbeiter nur selten im Büro sind. Bei uns ist das nicht möglich und auch nicht erwünscht. Hier hat jeder einen eigenen Schreibtisch. In Hamburg sitzen circa 30 Mitarbeiter in jeder Büroeinheit. Die Open Spaces sind immer in einer Sackgasse platziert, um Durchgangsverkehr zu vermeiden. An Laufzonen haben wir auf jedem Stockwerk Treffpunkte wie die Microkitchens ausgebildet. Kommunikation ist das A und O. Aber weil jeder auch mal einen ruhigen Platz zur Konzentration braucht, haben wir kleine Besprechungs- und Rückzugsecken und abgeschlossene Räume für Videokonferenzen geschaffen. Rückzugsorte sind genauso wichtig wie Treffpunkte.«[65]

Natürlich muss es nicht überall wie bei Google aussehen. Doch die grobe Richtung, die stimmt. Wenn Sie einen Umbau planen, dann lassen Sie die betroffenen Mitarbeiter die Räumlichkeiten selbst gestalten, damit sie am Ende sagen: »Das ist genau der Ort, an dem ich gerne bin und bestens arbeiten kann.« Ein Fehler: das Großraumbüro für alle, das derzeit wieder gern von »oben« aus angeordnet wird. Wissensarbeit braucht Austausch, aber auch Orte der Stille. Projektgruppen benötigen andere Räumlichkeiten als Scrum-Teams. Design Thinking braucht einen anderen Ort als die Routinearbeit. Zudem sind zum Beispiel der Rechtsbereich mit seinem hohen Anteil an vertraulicher Arbeit und die Personalverwaltung, die mit datenschutzsensiblen personenbezogenen Daten hantiert, in abgeschotteten Bereichen besser aufgehoben. Also auch hier: sowohl als auch.

Grundsätzlich müssen sich Arbeitsorte den Anforderungen der Mitarbeiter anpassen – und nicht umgekehrt. Und sie müssen, genauso wie die unternehmensinternen Strukturen, veränderbar sein, um sich dem ständigen Wandel der Zukunft jederzeit gewachsen zu zeigen. Damit bleiben auch die Mitarbeiter in Bewegung und eisen nicht in Routinen ein. Man stumpft irgendwann ab, wenn man immer in gleichförmiger Umgebung ist. Neue Reize hingegen bringen einen auf neue Gedanken. Eine moderne Arbeitsumgebung steigert zudem die Arbeitgeberattraktivität.

6. Das Aktionsfeld der Führungskräfte

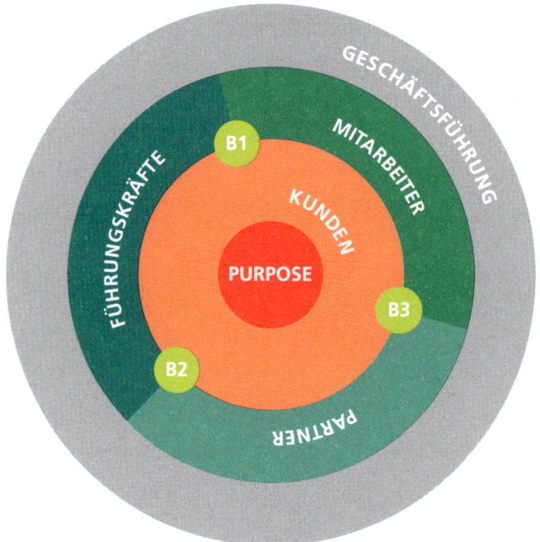

Ein Achter-Ruderboot, das in ruhigem Gewässer gegen andere seine Bahn bis zur Ziellinie zieht: Das ist eine Analogie für die Teamwelt der Wirtschaft von früher. Acht Leute in einem Schlauchboot, das durch tosende Stromschnellen muss, wobei man nie weiß, was als Nächstes passiert: Das ist Teamplay in der heutigen Businesswelt. Die erste Welt war einfach und überschaubar, die zweite ist unvorhersehbar und komplex. Im ersten Fall folgen die Ruderer Regeln, Schlagzahl-Ansagen und einem Plan. Im zweiten Fall braucht es ständigen Austausch, situatives Handeln und Kollaboration, um heil ans Ziel zu gelangen. Heutzutage findet Leadership in einem Wildwasserumfeld statt. Dies erfordert ganz andere Mitarbeiterfähigkeiten – und ganz andere Führungsqualitäten.

Die zunehmende Komplexität macht auch die Führungssituationen immer komplexer. Schnelligkeit, Beweglichkeit und Adaptionsfähigkeit sind für alle ein Muss. Ständige Wechsel zwischen Arbeitgebern, Aufgabenstellungen und Funktionen werden zur Norm. Immer mehr Mitarbeiter werden sich projekt- oder aufgabenbezogen zu Teams zusammenfinden und ihre Arbeit selbst organisieren. Unternehmen werden zu Drehkreuzen für digitale Nomaden und Heimat für Arbeit auf Zeit. Vieles wird automatisiert. Künstliche Intelligenz hält weitläufig Einzug. Mensch und Denkmaschine arbeiten mehr und mehr Hand in Hand. Die Arbeitsmodelle werden dabei immer bunter. Parallel gibt es folgende Konstellationen:

o Menschen, die in festen Arbeitsverhältnissen beschäftigt sind
o Menschen, die als freie Mitarbeiter mit einer Firma kollaborieren
o Menschen, die in Vollzeit beschäftigt sind
o Menschen, die in Teilzeit beschäftigt sind
o Menschen, die Zeitarbeitsverträge haben
o Menschen, die jeden Tag an ihren Arbeitsplatz kommen
o Menschen, die nur zeitweise persönlich anwesend sind
o Menschen, die in festen Teams zusammenarbeiten
o Menschen, die in ständig wechselnden Projekten agieren
o Menschen, die anweisungsorientiert arbeiten wollen oder müssen
o Menschen, die in selbstorganisierten Einheiten tätig sind
o Menschen, die zunehmend anspruchsvolle Aufgaben haben
o Menschen, die zu Dumpingpreisen Routinejobs machen

Bei einer solchen Vielfalt stellen sich viele Fragen:

o Wie führe ich situativ?
o Wie führe ich, wenn alles digital wird?
o Wie führe ich, wenn die Mitarbeiter sich selbst organisieren?
o Welche Führungswerkzeuge brauche ich in diesem Kontext?
o Werde ich als Führungskraft überhaupt noch gebraucht?

Natürlich braucht es auch in Zukunft noch Führungskräfte, sehr viele sogar. Doch sie führen ganz anders als früher. Hierarchische Systeme brauchen Management, Netzwerke brauchen Leadership. Es steht also auch ein Redesign der Führungskultur an.

Die Next Economy benötigt Menschenspezialisten

Der Unterschied zwischen managen und führen? Bei Führung steht der Mensch im Fokus, beim Management alles, was sich organisieren lässt: das Planen, Umsetzen und Kontrollieren von Prozessen, Strukturen und Standards. Das Führen hat implizit eine ethische, das Managen vorrangig eine ökonomische Dimension. Führung entwickelt die Unternehmenskultur, das Management die Strategie. Eine Führungskraft benötigt vor allem soziale, der Manager vor allem methodische Kompetenzen.

Und genau das ist der Knackpunkt: Angestellte im Digitalzeitalter werden zunehmend von Softwareprogrammen gesteuert. Dies macht das reine Managen, also das Planen, Strukturieren, Steuern und Kontrollieren von Menschenhand überflüssig. Verschwindet also das Methodische in den Computer, bleibt für eine Führungskraft nur noch das »Klarkommen mit Menschen« übrig. Dann wird sie nur noch für Dinge gebraucht, die Computer (noch) nicht können, nämlich den Mitarbeitern mit emotionaler Intelligenz, Intuition und gesundem Menschenverstand zu begegnen. Digitale Werkzeuge können dabei eine Unterstützung sein, mehr aber auch nicht.

Das reine Managen werden Computer übernehmen.

Um Ansagen zu machen und Abarbeit einzufordern, braucht es kein ausgefeiltes Führungsverständnis. Methodische Fertigkeiten sind obendrein leichter zu erwerben als die facettenreichen und vielschichtigen Sozialkompetenzen. Doch siehe da: Für eine fachliche Managementausbildung verbringt man viele Jahre an der Uni. Demgegenüber sollen für eine Führungsausbildung ein paar Wochenend-Crashkurse ausreichend sein! So gibt es zahllose Chefs, die es in puncto Führung zwar gut meinen, aber nicht gut machen. Das ist verheerend! Gerade was das Verständnis für eine gute Führungsarbeit betrifft, muss man üben und üben und üben, um zu brillieren.

Längst ist es die Rolle des Koordinators und Moderators, des Katalysators und Möglichmachers, die eine Führungskraft vornehmlich beherrschen muss. Führung als Dienstleistung, »Servant-Leadership«, ist dafür der neue Begriff. Servant-Leadership will, das wird oft falsch übersetzt, nicht unterwürfig dienen, sondern derart unterstützen, dass Entfaltungsräume für Handlungsoptionen entstehen. Selbstorganisation lässt Menschen reifen. Eigenverantwortung macht sie selbstbewusst. Entscheidungskompetenz macht sie stark. Reflexionsfähigkeit macht sie kritisch. Selbstinitialisierte Weiterentwicklung macht sie anspruchsvoll. Solche Mitarbeiter verlangen von einer Führungsperson vor allem Sozialkompetenz. Individualisierte und konstruktiv geführte Gespräche werden dabei zur wichtigsten Führungsaufgabe. Hierfür kommen *ausschließlich* Menschenspezialisten infrage. Den anderen ist die Führungslizenz sofort zu entziehen.

Führung braucht es auch weiterhin, aber ganz anders

In zeitgemäßen Organisationen hat Führung nichts mehr mit formeller Macht zu tun, die sich aus dem Waffenarsenal von Befehl und Gehorsam bedient. Die Führungskräfte, die wir heute brauchen, sind Brückenbauer in die neue Zeit. Ihre Hauptaufgabe besteht darin, die Menschen dazu zu bringen, besser zusammenzuarbeiten und gemeinsam gute Entscheidungen zu treffen. Solche Führungskräfte agieren interaktiv und dialogisch, mehr fragend als sagend, auf Augenhöhe statt über Autorität. Die operativen Entscheidungen liegen nicht mehr beim Anführer alten Stils, dem Disziplinarvorgesetzten (was für ein Wortungetüm), sondern im jeweiligen Team, was die Dinge erheblich beschleunigt. Anweisungs- und Kontrollgespräche fallen weg. Und damit auch Angst und Schrecken. Nur so können Entfaltungsräume für wirklich herausragende Ergebnisse entstehen.

Führung ist somit nicht länger eine hierarchische Stelle und zentralistisch auf wenige Schultern verteilt. In fortschrittlichen Unternehmen ist sie vom Elitedenken entkoppelt und als Rolle an Aufgabenstellungen und Projekte gebunden. In Organisationen mit einem hohen Grad an Selbstorganisation und vielen Projekten wechseln die Rollen situativ: Mal ist jemand Leiter eines Projektes, mal Mitarbeiter in einem

Projekt unter anderer Leitung. So wird der Bedarf an Führungswissen insgesamt steigen. Dementsprechend wird es auch viel mehr Mitarbeiter geben, deren Führungskompetenz zu entwickeln ist.

Eine der vorrangigsten Aufgaben einer Führungspersönlichkeit ist wohl heute die, zu lernen, wie man mit der eigenen Ablehnung von Veränderung fertig wird. Obwohl das nach einer Banalität klingt, ist es die eigentliche Wurzel allen Stillstands. In der digitalen Welt brauchen Führungskräfte zudem ein tiefgreifendes Verständnis von Technologie, Design und Mensch-Maschine-Interaktionen. Ferner wird, wie schon diskutiert, ein hohes Maß an emotionaler Intelligenz benötigt. Zusammen mit den eher zeitlosen Führungsqualitäten umfasst Führungskompetenz somit nun zwölf Aspekte:

○ Transformationsvermögen
○ Digitalkompetenz
○ Emotionale Intelligenz
○ Organisationsvermögen
○ Methodenkompetenz
○ Kommunikationsvermögen
○ Kooperationsfähigkeit
○ Vertrauensfähigkeit
○ Konfliktfähigkeit
○ Entscheidungsvermögen
○ Ergebnisorientierung
○ Selbstreflexionsvermögen

Gewiss muss nicht jede Führungskraft die höchstmögliche Ausprägung bei jeder dieser Kompetenzen anstreben und erreichen. Zudem sind die jeweiligen Anforderungen an ein optimales Kompetenzset je nach Team und/oder Aufgabenstellung verschieden. Was Menschen allerdings immer brauchen, damit sie zu Höchstleistungen kommen:

○ eine sinnstiftende Arbeit
○ Wertschätzung für ihr Tun
○ das Gefühl von Zugehörigkeit
○ Raum für Entwicklung

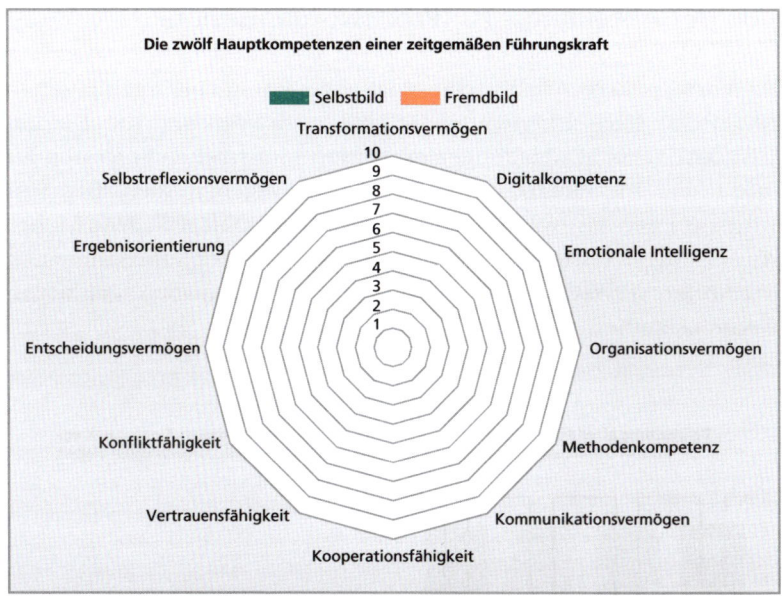

Abb. 11: Die zwölf Hauptkompetenzen einer zeitgemäßen Führungskraft. Sie können durch eine Selbstbild- und Fremdbildmessung miteinander abgeglichen werden.

In ihrem Buch *Touchpoint-Unternehmen*, das zum Managementbuch des Jahres 2014 gekürt worden ist, hat Anne sehr viel zum Thema zeitgemäße Führung geschrieben. Dort finden Interessierte auch eine Fülle von Tools und Tipps, um zügig mit der Umsetzung zu beginnen. Hier in diesem Buch geht es vor allem um strukturelle Aspekte der Führung rund um das Company-Redesign und unser Orbit-Modell. So werden wir folgende Themen näher betrachten:

- wie aus einer Abteilungs- eine Prozessorganisation wird,
- wie man bessere Entscheidungen trifft,
- wie man über Rollen statt Stellen agiert,
- wie man Projekte besser organisiert,
- wie man Karrierealternativen schafft,
- wie man wirkungsvollere Zielvereinbarungen trifft,
- wie man Besprechungen brauchbarer gestaltet,
- wie man eine fehlertolerante Lernkultur schafft.

Ein ziemlich dickes Arbeitspaket. Also los!

Von der Abteilungs- zur Prozessorganisation

Die vornehmliche Arbeitsrichtung in alten Top-down-Organisationen ist vertikal: Nach unten laufen Befehle, nach oben Berichte. Die Beschäftigten sind in Abteilungen organisiert und arbeiten linientreu für ihre Chefs. Die Hierarchie darf nicht übergangen werden. Gemacht wird am Ende das, was die jeweilige Führungskraft will. Jede Menge Anweisungs-, Abstimmungs- und Kontrollaktivitäten sorgen für einen irre hohen Verwaltungsaufwand, verursachen Blockaden und kosten wertvolle Zeit.

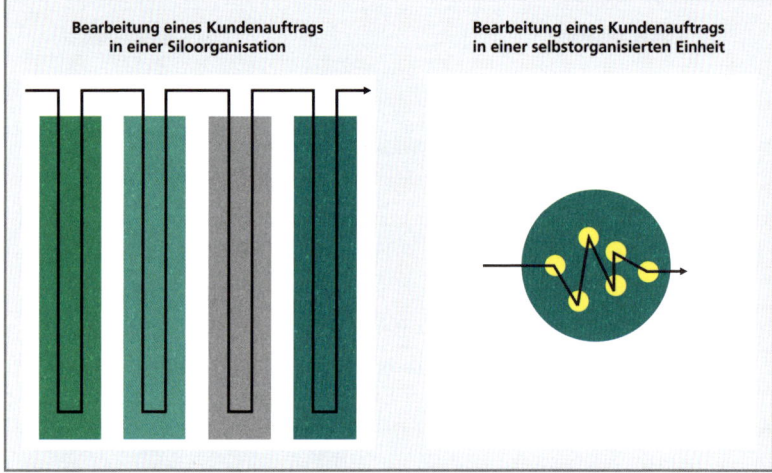

Abb. 12: Die Bearbeitung eines Kundenauftrags: in tradierten Siloorganisationen berichtsliniengebunden in einem langatmigen Auf und Ab; dagegen crossfunktional-vertikal und in Form schneller Prozesse in einem selbstorganisierten Team

Eine Prozessorganisation ist für die Zukunft besser gerüstet. Sie agiert horizontal. Ihr Mindset ist kundenzentriert. Die Teams arbeiten funktionsübergreifend Hand in Hand, um an allen Touchpoints in den »Momenten der Wahrheit« reibungslos aufeinander abgestimmte zügige, hochwertige und zugleich inspirierende Kundenerfahrungen sicherzustellen. Denn der Kunde entscheidet sich nicht für oder gegen eine Abteilung, sondern für oder gegen ein Unternehmen. Interne Zwänge sind ihm völlig egal.

Insofern muss die derzeitige Aufbauorganisation abgebaut werden. Abteilungen im klassischen Sinn werden verschwinden. Sie verbreiten neben manch Gutem auch jede Menge bedeutsamkeitsheischenden Aktionismus und sorgen für unnatürliche Hürden bei der interdisziplinären Zusammenarbeit. Immer mehr der Tätigkeiten, die etwa im Marketing, im Personalwesen, im Einkauf, in der Rechtsabteilung und im Controlling anfallen und diesen Bereichen somit Macht einräumen, werden von künstlichen Intelligenzen übernommen. Der verbleibende Rest wird in unterstützenden und beratenden Einheiten, sogenannten Servant-Units, erledigt. Diese werden den Business-Units und Projektgruppen die benötigten Expertisen auf Abruf zur Verfügung stellen. Hierzu werden die jeweiligen Spezialisten in internen Kompetenzpools gelistet. Bereichsfürstentümer wird es dann nicht mehr geben.

Interne Zwänge sind Kunden völlig egal.

Aus Marketing wird zum Beispiel MaaS, also Marketing as a Service. In diesem Pool finden wir je nach Bedarf Topprofis für die Marktforschung, die Datenanalyse, die klassische Werbung, die Onlinewerbung, die Social-Media-Aktivitäten, die Content-Produktion, das Messegeschäft und so weiter.

Auch das Personalwesen, meist HR genannt, muss umfunktioniert werden. Wie bereits angedeutet, war es ein Fehler der klassischen Organisationsentwicklung, die gestaltende und die verwaltende Personalarbeit zusammenzupferchen. Dabei herausgekommen ist vor allem Bürokratie. Sie macht den HR-Bereich zum Administrator – und zum Helfershelfer für das Abschöpfen menschlicher Ressourcen, also genau das, was HR hätte verhindern müssen. Wir empfehlen von daher, Gestaltung und Verwaltung konsequent zu trennen. Lehnen wir uns hierbei an die zunehmend üblichen englischen Begrifflichkeiten an, dann haben wir einerseits People & Culture mit einem crossfunktional agierenden Culture-Manager und andererseits HRaaS.

HRaaS, also Human Resources als Service, übernimmt die Verwaltungsarbeit. Zunehmend automatisiert, sichert dieser Bereich den organisatorischen und rechtlichen Rahmen, in dem die Beschäftigten tätig sind. Zuvor muss vieles aussortiert werden. Die bürokratischen

Monster, mit denen das klassische Personalwesen die Firmen überfällt, die braucht wirklich niemand: formalisierte Mitarbeiterjahresgespräche, aufwendige Mitarbeiterevaluierungsmodelle, fehlgeleitete Anreizsysteme, tradierte Mitarbeiterentwicklungsprogramme, sperrige Mitarbeiterzufriedenheitsumfragen und so fort. Das muss gestrichen oder anders werden, wie wir noch sehen.

Die beratende Expertise der Personaler wird besonders bei der Mitarbeitergewinnung auch in Zukunft gebraucht. Vor allem dann, wenn mehr oder weniger autonome Teams zum Peer-Recruiting übergehen und über Neueinstellungen selbst entscheiden. Warum Peer-Recruiting immer wichtiger wird? Die kulturelle wie auch interpersonelle Passung erhält zunehmend Vorrang vor der fachlichen. Fachliches kann man zur Not lernen.

Auch Mitarbeiterentwicklung funktioniert in Zukunft selbstorganisiert.

Dabei wird sich auch die Weiterbildung neu formieren. Schluss mit dem Vorratslernen von Inhalten, die man nicht braucht. Das langweilt und schafft Gleichgültigkeit. Schluss auch mit top-down verordneten Trainings und Einheitsprogrammen. So was bringt wenig Nutzen und verschlingt eine Unmenge Geld. In Zukunft funktioniert auch die Mitarbeiterentwicklung selbstorganisiert – und damit ganz auf die individuelle Situation zugeschnitten. Sie erfolgt in Häppchen und interaktiv, meist mithilfe von Onlinemodulen, die von überall abrufbar sind. So sind Schulungen, die früher tagelang dauerten, heute per KI-Mentoren oder via VR- und AR-Tutorials, also Brillen, die einen mit der virtuellen Welt verbinden, innerhalb weniger Stunden absolvierbar. Hemmschwellenfrei kann man sein Wissen auch im Dialog mit digitalen Assistenten vertiefen. Zudem lernt die Belegschaft miteinander, indem sie eigeninitiativ entsprechende Circles bildet und ihr Wissen in Learning-Communitys teilt. Bei personalisierten Lernreisen geht es um ein Programm, das auf die momentanen Bedürfnisse, Kenntnisse und Interessen des Lernenden zugeschnitten ist, und um eine darauf basierende individuelle Wahl und Abfolge der Lernmethoden.

Was wir hier exemplarisch für Marketing und HR dargestellt haben, gilt dementsprechend auch für die übrigen Unterstützungsbereiche. Mancherorts nennt man diese schon Labs, die Kurzform für Laboratorien. So wird deutlich, dass man sich im Rahmen von ständigen Verbesserungsexperimenten in Richtung Zukunft bewegt.

Die jeweils profundesten Profis aus den Unterstützungsbereichen werden zwecks Experteneinschätzung sowohl von den Führungskräften als auch von der Geschäftsführung konsultiert. Dies geschieht in Einzelgesprächen und im Rahmen von strategischen Meetings. Bislang sitzen dort nur die »Oberhäupter« beisammen. »Niederrangige« haben gar keinen Zutritt. Das muss sich ändern. Nicht die »wichtigen«, sondern die richtigen Leute gehören an den Entscheidungstisch. Wie kann es sein, dass zum Beispiel der Chef der Rechtsabteilung über Vertriebsthemen mitentscheidet, von denen er, Pardon, keine Ahnung hat? Nicht der hierarchische Vorgesetzte, sondern die Person mit der höchsten fachlichen Expertise wird also eingeladen und wirkt aktiv bei Entscheidungen mit. Damit wäre dann auch endlich Schluss mit dem ganzen Meeting-Tourismus, der den Großteil der Arbeitszeit stiehlt. Die unproduktivste Zeit ist die in einem Meeting verbrachte. So kommt es, dass Leitende vor allem unproduktiv sind.

Wie Entscheidungen getroffen werden: Gestern und heute

Gute und zügige Entscheidungen sind für jedes Unternehmen lebensnotwendig. Sie sind die Voraussetzung für den Erfolg. Einzelne Entscheidungsträger weit oben waren zu Zeiten von Massenproduktion, Standardprozessen und Kontinuität allgemein üblich. Ist das Umfeld hingegen komplex, werden sie zum Flaschenhals einer Organisation. Fortschritt, individualisierte Dienstleistungen und hohes Tempo sind nur dort machbar, wo zwischen Entscheidung und Umsetzung möglichst wenig Zeit vergeht. So braucht eine neue Ära auch eine neue Entscheidungskultur. Im Führungsverständnis von heute geht es nicht mehr darum, Entscheidungen vorzugeben, sondern darum,

gemeinsam getragene Entscheidungen herzustellen und operative Entscheidungen in die Teams zu verlagern.

Viele Unternehmen sind davon noch weit entfernt. Anschaffungen ab 100 Euro brauchen dort die Unterschrift des nächsthöheren Vorgesetzten. Hierfür ist ein Formular auszufüllen, was ziemlich aufwendig ist. Zudem dürfen nur gelistete Teile eingekauft werden, obwohl *viel* besser Geeignetes im Web gerade *sehr viel* günstiger wäre – mit einem Klick bestellbar. Zu allem Übel ist der Chef zwei Wochen in Urlaub, danach türmt sich bei ihm die Arbeit. Als endlich grünes Licht kommt, ist der Kunde, für dessen Auftrag dieses Teil notwendig war, weg. Er konnte nicht länger warten. Neben den Kosten für die interne Prozessabwicklung beläuft sich der entgangene Umsatz auf 10 000 Euro. Der ganz normale Wahnsinn in autokratischen Unternehmen. Erst wollen die Firmen die besten Mitarbeiter, und dann werden die geführt, als ob sie keine eigenen Entscheidungen treffen könnten. »Es macht keinen Sinn, kluge Köpfe einzustellen und ihnen dann zu sagen, was sie zu tun haben. Wir stellen kluge Köpfe ein, damit sie uns sagen, was wir tun können.« Diese Aussage stammt von Steve Jobs.

Entscheidungen »kraft Amtes« weit weg vom Geschehen sind selten die besten.

Führungskräfte müssen zwar vieles wissen und kennen, aber nicht alles können. Entscheidungen »kraft Amtes« weit weg vom Geschehen gehen an der Lebenswirklichkeit sehr oft vorbei. Und genauso kommt das beim Kunden auch an: reglementiert, uninspiriert, gequält, 08/15. Leider beschneiden Bosse gern die Befugnisse der Mitarbeiter, weil ihnen das ein Gefühl von Wichtigkeit gibt. Das ist höchst gefährlich. Denn fachliche Kompetenzen liegen heute vor allem bei den Spezialisten im Team. Wer die Tore schießt, sollte auch die dazu notwendigen Entscheidungen treffen. »Kompetenzen und Verantwortung zusammenführen« nennt man dieses Prinzip. In klassischen Organisationen werden größere Entscheidungen jedoch in die nächsthöhere(n) Hierarchiestufe(n) verlagert, also dorthin, wo man weniger von einer konkreten Sache versteht. Das ist, als ob der Trainer die Elfmeter schießen müsste. Und genau das steht einem Erfolg dann im Weg.

Warum operative Entscheidungen nicht nach oben verlagert werden sollten

o In einer volatilen Wirtschaftswelt, in der sich ständig alles bewegt, sind viel mehr Entscheidungen zu treffen als früher. So kommt eine derartige Flut von Entscheidungsvorgängen auf die Manager zu, dass man sie selbst bei größtem Arbeitseinsatz nicht bewältigen kann. Ergo: Alles dauert zu lange.

o In einem komplexen Umfeld, in dem die Parameter ständig wechseln, sind Entscheidungen zu treffen, deren Tragweite man nicht mehr abschätzen kann. Zudem dauert eine adäquate Informationsbeschaffung immer länger. Ergo: Es werden falsche Entscheidungen getroffen. Oder sie kommen zu spät.

o Wenn Entscheidungsstärke für eine Führungskraft maßgeblich ist, dann dürfen Entscheidungen, selbst wenn erforderlich, nicht ständig zurückgenommen oder überarbeitet werden, denn das würde als Schwäche ausgelegt. Ergo: Nicht mehr passende Entscheidungen werden viel zu lange aufrechterhalten.

o Schlechte oder falsche Entscheidungen werden von den kundennahen Mitarbeitern als Erstes bemerkt. Da es aber hierarchische Abhängigkeiten und Interessenkonflikte gibt (Gehalt, Beförderung, Urlaubsantrag), gelangen solche Hinweise nicht nach oben. Ergo: Falsches bleibt bestehen.

o Neue Ideen, die der Markt dringend bräuchte (und die die Mitarbeiter ständig hätten), werden nicht nach oben getragen. Oder der Chef blockt sie ab, wobei er seine wahren Motive verschleiert. Ergo: Innovationen finden nicht statt.

o Neue Ideen werden gefiltert: Die Budgetsituation lässt sie nicht zu, sie sind »zu groß«, sie »passen nicht«, sie könnten das Wohlwollen der Führungscrew kosten, sie sind politisch nicht durchsetzbar, sie scheitern an Abteilungsgrenzen. Ergo: Es kommen die falschen Innovationen in den Markt.

○ In einer klassischen Abteilungsorganisation hat eine Führungskraft kaum Interesse daran, mehr als ihren eigenen Bereich zu optimieren. Denn sie hat bonifizierte Abteilungsziele, die eine Unterstützung anderer Bereiche unvorteilhaft machen. Ergo: Man verfolgt Egoziele, statt zu tun, was für die gesamte Organisation gut wäre.

○ Entscheidungsstau führt zu immer mehr operativem Gehetze. Wenn die Verantwortlichen im Tagesgeschäft gefangen sind, bleiben strategische Aufgaben schnell auf der Strecke. Oft brauchen Entscheidungen derart lange, dass sie bereits überholt sind, wenn sie endlich getroffen werden. Ergo: Die Firmenzukunft steht auf dem Spiel.

Es spricht also viel gegen Entscheidungen von oben in operativen Belangen. Und es gibt einen Ausweg aus diesem Dilemma: interdisziplinäre, sich selbst organisierende Teams. Dann werden die meisten Entscheidungen ganz genau dort getroffen, wo sie auch hingehören: dort, wo die Fachleute sitzen, dort, wo man ganz nah am Kunden ist, und dort, wo man beim kleinsten Hinweis auf Fehler zügig nachsteuern kann. Fast alle operativen Fragestellungen kann ein Team besser beantworten als irgendein Manager weit weg vom Schuss. Wer das Ohr ständig am Markt hat, hat zudem auch ein besseres Gespür dafür, was das nächste große Ding werden könnte.

Wie man die Entscheidungsgüte verbessert

Erstklassige Entscheidungen können nur in einer Atmosphäre aus Offenheit, Respekt, Vertrauen und Hilfsbereitschaft entstehen. Sie brauchen eine Gleichstellung zwischen Führungskraft und Mitarbeiter. Jeder im Team ist damit Teil des Entscheidungsprozesses und der Lösung. Das heißt jedoch nicht, dass alle Entscheidungen dezentralisiert werden sollten. Strategische Entscheidungen haben weitreichende Konsequenzen und liegen außerhalb des Wissens oder der Verantwortung der operativen Teams. Dies betrifft Zusammenhänge im Marktgeschehen, langfristige Perspektiven und ein Verständnis für die Finanzimplikationen, die für die Steuerung des Unternehmens erforderlich sind.

Demnach sollten manche Entscheidungen bei der Geschäftsführung zentralisiert werden. Solche Entscheidungen teilen fast immer die zwei Merkmale: Seltenheit (z. B. internationale Expansionsvorhaben) und einen langfristigen Zeithorizont (z. B. die Wahl der Technologieplattform). Die meisten Entscheidungen hingegen haben keine strategische, sondern eine operative Bedeutung und sollten damit im jeweiligen Team getroffen werden. Merkmale dieser Art von Entscheidungen sind eine hohe Frequenz (z. B. Bestellung von Büromaterial) und Dringlichkeit (z. B. Kundennotfälle).

Zudem müssen in einer hochdynamischen Außenwelt Entscheidungen jederzeit revidierbar sein. Wer in Richtung Selbstorganisation loslegen will, könnte genau hier beginnen. Eine Entscheidung, die *Sie* früher getroffen haben, wird auf den Prüfstand gestellt, und zwar so: »Wie Sie wissen, habe ich vor zwei Jahren in der Situation x so und so entschieden. Unter den damaligen Umständen war das wohl richtig, doch inzwischen haben sich die Dinge verändert. Meine damalige Entscheidung scheint mir heute nicht mehr passend. Deshalb möchte ich von Ihnen erarbeiten lassen, wie wir das zukünftig besser machen können. Bitte treffen Sie diese Entscheidung gemeinsam, also ganz ohne mich, und setzen Sie sie dann um. Was wir damit erreichen wollen, ist …« Definieren Sie also das Ziel. Dann ziehen Sie sich zurück.

»Ganz ohne mich« bedeutet in diesem Fall: Weder mischen Sie sich in die Entscheidung ein noch bitten Sie das Team zum Rapport. Allerhöchstens fragen Sie bei Gelegenheit interessehalber, wie's läuft. Lassen Sie die Leute erzählen – nicht berichten. Erzählen ist auf Augenhöhe, berichten hierarchisch. Natürlich wirft man niemanden ins kalte Wasser, der noch nicht schwimmen kann. Wählen Sie deshalb am Anfang Themen mit geringem Risiko. Was ganz gewiss nicht passieren darf, das ahnen Sie schon: Sie fallen in die Chefrolle zurück und kippen die Entscheidung. Damit wäre alles verspielt! Haben Sie sich auf den Weg zur kollegialen Selbstorganisation gemacht, müssen Sie Entscheidungen aushalten können, die Sie nicht für richtig halten, und Vorgehensweisen zulassen, die Sie nicht kontrollieren können. Allerhöchstens erbitten Sie ein Vetorecht für den Fall, dass strategische Überlegungen dagegensprechen.

> Chef: »Treffen Sie diese Entscheidung ganz ohne mich.«

Rückfallpotenzial gibt es oft. »Aber Chef, wie soll ich das denn jetzt machen?« Führungskräfte, die das neue Denken fördern und fordern, fallen auf gespielte Hilflosigkeit nicht herein. Schon vor Jahren hat sich der Managementberater William Oncken unter dem Schlagwort »Monkey Management« damit befasst. Worum es dabei geht? Ein Mitarbeiter kommt mit seinem Anliegen zum Vorgesetzten, damit dieser für ihn eine Lösung findet. Schlau hat sich der »Affe« (das Problem) herübergehangelt und beim Chef ein bequemes Plätzchen gefunden. Vergnügt tobt er mit all den anderen »Affen« herum, die der Chef von den übrigen Mitarbeitern in Pflege genommen hat. An das Bewältigen eigener Arbeit ist bald nicht mehr zu denken. Okay, natürlich dürfen die Mitarbeiter mit ihrem »Affen« zum Chef kommen, doch sie müssen ihn am Ende auch wieder mitnehmen (Affe rein – Affe raus!). »Was würde denn aus Ihrer Sicht die Situation verbessern?« ist eine erste kluge Frage, die der Chef in einer solchen Situation stellt. »Was würden Sie denn tun, wenn es Ihr Unternehmen wäre?« ist eine zweite. »Wen aus dem Kollegenkreis könnten Sie denn konsultieren, bevor Sie entscheiden?« ist eine treffliche dritte.

Entscheiden ist nicht jedermanns Sache – was vertragen Ihre Leute?

Dennoch ist das Entscheiden nicht jedermanns Sache. Vor allem dann nicht, wenn der Chef bislang das Sagen hatte. Und nicht jeder will Verantwortung tragen. Es ist zudem bequem, sich in der Opferhaltung zu suhlen. Man kann sich beschweren, statt etwas zu unternehmen, kann klagen und jammern, über andere herziehen und Dritten die Schuld an Miseren geben. Natürlich gibt es auch die blanke Angst vor dem Fehlermachen. Schauen Sie also individuell, was die Leute in Sachen Entscheidung vertragen können.

Wer mit Sanktionen rechnen muss, wird niemals selbst die Initiative ergreifen. Und ja, leider: Manche Unternehmen gleichen Minenfeldern, bei denen jeder Fehltritt eine Explosion auslösen kann. Kein Wunder, dass die Leute dort nur die ausgetretenen Pfade gehen, den Kopf einziehen und sich vor Entscheidungen drücken. Bevor Entscheidungsprozesse also ins Team verlagert werden, muss man sich mit der internen Fehlerkultur befassen, worauf wir später in diesem Kapitel noch genauer eingehen.

Wie man die Entscheidungsgeschwindigkeit erhöht

Um Entscheidungen herbeizuführen, gibt es viele Mittel und Wege. Zwei konventionelle sind der Mehrheitsentscheid und der Konsensentscheid. Beim Mehrheitsentscheid wird eine Entscheidung nach einem vorgegebenen Mehrheitsschlüssel getroffen. Bis zu 49 Prozent aller Stimmen werden dabei verlieren. Viel Unzufriedenheit kann so entstehen und die Tragfähigkeit einer Entscheidung wird leicht unterminiert. Demgegenüber benötigt ein Konsensentscheid die ausdrückliche Zustimmung aller. Dem eilen oft lange Diskussionen voraus. Schließlich einigt man sich auf den kleinsten gemeinsamen Nenner. Dies ist wohl der schlechteste aller Wege in neuen Zeiten. Wie man also zu schnelleren Entscheidungen kommt und zugleich deren Qualität steigert? Etwa so:

Wege, um schnelle Entscheidungen herbeizuführen

o **Der konsultative Einzelentscheid:** Dies ist eine exzellente Methode, vor allem in selbstorganisierten Kontexten. Ziel ist es, die Expertise Dritter in seine Entscheidung miteinzubeziehen. So kann zum Beispiel bestimmt werden, dass, bevor eine Entscheidung getroffen wird, immer mindestens zwei sachkundige (!) Personen befragt werden müssen – und nicht etwa bequeme Kollegen. Dabei kann es sich um Personen innerhalb oder außerhalb der Firma handeln. Die Verantwortung, wie am Ende entschieden wird, verbleibt allerdings bei der entscheidenden Person oder Gruppe. So umgeht man langwierige Abstimmungsrunden, verbessert die Entscheidungsgrundlage, erhöht die Handlungssicherheit und beschleunigt die Umsetzungsgeschwindigkeit.

o **Der Konsent-Entscheid:** Mit dieser Methode können zähe Diskussionen oder wachsweiche Gruppenbeschlüsse vermieden werden. *Nicht* »Ja, ich stimme zu!«, sondern »Ich habe keinen schwerwiegenden begründeten Einwand dagegen«, das ist ein Konsent-Entscheid. Es geht also nicht um ein Maximum an Zustimmung, sondern um eine Minimierung der Bedenken. Das heißt, man stützt sich auf Entscheidungen, die »gut genug« sind, damit es zügig vorangeht. Dazu fragt man in etwa so:

»Sieht jemand einen wichtigen Grund, weshalb dieser Vorschlag Schaden anrichten könnte?« Zieht nun jemand die Vetokarte ernster Bedenken, dann setzt man den Vorschlag nicht um. Am besten regen Sie an, damit gleich mal zu experimentieren – und zwar im Konsent-Format: »Lasst uns das doch mal einen Monat lang ausprobieren. Wenn es nicht funktioniert, schaffen wir es wieder ab. Hat jemand einen gravierenden Einwand dagegen?«

○ **Die Elfer-Skala:** Dies ist eine Methode, die statt ausufernder Diskussionen einen zügigen Entscheidungsprozess in einer Gruppe oder in Meetings sichert und für gemeinsam getragene Entscheidungen sorgt. Die einzelnen Schritte: Zunächst wird das Thema vorgestellt, zu dem eine Entscheidung ansteht. Danach ist Zeit für Verständnisfragen. Hiernach wird den Teilnehmern eine erste Bewertungsfrage gestellt: »Auf einer Skala von 0 bis 10: Wie wichtig und dringlich ist dieses Thema für das Projekt/unser Unternehmen?« Jeder entscheidet verdeckt. Danach werden stellvertretend je zwei oder drei Meinungen aus dem niedrigen (0 bis 4) und dem hohen Bewertungsbereich (6 bis 10) gehört. Darauf folgt eine Minute der stillen Besinnung. Hiernach gibt es eine zweite verdeckte Bewertung: die gleiche Frage auf einer neuen Skala. Liegen alle Bewertungen zwischen sieben und zehn, ist das Thema angenommen. Liegt eine darunter, kann die Konsent-Frage helfen.[66]

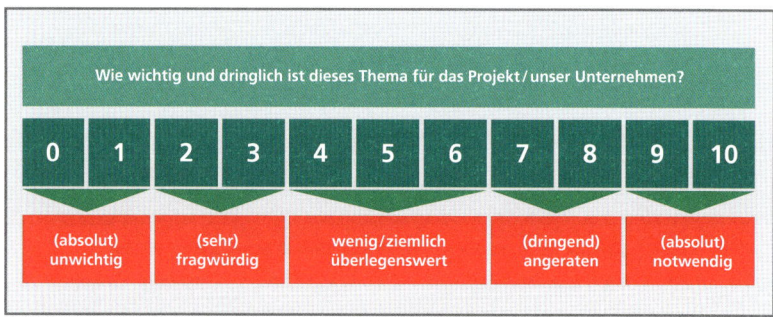

Abb. 13: Elfer-Skala für eine schnelle Entscheidungsfindung

Ihre Mitarbeiter wollen gar nicht entscheiden? Oh doch, wenn die Rahmenbedingungen stimmen, dann schon. Einer Studie der Haufe-Gruppe zufolge möchten 84 Prozent der 11 880 Befragten mehr Einfluss auf Entscheidungen im Unternehmen haben.[67]

- 77 Prozent sagen: Das steigert meine Motivation.
- 42 Prozent denken, dass Entscheidungen so verbessert werden könnten.
- 29 Prozent meinen, dass das Unternehmen dann erfolgreicher wäre.

Das Potenzial ist also enorm. Klären Sie deshalb gemeinsam, wer welche Entscheidungsbefugnisse erhält, nach welcher Methode jeweils entschieden wird und wo die jeweilige Umsetzungsverantwortlichkeit liegt. Am besten machen Sie alles an einem Board transparent, damit nichts im Niemandsland landet.

Das kleinteilige Mikromanagement, das die eigentliche Arbeit der Führungscrew so sehr blockiert und außerdem Zeitdruck erzeugt, wäre damit vom Tisch. Die zunehmende Selbststeuerung erhöht das Engagement der Mitarbeiter und macht die Ergebnisse besser. So können sich Ihre Leute beweisen und soziale Anerkennung erlangen. Wer sich seine Okays immer von oben abholen muss, bekommt so was nicht. Zu was das dann führt? Zunächst sinkt die Stimmung der Mitarbeiter, dann deren Anzahl. Und neue Talente werden rechtzeitig gewarnt.

Kleinteiliges Mikromanagement blockiert und kostet Zeit.

Rollen statt Stellen, Funktionen statt Positionen

In klassischen Organisationen sind eine Stelle und ihr Aufgabenpaket an die Person gebunden. Der Stelleninhaber hat die Aufgabe, die ihm im Rahmen einer statischen Stellenbeschreibung zugedachten Tätigkeiten zu erledigen. Dafür hat er einen eigenen Arbeitsplatz. Entsprechend der notwendigen Kompetenzen wird er im Zuge einer Stellenausschreibung angeworben, über einen vordefinierten Recruitingprozess ausgewählt und dann in die Stelle eingearbeitet. Fertigkeiten, die der Stelleninhaber zwar besitzt, aber im Rahmen seiner Stelle nicht braucht, gehen dem Unternehmen verloren. Wertvolle Leistungspotenziale verpuffen. Kompetenzen hingegen, die zur Stelle gehören, die der Stelleninhaber jedoch nicht besitzt, müssen mühsam erworben werden. Heißt: Man passt den Menschen an die Stelle an – und nicht umgekehrt.

Die Stelle definiert auch den dazugehörigen Zuständigkeitsbereich. Wofür man nicht zuständig ist, darum hat man sich nicht zu kümmern. Basta. Die Position ist der Platz, den der Stelleninhaber in einer Aufbauorganisation einnimmt. Sie beschreibt auch das jeweilige hierarchische Über- und Unterordnungsverhältnis. So kommt es, dass die Position im Unternehmen oft wichtiger ist als der Mensch dahinter. Gehuldigt wird dem Lametta am Anzug und dem Titel an der Bürotür. Verliert einer solche äußeren Zeichen, die »Krücken der Macht«, verliert er seine Bedeutsamkeit – und stürzt ins Nichts.

Demgegenüber spricht man in zeitgemäßen Organisationen zunehmend von Rollen. Diese sind *nicht* fest an eine Person gekoppelt. Hierdurch kann die Aufgabenverteilung viel flexibler an die sich ständig verändernden Umstände angepasst werden. »Das steht nicht in meiner Stellenbeschreibung«, hieße es hingegen in der alten Struktur.

> **Im Gegensatz zu Stellen sind Rollen *nicht* fest an eine Person gekoppelt.**

Rollenkonzepte sind stärkenbasiert. Der jeweilige Rolleninhaber übernimmt Verantwortung für die Aufgabenpakete, die zu seiner Rolle gehören. Was die Rolle darf und was nicht, wird in Vereinbarungen festgelegt. So kann es zum Beispiel die Rolle des Pricing-Managers geben, der die Autorität hat, bei den ihm zugeordneten Produkten die Preise zu bestimmen. Oft wählen die Rolleninhaber für sich pfiffige Namen, zum Beispiel Content-Magier, Intergalactic President, Customer Care Hero, Master of the IT-Universe, Chief Happiness Officer, Social-Media-Derwisch. Möchte man den Grad der Kompetenz zum Ausdruck bringen, stellt man dem ein Junior oder ein Senior voran.

Am besten beschreibt ein Rolleninhaber seinen Aufgabenbereich selbst. Durch die damit verbundene Selbstreflexion wird der Sinn der eigenen Arbeit im Gesamtkontext klarer und die Verbindlichkeit nimmt zu. Motivation, Engagement und Produktivität steigen. Folgende Fragestellungen sind dafür geeignet:

- Was sind meine Aufgaben und mein konkreter Beitrag für das Unternehmen?
- Mit welchen Bereichen arbeite ich zum Wohl unserer Kunden zusammen?
- Was brauchen die Kollegen von mir und was brauche ich von den Kollegen?
- Was behindert mich bei meiner Arbeit und wie kann ich das ändern?
- Wie kann ich meine Arbeit weiter verbessern und was muss ich dazu lernen?

Eine Person kann mehrere Rollen übernehmen und in mehreren Projektteams gleichzeitig arbeiten. Zudem kann eine Rolle nur zeitweise besetzt sein. Arbeitsspitzen werden so viel besser ausgeglichen und Kompetenzbedarfe kurzfristig gedeckt, ohne gleich neue Mitarbeiter einstellen zu müssen. Und wie geschieht die Rollenverteilung? Dezentrale Organisationen schaffen dafür Rollenmärkte, und der Einzelne wählt für sich eine passende Rolle aus. Oder man wird vom Team für eine Rolle gewählt. So ist es sehr wahrscheinlich, dass sich die jeweils kompetenteste Person durchsetzt.

Menschen wählen in solchen Fällen nur nach Beliebtheit? Weit gefehlt! Denken Sie zurück an die Schulzeit. Galt es im Mannschaftssport zu gewinnen, hat man die Besten ins eigene Team gewählt. Je nach Sportart waren das ganz verschiedene Leute. Und wenn man sich bei einem Outdoor-Event im Wald verirrte? Es war der mit dem besten Koordinationstalent, der größten Besonnenheit und der stärksten Zuversicht, der die Gruppe zurück in die Sicherheit führte. Menschen haben ein ziemlich gutes Gespür dafür, wer in einer jeweiligen Situation der Richtige ist. So entstehen natürliche Hierarchien, wohingegen in klassischen Unternehmen institutionalisierte Machthierarchien regieren. Solche Macht stützt sich gegenseitig, um an der Macht zu bleiben. Sie hüllt sich gern in Geheimnisse. Und sie verfolgt Egoziele.

Wie im Sport sollte auch im Firmenkontext ein Rolleninhaber von seiner Rolle zurücktreten können, wenn die Passung nicht länger stimmt. Oder er kann vom Team abgewählt werden. Dies betrifft nicht zwangsläufig nur »normale« Mitarbeiter, sondern womöglich auch Führungskräfte. In einigen Organisationen werden Bereichsleiter und sogar der CEO per Mitarbeitervotum gewählt – und nach einem festgelegten Zeitpunkt bestätigt oder wieder abgewählt.[68] Das klingt zunächst ungewohnt. Bei näherer Betrachtung sind die Vorteile aber gewaltig. Wer gewählt werden will, muss performen. »Wer ist der / die Beste, um die Herausforderungen, die vor uns liegen, zu meistern?« ist die entscheidende Frage. Und damit rücken die Sachthemen nach vorn. In klassischen Organisationen hingegen verplempern, so die üblichen Schätzungen, Führungskräfte einen Großteil ihrer Zeit mit politischen Spielchen.

Das Denken in Rollen und Funktionen statt in Stellen und Positionen ist aus weiteren Gründen interessant. So muss man in klassischen Systemen immer hingehen und fragen, ob ein Vorgesetzter »seinen« Mitarbeiter abgibt, was aus sachlichen Gründen in vielen Fällen sicher ginge, meistens jedoch an Machtgründen scheitert. Schön dumm wäre man doch, würde man sein »bestes Pferd« einer anderen Abteilung zur Verfügung stellen, damit die dann am Ende groß rauskommt und Lorbeeren erntet. Tja, herrscht in Unternehmen internes Wettbewerbsdenken, dann ist eine solche Haltung normal.

Die alte und die neue Projektarbeit

Projekte sind in etablierten Organisationen oft verpönt, weil diese zusätzlich zur Linienarbeit zu erledigen sind. Nicht selten werden Mitarbeiter einem Projekt einfach zugewiesen, sie sind also unfreiwillig dabei, was extrem kontraproduktiv ist. Zudem werden Projekte oft auch dann noch aufrechterhalten und weiterbetrieben, wenn sich ihre Nutzlosigkeit längst gezeigt hat. Oder sie werden trotz Nützlichkeit von einem neuen Chef allein aus dem Grund gestoppt, weil sie vom Vorgänger stammen. Einfach so. Egal, wie teuer das wird. Weil er die Macht dazu hat. Oder Lieblingsprojekte einzelner Manager werden vorrangig behandelt, obwohl ihr Sinn zweifelhaft ist.

Klassische Projekte, die nach dem Wasserfallprinzip mehrstufig vorge-
plant und dann sequenziell abgearbeitet werden, sind bei Routinepro-
zessen ohne Anpassungsbedarf nach wie vor sinnvoll. In allen anderen
Fällen sind sie zu langsam. Ausufernde Genehmigungsverfahren
und langatmige Zwischenbescheide verursachen erhebliche
Wartezeiten. Die ständig angesetzten Absprachen und
die Übergaben von einem Fachbereich zum nächsten
erzeugen Missverständnisse und Reibungsverluste.
Ist das Ergebnis endlich da, ist es veraltet. Oder die
Konkurrenz war viel schneller.

Nach dem Wasserfallprinzip geplante Projekte sind oft zu langsam.

Hingegen liegt dort, wo mit agilen Methoden gearbeitet wird, ein Projekt von Anfang bis Ende in
den Händen eines interdisziplinär zusammengesetzten
Teams. Das Ergebnis wird eigenverantwortlich in iterativen Schritten mithilfe von Kundenfeedbacks entwickelt. So
ist man zu deutlich geringeren Kosten deutlich schneller am Markt,
die Produktqualität ist besser und die Kundenzufriedenheit steigt. Zudem bleibt das aufeinander eingeschworene Team für Folgeprojekte
beisammen. Klassische Projektgruppen hingegen werden jeweils neu
zusammengestellt. Durch die hierbei immer wieder zunächst notwendigen sogenannten Forming- und Storming-Phasen des Sichzusam-
menraufens verplempert man unnötig Zeit. In der neuen Projektarbeit
werden Innovationsideen in Projektmärkten organisiert. Das heißt,
sie kommen auf eine Liste und konkurrieren miteinander. Von daher
werden nicht zwangsläufig die Projektideen zentraler Instanzen favorisiert, sondern solche, die die größten Erfolgsaussichten verheißen,
weil sie akute Kundenprobleme lösen und/oder den Weg in die Zukunft ebnen. Die Mitarbeiter mit entsprechenden Kompetenzen ordnen sich einem geeigneten Projekt zu, sodass eine optimale Besetzung
gewährleistet ist. Freiwilligkeit und Interesse am Thema sorgen für
zusätzliche Motivation.

Und wie sehen die Arbeitstools im neuen Projekt- und Prozessmanage-
ment aus? Die Digitalwirtschaft hat bereits Anfang der 2000er-Jahre
erkannt, dass herkömmliche Methoden und Werkzeuge zu langsam,
zu wenig flexibel, ineffektiv und unproduktiv sind und darüber hinaus
aus Kundensicht oft zu suboptimalen Ergebnissen führen. So wurden
zügig neue Methoden entwickelt, die ein schlankeres, schnelleres, agi-

leres Vorankommen möglich machen und den Workflow verbessern. Es sind vor allem diese Methoden, die jungen Unternehmen gegenüber den etablierten deutliche Vorsprünge verschaffen. Da weitläufig bekannt, wollen wir die wichtigsten hier nur kurz listen:

- Design Thinking
- Scrum
- Kanban
- Rapid Prototyping
- Hackathons
- Business Model Canvas

Gemeinsam ist diesen agilen Methoden, dass Expertise Vorrang hat vor Hierarchie. Nicht wer was ist, sondern wer was kann, steht im Fokus. Inhaltliche Kompetenz schlägt Positionsautorität. Das bedeutet: Eine Idee wird nicht deshalb umgesetzt, weil sie vom Chef kommt, sondern weil alle sie für wertvoll halten. Entschieden wird auf horizontaler Ebene und gemeinsam. Aktivitäten und Arbeitsfortschritte werden auf Tafeln mit verschiedenfarbigen Post-it-Zettelchen für das gesamte Unternehmen offen sichtbar gemacht. So wissen jederzeit alle, woran gerade gearbeitet wird. Zudem kann man so dem »Social Loafing« entgegenwirken, dem Faulenzen in der Gruppe. Das gibt es zum Beispiel beim Tauziehen oder beim Rudern, nicht aber beim Staffellauf, denn dort werden die Zeiten jedes einzelnen Läufers angezeigt.

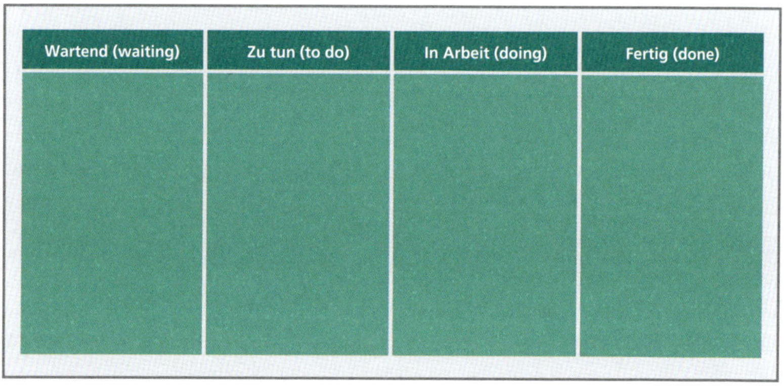

Wartend (waiting)	Zu tun (to do)	In Arbeit (doing)	Fertig (done)

Abb. 14: Ein Kanban-Board: Was zu erledigen ist, wird auf farbige Post-its geschrieben, für alle sichtbar in die jeweilige Spalte geheftet und dem Fortgang entsprechend verschoben.

Die genannten Methoden eignen sich nicht nur für die Digitalwirtschaft. Sie werden längst in den verschiedensten Branchen eingesetzt und unterstützen dort in vielen Bereichen das zunehmend selbstorganisierte Arbeiten. Auch in den Chefetagen und Vorstandsbüros haben sie schon Einzug gehalten und schaffen dort mehr Agilität. Allerdings scheitern sie auch immer noch oft genug an den Hürden einer zentralen Steuerung, an mangelndem Verständnis oder fehlender Unterstützung.

Karrierewege: Leiter oder Kletterwand?

Wer Führung per se infrage stellt, darf sich nicht wundern, wenn Gegenwind kommt. Herrschende zetteln keine Palastrevolution an. Um ihre Stellung und die damit verbundenen Privilegien zu erlangen, haben amtierende Führungskräfte lange gekämpft. Niemand gibt seine Pfründe gern freiwillig her und sägt den Ast ab, auf dem er sitzt. Wer viel zu verlieren hat, klammert sich an den Status quo und hütet seine Befugnisse wie einen wertvollen Schatz. Besitzstandswahrung und Selbstschutz sind völlig normal. Macht will weiterleben. Mächtige tun demnach nur so, als ob sie etwas ändern wollen. In Wahrheit werden sie mit angezogener Handbremse fahren und Gründe finden, diese nicht zu lockern.

In klassischen Organisationen ist zudem ein Denken verankert, das Karriere gleichsetzt mit hierarchischem Aufstieg. Der Weg nach oben folgt einem Entwicklungsplan. Durch die Lupe betrachtet gibt es dabei viel Paradoxes. Man dient sich hoch, ist irgendwann »dran« und darf nicht übergangen werden. Ob fähig oder unfähig zu höheren Weihen, diese Frage stellt sich dann nicht. Man darf sich einer Beförderung auch dann kaum widersetzen, wenn sie einem nicht liegt. Die Jahre der Betriebszugehörigkeit oder gute Ergebnisse in fachlichen Dingen werden mit einer Führungsaufgabe belohnt. Da wird dann jemand besser bezahlt, damit er etwas aufgibt, was er gut kann, um etwas zu tun, was er weniger gut kann. Leider ist weder ein solider Fachmann noch ein lauter Selbstdarsteller zwangsläufig auch eine Führungspersönlichkeit. Das Gleiche gilt für Leute mit akademischen Titeln. In vielen Unternehmen sind sie fast automatisch für Führungsaufgaben prädestiniert, obwohl man an der Uni so gut wie nichts darüber lernt.

Solche Beförderungspolitik tangiert auch die Lebensplanung: Man richtet sich darauf ein. Wenn Hierarchien nun zurückgebaut werden, braucht es Karrierealternativen. Gibt es die nicht, dann ist es nur logisch, dass Führungskräfte den Wandel blockieren. Kletterwandkarrieren mit Rollenflexibilität bieten einen Ausweg aus diesem Dilemma. Und sie beugen Fehlbesetzungen vor. Wie das funktioniert? Mal ist jemand Führungskraft eines Teams, mal Leiter eines Projekts, mal Verantwortlicher eines Prozesses, mal agiert er ganz ohne Führungsaufgaben in einer Expertengruppe.

> **Wenn Hierarchien zurückgebaut werden, braucht es Karrierealternativen.**

Wird eine Führungsrolle abgegeben, ist dies weder mit Blamage noch mit Demontage verbunden. Ein solcher Schritt wird auch nicht als Rückschritt, sondern als Seitwärtsbewegung betrachtet. Fach- und Führungskarrieren werden gleichgesetzt. Vorgezeichnete Karrierewege, die zwangsläufig in einer Führungsaufgabe enden, gibt es dabei nicht mehr. So kann auch die aufreibende Sandwichposition zwischen oben und unten vermieden werden. Für den Einzelnen bringt dies oft mehr Freiheit und weniger Druck, vor allem dann, wenn einem das Führen eh nicht sonderlich liegt.

Die Führungskarriere darf *nicht* länger zwangsläufig als der bessere Weg gelten. Werden Kletterwandkarrieren eingeführt, kann man ohne Gesichtsverlust und ganz flexibel wieder in die Fachexpertise wechseln. Dies ist auch deshalb höchst sinnvoll, weil Spitzenfachleute immer dringender benötigt werden. Statt Zwangsaufstieg auf der Karriereleiter ermöglicht man guten Fachspezialisten neue Herausforderungen in der Breite der Unternehmenslandschaft. Indem man Expertenkarrieren schafft, die Führungskarrieren gleichgestellt sind, können gute Leute weiterkommen, ohne andere führen zu müssen.

Karriereleitern stehen für Traumkarrieren, aber auch für den Totalabsturz. Wer hoch hinaufsteigt, kann sehr tief fallen. Je weiter man oben ist, desto mehr gewinnt man zwar, desto mehr hat man aber auch zu verlieren. Also wird man fragil. An der Kletterwand hingegen lässt sich relativ leicht eine neue Route einschlagen, wenn man an eine unüberwindliche Stelle gerät. Man kann sich auch zügig zunächst wieder auf festen Boden begeben – und dann von vorne beginnen. Egal, mit welchem Aufstieg man weitermacht, alles, was man bei den vorhergehenden Versuchen gelernt hat, kann helfen, die nächste Route schneller zu packen.

In Zeiten, in denen der Wandel zur täglichen Normalität wird und der Vormarsch der Denkmaschinen ständig neue Anforderungen mit sich bringt, ist solch iteratives Vorgehen die bessere Wahl. Insofern sind Kletterwandkarrieren ein dringend benötigter Baustein, um die Zukunftsfähigkeit eines Unternehmens zu sichern.

Viele junge High Potentials sehen die klassische Karriereleiter sowieso kaum mehr als erstrebenswert an. Natürlich wollen auch Millennials Karriere machen, nur eben anders: Sie streben nach vielen Karrieren, Hauptsache verschieden. Eine Bezahlung oder Beförderung rein nach der Dauer des Arbeitsverhältnisses oder dem Lebensalter ist für sie nicht nachvollziehbar. Die ambitionierten Talente dieser Generation wollen nach Leistung gemessen, vergütet und befördert werden.

Zielsysteme überdenken: OKR statt MbO

Damit eine abteilungsübergreifende Zusammenarbeit möglich wird, müssen die Rahmenbedingungen stimmen. Herkömmliche Zielfindungsmethoden und klassische Incentive-Modelle verhindern genau das. So wurde das Management by Objectives (MbO), von Peter Drucker 1954 (!) vorgestellt, geradezu pervertiert. Im Command & Control wird davon ausgegangen, dass man am besten zu Topergebnissen kommt, wenn man via »Zuckerbrot und Peitsche« Druck von oben macht. Zuckerbrot in Form von Boni, Gratifikationen, Tantiemen, Gehaltserhöhungen, Karrieresprüngen usw. erhält man, indem man brav seine Ziele erfüllt. Die Peitsche in Form von allerlei Einbußen gibt es dann, wenn man seine Ziele nach unten verfehlt. Längst hat die Wissenschaft anhand unzähliger Studien bewiesen, dass extrinsische Motivatoren bei Wissensarbeitern nicht funktionieren, ja, dass Geld gute Arbeit sogar konterkariert, weil der Fokus in Richtung Lockvogel geht.[69]

Klassische Zielzahlensysteme basieren auf einer Jahresplanung. Hierzu fallen große Organisationen jeden Herbst in eine Art Starre, Budgetierungsphase genannt. In dieser Zeit hat das Tagesgeschäft nur noch notdürftig Platz. In aufwendiger Feinabstimmung, von zermürbendem Schieben und Schachern begleitet, werden Zielvorgaben erstellt und sodann auf Quartale, Monate, Bereiche, Team- und Einzelziele heruntergerechnet. Auf solche Ratespiele, die Wetten auf die Zukunft darstellen und von hehrem Wunschdenken geleitet werden, wird dann eine Punktlandung gefordert – eine totale Absurdität, die irre viel kostet, irre viel Zeit verschlingt und in heutigen Tagen völlig unbrauchbar ist.

Es ist ebenso unmöglich wie vergeblich, das Unvorhersehbare kontrollieren zu wollen. Die Zukunft folgt keinem Plan. Nach den ersten Tagen eines neuen Geschäftsjahrs ist das schon zu sehen. Egal! Statt die Pläne zu ändern, damit sie zur Realität passen, wird die Wirklichkeit so verändert, dass sie zu den Plänen passt. Sie wurden ja vereinbart! So wird nicht nach tatsächlichen Chancen gesucht, sondern nach Kniffen, um Volltreffer auf die Zielzahlen hinzubekommen. Das Zuwenig wird künstlich aufgefüllt. Das Zuviel wird sinnlos verprasst. Eine aufgeblähte Zielerreichungsbürokratie, arbeitsintensive Reportings und regelmäßige Kontrollen werden aufgesetzt. Beim Mitarbeiterjahresgespräch ist dann Generalabrechnung: Bumm! Minutiöse Planabweichungsanalysen, entwürdigende Rechtfertigungstiraden und die Suche nach Sündenböcken sind dabei Usus. All das fixiert Unternehmen in einer defizitorientierten Rückschau.

> **Klassische Zielzahlensysteme scheitern, denn die Zukunft folgt keinem Plan.**

Zudem werden Ziele nur selten horizontal mit den Zielen der Kollegen, anderer Teams und Nachbarabteilungen koordiniert. Oft konkurrieren sie sogar miteinander. Was nun passiert, ist wohl klar: Man arbeitet gegeneinander. Der Feind sitzt dann nicht beim Wettbewerb, sondern im eigenen Haus. Zweckbündnisse entstehen. Verschlagenheit macht sich breit. Selbst das Überschreiten ethischer Grenzen wird toleriert, »damit die Zahlen stimmen«. CEOs, die ihren Konzern in den Keller reiten, um sich selbst ein Denkmal zu setzen, sind gar nicht so selten. Und solange die Ziele ausschließlich numerisch sind, ist Menschlichkeit in der Unternehmenskultur auf verlorenem Posten.

Sind Ziele und Pläne rein effizienzgetrieben, von oben verordnet und nur pro forma mit den Mitarbeitern abgestimmt, dann fehlt zudem die innere Anteilnahme, das Herzblut, die Leidenschaft für eine Sache. Im Abarbeitungsmodus wird das, was zu tun ist, »at target, on budget, in time« erledigt, nicht weniger, aber eben auch nicht mehr (»Ich hab mein Soll schon erfüllt!«). Wer bei Evaluierungen punktet und Anerkennung dafür erhält, dass er vorgezeichneten Verfahrensweisen akribisch folgt, wird sich niemals an Neues wagen. Einzelziele, totale Kontrolle, ein Planungskorsett und Kennzahlenkult sind eine geradezu toxische Umgebung für einträgliche Innovationen.

Demgegenüber verfolgt ein Konzept namens OKR, das von Andy Grove, dem Mitbegründer des Halbleiterherstellers Intel, entwickelt wurde, gemeinsame Ziele, gemeinsame Wege und den gemeinsamen Erfolg. OKR steht für Objectives & Key Results. Es handelt sich dabei nicht um einen formal strengen Prozess, sondern um ein Rahmenwerk, das sich je nach Unternehmenskontext anpassen lässt. Im Gegensatz zu den üblichen, von der Wirklichkeit zunehmend schnell überrollten einjährigen Zielsetzungs- und Planungsperioden werden OKR für einen Nahbereich von ein bis drei Monaten festgelegt. Agil und flexibel passt man sich zeitig den Umständen an. So wird eine hochdynamische Vorwärtsbewegung erzeugt.

- **Die Objectives** geben eine inspirierende Stoßrichtung vor. Dies ist wichtig, denn wer ankommen will, muss wissen, wohin die Reise geht. Gerade selbstorganisierte Teams brauchen Orientierungspunkte, denen sie folgen.
- **Die Key Results** sorgen für Fokus. Sie sollen die anvisierten Schlüsselresultate konkret in Zahlen fassen. Dabei sollte jedes Objective drei messbare Ergebnisse haben, die gemeinsam im Team erarbeitet werden.

Die Ziele sind also der Traum und demnach qualitativ, die Ergebnisse sind greifbar und somit quantitativ. Die OKR an sich und deren

Fortschritt werden auf einem digitalen oder physischen Statusboard dokumentiert, so für alle sichtbar gemacht und innerhalb des Teams im Rahmen von Kurzmeetings besprochen. Alles bleibt in der Eigenverantwortung des Teams. Ziele werden *nicht* – wie im klassischen Fall üblich – von oben vorgegeben und Ergebnisse auch nicht von oben kontrolliert. OKR sind zudem *nicht* gehaltsrelevant und werden *nicht* incentiviert. Angesprochen wird also nicht die extrinsische, sondern die intrinsische Motivation. So können die Teams Bedeutsamkeit in ihre Arbeit bringen und sich auf die Kunden ausrichten.

OKR sprechen nicht die extrinsische, sondern die intrinsische Motivation an.

OKR werden nicht nur für einzelne Mitarbeiter, Teams und Bereiche, sondern gemeinsam auch für die ganze Firma entwickelt. Alle Mitarbeiter können dazu beitragen, zum Beispiel über folgende Frage: »Auf welche drei großen Ziele sollte sich das Unternehmen im nächsten Quartal konzentrieren?« Aus den Antworten werden passende Objectives gebildet und priorisiert, die dann für alle gelten. Ein Gremium, das aus ausgewählten Vertretern besteht, definiert die dazugehörigen messbaren Key Results, die herausfordernd, aber nicht unerreichbar sind. Daraus können dann OKR für die einzelnen Teams abgeleitet werden. Gemeinsame Workshops sorgen dafür, dass jeder die Ziele der anderen kennt und unterstützt. Wöchentlich gibt es kurze Status-Updates. Nach jedem Zyklus, also alle ein bis drei Monate, erfolgt ein Statusmeeting, um Erfolge und Lernfelder zu definieren und zu kommunizieren.

Bei 70 bis 90 Prozent Zielerreichung gelten OKR als erfüllt. Somit ist immer Luft nach oben. Dies sorgt für Ansporn zum Übererfüllen und schafft Raum für aufkommende Möglichkeiten. Am Ende der gewählten Periode beginnt der Vorgang von vorn. Die dazugehörigen Budgets werden rollierend, also bei der jeweiligen Zielerreichung, nach vorne hin freigegeben. Man bekommt nicht einfach so einen Batzen Geld für ein ganzes Jahr, sondern muss sich stets beweisen, um erneut Geld zu erhalten. Die erreichten Ziele gehen *nicht* in die Mitarbeiterbewertung ein und sind *nicht* an Bonus-Malus-Systeme gekoppelt. Sie werden vielmehr als Lernerfolge gesehen. Neben einer deutlich höheren Produktivität entsteht so auch ein starkes Wirgefühl. Und das ist in einer auf Kollaboration ausgelegten neuen Unternehmenslandschaft zunehmend wichtig.

Was schlechte Vergütungssysteme anrichten können

Es könnte so einfach sein: Bei gemeinsamem Erfolg werden alle belohnt. Das fördert den Zusammenhalt. Jeder fühlt sich der gemeinsamen Sache verpflichtet und gibt sein Bestes. Kameradschaft, also eine innere Verbundenheit, stellt sich ein. So funktioniert übrigens auch Scrum. Das Scrum-Team als Ganzes verpflichtet sich zur Erledigung einer Aufgabe. Floppt das Projekt infolge des Versagens eines einzelnen Teammitglieds, war das gesamte Team nicht erfolgreich und hat seine Ziele verfehlt. So sind alle am Gelingen sehr interessiert und unterstützen sich gegenseitig. Bei wiederholter Minderleistung steigt der soziale Druck. Das Team fordert ein.

Ganz anders in Unternehmen alter Schule. Ein paar wenige Auserwählte, vor allem die Führungskräfte und der Vertrieb, werden für Einzelleistungen bonifiziert. Doch isolierte Erfolge gibt es schon lange nicht mehr. Alles hängt heute eng miteinander zusammen. Empfindet die Belegschaft die Prämienvergabe als unfair, sinkt deren Leistungs- und Kooperationsbereitschaft unmittelbar. Bonimotivierte Einzelkämpfer und einen demotivierten Rest kann heute niemand mehr brauchen. Wer also Gemeinschaftserfolge will, darf keine selektiven Anreizsysteme implementieren.

Kaum ein Führungsinstrument richtet so viel Schaden an wie der Einzelzielbonus. Er zementiert Silodenke, begünstigt eigennützige Motivationen und nährt egoistische Gier. Niemand hat ja ausschließlich die Unternehmensinteressen im Kopf. Jeder verfolgt zugleich eigene Ziele. Dabei geht es um Macht, Ruhm, Prestige und Karriereoptionen – im Grunde also um persönliche Daseinsängste. Anreize steuern Verhalten. Wer für Kurzfrist-Erfolge bezahlt, bedient eine Nach-mir-die-Sintflut-Mentalität. Oder man wartet mit Initiativen bis zum nächsten Anreiz, um seine Leistung nicht zu verschenken.

Schlimmer noch: Wenn Monetäres in den Vordergrund rückt, tritt die Moral den Rückzug an. Quartalsergebnisse werden nicht nur frisiert, um die Anleger bei Laune zu halten, sondern auch mit Blick auf die eigene variable Vergütung manipuliert. Was »oben« sichtbar vorgelebt wird, multipliziert sich natürlich nach unten. Im Kleinen wie im Großen wird geschoben und paktiert. Es wird zu viel oder das Falsche verkauft, Erfolge werden gebunkert und Kunden über den Tisch gezogen, um die jeweiligen Bonusziele zu packen. Am Ende macht sich in den Köpfen der Leute das »Cheater's High« breit. Es ist das schäbige Hochgefühl, »beschissen« zu haben und damit durchgekommen zu sein. So honorieren die Unternehmen vor allem List, Lug und Systembetrug.

Zum Beispiel wurde in einer Krankenhauskette ein neues Kennzahlensystem eingeführt. Wenn sich die Patienten via NPS (der Net Promoter Score, eine in Managementkreisen sehr beliebte Kennzahl) eine hohe Schmerzfreiheit attestierten, gab es eine Sondervergütung. Was nun geschah, kann sich jeder, der bei klarem Verstand ist, wohl denken. Am Ende hat sogar die Gesundheitsbehörde ermittelt.

Oder schauen wir uns die Befragungen nach einem Autokauf an. Die Ergebnisse daraus werden incentiviert. Das heißt, es gibt Geld für gute Noten. Zu was das dann führt? Die Mitarbeiter konzentrieren sich nur noch auf das, was ihnen Prämien und erste Plätze im Ranking einbringt. Flehentlich werden die Kunden gebeten, nur ja gute Bewertungen zu vergeben. Oft bekommt man dafür im Vorfeld sogar etwas geschenkt. Und alle lernen: Wer trickst, täuscht und tarnt, steht auf Rennlisten an vorderster Stelle, wird gewürdigt, vor aller Augen geehrt und geldwert belohnt. Solches Vorgehen verseucht das Klima und öffnet der Schwindelei Tür und Tor. Die Automobilindustrie weiß übrigens längst, was für ein Humbug das Ganze ist. Aber niemand hört damit auf. Und warum? O-Ton eines Branchenvertreters: »Weil es alle so machen.«

Besprechungsalternativen: Dailys und Retrospektiven

Vor allem in großen Organisationen ist das »Führen nach Checkliste« immer noch Usus. Hierdurch werden die »Untergebenen« zu einem Prozess abgewertet. Die Krönung im negativen Sinne, und längst aus der Zeit gefallen, ist das Mitarbeiterjahresgespräch. Es gibt Fälle, da müssen sich beide Seiten durch zwanzigseitige Vordrucke quälen. Und jede Frage ist für jeden Mitarbeiter auf der ganzen Welt haargenau gleich. Wegen der Vergleichbarkeit! Unterschiedliche Mitarbeitersituationen oder kulturelle und länderspezifische Gegebenheiten fallen dabei unter den Tisch. Die berühmte Karikatur mit dem Elefanten, dem Affen, dem Vogel, der Schnecke und dem Fisch macht das deutlich: In der Mitte steht ein Mann mit der Anweisung: »Damit es hier gerecht zugeht, erhalten alle die gleiche Prüfungsaufgabe: Klettern Sie auf diesen Baum!« Nichts ist ungerechter als Gleichmacherei. Denn die Menschen sind alle verschieden.

> **Das Mitarbeiterjahresgespräch ist die Krönung im negativen Sinne.**

Einzelgespräche sollten demnach einen individuellen Charakter haben. Sie brauchen Regelmäßigkeit. Und Aktualitätsbezug, was bedeutet: Feedback sofort, damit sich, wenn nötig, auch sofort etwas ändert. Junge Mitarbeiter erwarten von ihrer Firma Rückmeldungen in Echtzeit. »Ich will meinen Punktestand wissen, und zwar gleich!« Wer Onlinegames spielt, ist es gewohnt, Fehler zu machen und sich in der jeweiligen Community darüber auszutauschen. Und die hilft gern. Weil das Spiel interessanter wird, wenn es alle gemeinsam richtig gut können. Durch kontinuierliches Feedback wird man unglaublich schnell besser. Zudem werden Weiterentwicklungserfolge gefeiert. Das erzeugt auch im wahren Leben sogenannte »Epic Highs«, also Hochgefühle, die die Motivation beflügeln und jede Menge Energien mobilisieren. Auf Basis solchen Wissens mit Rückmeldungen bis zum Jahres*ver*urteilungsgespräch warten? Tödlich!

Mit zunehmender Selbstorganisation werden aus Hierarchiegesprächen offene Teamkonversationen mit permanentem Feedbackcharakter. Jeder im Team muss also seine Kommunikationskompetenz schulen. Sie ist geprägt von gegenseitigem Respekt, Offenheit und Stringenz. Stundenlange Schwafel-Meetings, wie es sie zuhauf in

Old-School-Unternehmen gibt, sind reinste Verschwendung. Dafür hat niemand Zeit. So hat das neue Arbeiten auch neue Besprechungsformate hervorgebracht. Relativ bekannt sind die durchstrukturierten Dailys bei Scrum. Sie passen vielfach auch für die Zusammenarbeit in klassischen Teams und Projekten, können sogar Abteilungsmeetings ersetzen. Dabei handelt es sich um kurze morgendliche Zusammenkünfte im Stehen vor einer Aufgabentafel wie etwa dem Kanban-Board, idealerweise zur gleichen Zeit und am gleichen Ort. Jeder Teilnehmer hat etwa zwei Minuten Redezeit und beantwortet vorbereitet und konzentriert folgende Fragen:

- Was habe ich seit gestern / dem letzten Mal geschafft?
- Was werde ich heute / bis zum nächsten Mal tun?
- Was hindert mich bei der Arbeit, wo brauche ich Hilfe?

Dinge, die die Arbeit behindern, müssen radikal offengelegt und schnell aus dem Weg geräumt werden. Nötige Entscheidungen sind gleich vor Ort zu fällen, damit die Arbeit zügig weitergeht. Ausschweifende Diskussionen gibt es dort nicht. Aussprachen finden, wenn nötig, im Nachgang statt. Eine gut sichtbare Uhr im Raum sorgt für Zeitdisziplin. Das Daily ist keine Profilierungsveranstaltung, sondern zeigt sachlich den Fortschritt der Arbeit. Unterschwellige Töne, abfällige Bemerkungen, persönliche Angriffe, Ego-Gehabe, Hadern, Beleidigtsein und dergleichen haben dort nichts zu suchen.

Dinge, die die Arbeit behindern, werden im Daily radikal offengelegt.

Ein weiteres ursprüngliches Scrum-Element ist die Retrospektive. Dabei wird in einem zweckmäßigen Rhythmus zwischen zwei und vier Wochen die Zusammenarbeit reflektiert und gemeinsam überlegt, was man in Zukunft besser machen kann. Wie bei allen agilen Methoden bekommt auch hier die Visualisierung viel Raum. Wenn Sie mit »Retros« beginnen, ist es klug, zu Beginn eine »Sicherheitsfrage« zu stellen: »Auf einer Skala von null bis zehn: Wie frei denkst du / denken Sie in dieser Runde sprechen zu können?« Die Skala wird am besten verdeckt gezeichnet, sodass die Teilnehmer vorbereitete farbige Punkte unbeeinflusst von anderen aufkleben können.

Solche Skalierungsfragen können einen gefühlten Zustand sehr gut sichtbar machen, ohne dass er lang und breit erklärt werden muss. Statt eines kategorischen »Gut« oder »Schlecht« werden Grauzonen deutlich. Liegen die Werte unter acht, muss das zunächst thematisiert und bearbeitet werden. Möglich ist laut der Führungsexpertin Svenja Hofert auch eine Stimmungscollage, die etwa mithilfe von meteorologischen Bildern erstellt werden kann.[70] Danach arbeitet jeder Teilnehmer offen an folgenden Fragen:

- Was lief gut? Haben wir unsere Ziele erreicht?
- Was lief nicht so gut und warum? (Konstruktiv bleiben!)
- Wie können wir unsere Arbeitsprozesse weiter verbessern?

Die Runde braucht in jedem Fall einen methodensicheren Moderator. Jeder kommt bei Retrospektiven zu Wort. Verbesserungskonzepte werden in der Gruppe entworfen und sichtbar von allen gemeinsam priorisiert. Getroffene Entscheidungen gehen bis zum nächsten Mal in ein Versuchsstadium. Erst danach wird gemeinsam entschieden, ob man damit weitermacht oder nicht. Auch die Retrospektive selbst erhält Feedback, um herauszufinden, wie man diese zukünftig optimieren kann. Das Ganze wird mit einer Lobrunde beendet. Der Ablauf einer Retrospektive sollte wechseln und auch mal spielerisch sein, damit die Spannung erhalten bleibt und das Vorgehen nicht zur drögen Routine verkommt. Im Web kann man für die unterschiedlichsten agilen Besprechungsformate gute Anregungen finden. Für strategische Retrospektiven gilt ein Rhythmus von zwei- bis viermal im Jahr. Hierin kann es auch um rollierende Ziel- und Budgetplanungen gehen.

In komplexen Zeiten ein Muss: Die fehlertolerante Lernkultur

Seit Jahren wird nun schon gepredigt, dass sich die klassischen Unternehmen auch in puncto Fehlerkultur endlich bewegen müssen. Und, ändert sich was? In der theoretischen Einsicht wohl ja. Doch im praktischen Tun? Wie denn? Wenn das Nichteinhalten von Zielen, Plänen und Vorgaben abgestraft wird, kann das nicht klappen. Wo das Zugeben von Verfehlungen zu unangenehmen Gesprächen, zu Gesichtsverlust oder zu Repressalien führen kann, da bleiben Fehler wohl besser unter dem Teppich. Wer persönliche Risiken eingeht, indem er auf einen Fehler aufmerksam macht, wird sich trotz aller Ermunterungen schon allein aus Gründen des Selbstschutzes nicht outen. Das Resultat: Die gleichen Fehler passieren wieder und wieder. Und mutige Innovationen können erst gar nicht entstehen.

Damit sich eine fehlertolerante Lernkultur entwickeln kann, brauchen Menschen das, was man »psychologische Sicherheit« nennt. »Better done than perfect« oder »Safe enough to try«: Solche Ansätze der jungen Unternehmerwelt sind dafür bestens geeignet. Lieber experimentieren, testen, ausprobieren, nachjustieren – und nicht warten, bis alles perfekt ist, denn perfekt ist es nie. Jede Entscheidung birgt per definitionem die Möglichkeit des Scheiterns in sich. Wenn das Umfeld komplex und die Zukunft unvorhersehbar ist, wird Fehleranfälligkeit zur Normalität. »Wenn sich ständig alles verändert, sind Dinge, die gestern richtig waren, heute vielleicht falsch«, so die Personalentwicklerin Ursula Vranken. Selbst das perfekte Produkt von heute ist schon morgen veraltet, weil es dann etwas Besseres gibt.

Um fehlertolerant zu agieren, wird man sich zunächst mit dem Fehlerkontext befassen und differenzieren. Was in der Produktion oder in Sicherheitsbereichen folgenschwere Nachwirkungen haben kann, verlangt selbstverständlich eine Null-Fehler-Toleranz. Und natürlich will jeder Kunde im Moment des Kaufs und der Nutzung eine fehlerfreie Leistung. Fehlerfreundlichkeit hingegen braucht es in der vorgelagerten Entwicklungs- und in der nachgelagerten Optimierungsphase. Viele bahnbrechende Erfindungen kamen nur deshalb zustande, weil sie *nicht* nach Plan verliefen. Und digitale Produkte sind sowieso niemals fertig. Sie kommen als Beta-Version auf den Markt und werden mithilfe der User ständig verbessert. Tatsache ist zudem nun mal auch: Es gibt keine Null-Fehler-Menschen. Bei routinemäßigen Ausführungsarbeiten gilt deswegen: Fehler ja, aber bitte nur einmal. Fehler, die aus Schlamperei immer wieder passieren, brauchen eine Ermahnung. Fehlleistungen hingegen, die mit Absicht geschehen, verlangen eine Sanktion. Ganz wichtig darüber hinaus: Einem Anfänger dürfen zwangsläufig mehr Fehler passieren als einem Profi. Niemand ist gleich vom Start weg perfekt.

Fehler in der Wissensarbeit kann man meistens nur Irrtum nennen. Und Irrtümer sind unvermeidlich. Das Gleiche gilt bei Entwicklungsprozessen. Hierbei befindet man sich ja erst auf dem Weg zur Könnerschaft. Verschiedenes muss ausprobiert werden und dabei kommt es zwangsläufig zu Fehlversuchen. Zudem stellt sich die Frage: Ist das dem Fehler zugrunde liegende Problem einfach, kompliziert oder komplex? Bei komplizierten Problemen lassen sich Prozesse über feste Routinen in Richtung Fehlerlosigkeit bringen. Bei komplexen Problemen hingegen ist genau das nicht möglich. Sie verlangen zwar Rahmenbedingungen, brauchen aber auch Experimentierfelder und freie Bahn.

Bei Fehler-Feedback-Gesprächen ist zudem eine sorgsame Wortwahl sehr nützlich. »Man darf dem anderen die Wahrheit nicht wie einen nassen Lappen um die Ohren schlagen. Man sollte sie ihm vielmehr hinhalten wie einen Mantel, damit er hineinschlüpfen kann.« Diese weisen Worte stammen vom Schriftsteller Max Frisch. Wird von einem Missgriff, einem Patzer oder einer Ersterfahrung gesprochen, klingt das weniger schroff und vor allem auch differenzierter. Wer die passenden Worte findet, wird zudem eher erkennen, weshalb etwas schieflaufen konnte, um den Schaden dann möglichst emotionsfrei aus der Welt zu schaffen. Ein Fehler lässt sich auch wie folgt umschreiben: Lapsus, Panne, Kinderkrankheit, Lernchance, Testlauf, Rückschlag, Schwachstelle, Anlaufschwierigkeit, Trugschluss, Übersehen. Solche Formulierungen schützen vor dem Gefühl des Versagens und machen Fehler verzeihlich.

Es gibt keine Null-Fehler-Menschen.

Lernen ist ohne Fehlgriffe einfach nicht möglich. Nur da, wo nichts passiert, passieren garantiert keine Fehler. Sie sind der Preis für den Fortschritt. Eine negative Einstellung zu Fehlern erstickt Innovationen im Keim. Umwege erhöhen die Ortskenntnisse, heißt es so schön. Und wer sich nie verirrt, findet auch keine neuen Wege. So müssen alle Hebel in Bewegung gesetzt werden, um ein Vertuschen oder Verschleppen von Fehlern zu verhindern. Aus singulären Ereignissen, etwa einem kleinen schwelenden Feuerchen, kann schnell ein großräumiger Flächenbrand entstehen. Schadensbegrenzung durch Früherkennung ist besser. Über Fehler offen zu sprechen, kann neue Fehler verhindern. Schnell aus Fehlern zu lernen, steigert nicht nur das professionelle Niveau, es bewahrt die Mitarbeiter auch vor wiederholten Scheitererfahrungen. Diese führen nämlich dazu, dass die Menschen den Glauben an ihre eigene Wirksamkeit verlieren.

»Wir wollen Fehler schneller als alle anderen machen«, sagt Daniel Ek, Gründer von Spotify. Dort gibt es Fehlerwände, auf denen für alle sichtbar die letzten Fehler und die Lernergebnisse daraus beschrieben werden. Andere setzen folgenden Punkt auf die Meeting-Agenda: »Welche Erfahrungen ich gemacht habe, die sich alle sparen können?« Jeder Mitarbeiter weiß damit sogleich: Das wird uns hier nie wieder passieren. Und sofort ist das gesamte Team einen Schritt weiter. Findet eine solche Aktivität intern statt, wird ein geschützter Rahmen benötigt, damit alles offen und ehrlich auf den Tisch kommen kann. Jede erzählte Geschichte hilft den Anwesenden dabei, genau die Fehler zu vermeiden, die andere hinter sich haben. Solche Transparenz macht außerdem Mut zu mehr Fehlerbereitschaft, was letztlich zu besseren Ergebnissen führt. Im Wort »gescheitert« – der Feinsinn der deutschen Sprache ist wirklich verblüffend – steckt »gescheiter«, was bedeutet:

Jeder missglückte Versuch ist zugleich ein Erkenntnisgewinn.

»Unsere Fehlschläge sind Beutegut und manchmal sogar wahre Schätze. Wir müssen das Leben riskieren, um sie zu entdecken. Und sie mit anderen teilen, um ihren Wert zu schätzen«, schreibt der französische Philosoph Charles Pépin in seinem Werk *Die Schönheit des Scheiterns*. Google nennt er eine »Versuchsmaschine« und meint, es gebe einen engen Zusammenhang zwischen der Anzahl von Fehlschlägen, der Innovationskraft und der Macht des Konzerns. Beim Innovationslabor X der Google-Mutter Alphabet gibt es einen »Dia de los Muertos«, an dem alle nicht umgesetzten Projekte freudig beerdigt werden. Den hat Obi Felten eingeführt, die sich »Head of Getting Moonshots Ready for the Real World« nennt und ursprünglich aus Berlin stammt. Eine Kultur des Scheiterns sei eine wichtige Bedingung, um Geschäftsmodelle mit Milliarden Nutzern aufzubauen, sagt sie, und auch: »Die schwierigen Probleme müssen als Erstes gelöst werden.«[71]

Philipp, ein guter Bekannter von Alex aus der Softwarebranche, und sein Team machen das so: Bei jedem Launch, also dem Debüt einer Produktversion, kommt es natürlicherweise zu Unmengen von Fehlern. Das sind einerseits kleine Flüchtigkeitsfehler, die ein Kunde möglicherweise gar nicht wahrnimmt, die aber die Effizienz gefährden. Andererseits sind das signifikante Fehltritte, die zu Kundenbeschwerden und notwendigen Erstattungen führen können. Doch anstatt die Fehler so gut wie möglich unkenntlich zu machen, fügt jeder von Philipps Leuten selbstbewusst seine erkannten eigenen und fremden Fehler einer Fehlerliste hinzu. Dort sammeln sich Dutzende Punkte. Die Sammlung wird in einem eigens organisieren Rückblick-Wochenende ausgewertet. Das Team zelebriert die zukünftige Fehlervermeidung. Das geschieht, indem die einzelnen Fehler gemeinsam analysiert und Lösungen gefunden werden. Dieses Hochgeschwindigkeitslernen verbessert das Produkt rasant und hebt es immens von denen der Wettbewerber ab.

Ein Erfahrungsnetzwerk, in dem man sich mit anderen austauschen kann, hilft ungemein, Fehler zu besprechen und hierdurch seine Professionalität zu steigern. Unterschiedliche Sichtweisen machen die Fehleraufarbeitung einfacher und führen dazu, dass Fehler in Zukunft erst gar nicht entstehen. Aktives Fehlermanagement heißt außerdem: Fehler und die dazugehörige(n) Lösung(en) werden aufgezeichnet und für diejenigen, die daraus lernen können, transparent gemacht. Ferner werden sie statistisch ausgewertet. Dann macht (hoffentlich) nur ein Teammitglied diesen Fehler. Und Verbesserungen müssen nicht immer wieder neu entwickelt werden.

> **Das ganze Team zelebriert die zukünftige Fehlervermeidung.**

Fragen Sie sich unbedingt auch, welche internen Strukturen und Prozesse individuelles Versagen überhaupt erst möglich gemacht haben. Denn Fehler werden gerne personalisiert. Sind aber »der Huber« oder »die Müller« schuld, dann kann die Organisation selbst nichts für sich lernen. Wenn man Sündenböcke gar nicht erst sucht, kann es auch keine Rechtfertigungsarien geben, die Zeit und Nerven kosten, aber rein gar nichts bringen. »Nur wenn wirklich niemand schuld ist, also wenn niemand schuld sein kann, weil sich die Schuldfrage einfach nicht stellt, kann man die Ursachen und dann Lösungen finden«, erläutert Allsafe-Chef Detlef Lohmann. Dies kann sogar bedeuten, die Mitarbeiter von Schuld komplett freizusprechen. So verschwindet die Angst und der blockierte Kopf wird wieder frei.

Im Überblick: Alte und neue Managementtools

Dieses Kapitel hat sicher eines deutlich gemacht: Eine Vielzahl klassischer Managementwerkzeuge muss denen der neuen Arbeitswelt weichen. So bringt eine neue Organisationsform im Operativen rein gar nichts, solange die Kontrollsysteme die alten bleiben. Wer die Zukunft erreichen will, braucht das passende Gerät im Methodenkoffer. Die uns wesentlich erscheinenden Tools für die neue Unternehmenswelt finden Sie hier noch mal im Überblick.

Alte Welt	Neue Welt
Klassische Zielvorgabesysteme, MbO	OKR (Objectives & Key Results)
Jährliche Budgetierungsverfahren	Rollierende Budgetierungsverfahren
Mitarbeiterjahresgespräche	Regelmäßige Retrospektiven
Einzelanreizsysteme	Team- und Gemeinschaftsboni
Klassische Laufbahnplanung	Kletterwandkarrieren
Starre Stellenbeschreibungen	Flexible Rollenbeschreibungen
Zufriedenheitsjahreserhebungen	Agile Mitarbeiterbefragungen
Top-down-Entscheidungen	Konsent, konsultativer Einzelentscheid
Wasserfall-Projektmanagement	Scrum und andere agile Methoden
Null-Fehler-Kultur	Fehlertolerante Lernkultur

Kurz zum Thema Mitarbeiterbefragungen, dazu haben wir noch nichts gesagt. Jährliche Zufriedenheitserhebungen, mancherorts immer noch üblich, sind nicht nur aufwendig und teuer, sondern auch ziemlich wertlos, da vergangenheitsorientiert und viel zu träge. Sie ziehen sich oft über Monate hin. Entsprechend lange dauert es, bis man sich an oft dringend erforderliche Maßnahmen macht. Das eigentliche Hauptproblem sind jedoch die vorformulierten Fragen. Aspekte, die außerhalb dessen liegen, fallen durch den Rost. Um tatsächlich herauszufinden, was die Mitarbeiter bewegt, müsste man sie in eigenen Worten reden lassen. Doch genau das passiert nicht, weil »die Antworten dann nicht in die vorgegebenen Raster des Untersuchungsberichts passen und auch nicht mit Vorjahresergebnissen vergleichbar sind«, so die Verantwortlichen, wenn man sie fragt. Wie so oft zeigt sich die Selbstfokussierung. Nicht die Interessen der Mitarbeiter, sondern die des Unternehmens werden verfolgt.

Wer die Zukunft erreichen will, muss nach vorne blicken, Ansatzpunkte für Verbesserungsmaßnahmen zügig aufspüren und schnell reagieren. Dazu brauchen Sie agile Befragungsmethoden, die in Echtzeit durchgeführt werden können.[72] Zum Beispiel kann über entsprechende Onlinetools wöchentlich ermittelt werden, wie gerade die Stimmung ist. Behalten Sie darüber hinaus Ihre Bewertungen auf Arbeitgeberbewertungsportalen im Blick, sie sind ein perfektes Frühwarnsystem.

Auch die übrigen Punkte in der Tabelle lassen sich weiter vertiefen. Dazu haben wir am Ende des Buchs ein ausführliches Literaturverzeichnis zusammengestellt.

7. Das Aktionsfeld der Partner-organisationen

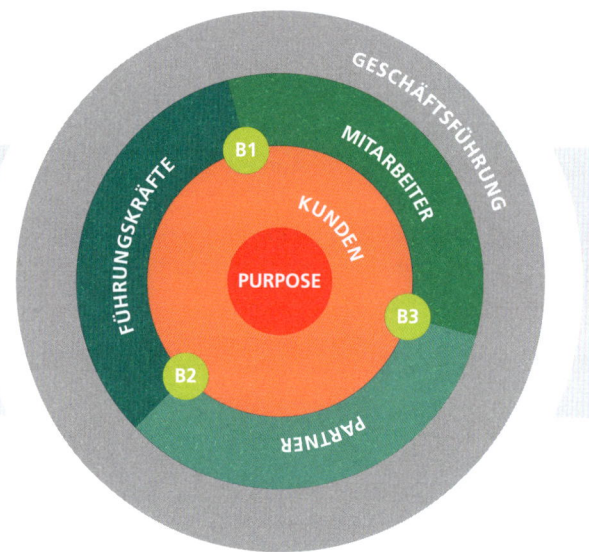

In der digitalisierten Wirtschaftswelt lösen sich Branchengrenzen immer mehr auf. Der klassische Wettbewerb weicht dem Aufbau von onlineunterstützten Ökosystemen. Zudem verschwinden Markteintrittsbarrieren. Wettbewerbsvorteile entstehen nun nicht mehr durch Marktführerschaft, sondern durch die individuelle Lösung spezifischer Kundenbedürfnisse. In einem Verbund kleiner Einheiten bleibt man als Ganzes beweglich und anpassungsfähig. Zunehmend verändern Unternehmen auch ihre Sicht auf die Konkurrenten. Diese werden zu

Kooperationspartnern, um den Kunden ein umfassendes Leistungs-angebot zu bieten. In der Ökosystem-Ökonomie verschwimmen zu-dem die Grenzen zwischen B2B und B2C. Der direkte Kontakt zu den Endkunden bestimmt die neuen Geschäftsmodelle, was vieles deutlich günstiger macht. Schnelligkeit, Adaptionsvermögen und Digitalisie-rung sind bei alldem die beherrschenden Themen.

Darüber hinaus haben viele etablierte Firmen erkannt, dass sie zu schnellen Innovationen und bahnbrechenden Disruptionen kaum in der Lage sind, solange sie in ihren alten Strukturen verharren. Unter der Überschrift »Ambidextrie« haben wir das eingangs bereits ange-rissen. Davon ist besonders die klassische Forschung & Entwicklung (F&E) betroffen, die üblicherweise nach starren Vorgaben agiert und von Controllern penibel überwacht wird. So muss das Innovieren nach draußen verlagert werden. Dabei werden ambitionierte Jungunter-nehmen, als flinke Beiboote genutzt, zu Businesspartnern, Transfor-mationshelfern und Brückenbauern auf dem Weg in die Zukunft.

Längst gibt es einen Boom von Technologiezentren auf der ganzen Welt, in denen sich Universitäten, Forschungseinrichtungen, Start-ups und Investoren mit Corporates zusammentun. In vielen Unternehmen fehlt vor allem die nötige Digitalkompetenz. Dies wurde oft zu spät erkannt. So wird digitales Wissen und Können, das kurzfristig verfüg-bar sein muss, zunehmend über Externe zugekauft. Selbst engagierte Kunden lassen sich für Innovationszwecke aktiv involvieren, wie wir gleich sehen werden.

In diesem Kapitel betrachten wir das Innovationsoutsourcing dem-nach wie folgt:

o Innovation-Labs
o Start-ups
o Ausgründungen
o Crowdsourcing
o Open Innovation

Für Großunternehmen bieten sich vor allem Auslagerungen in größe-re Innovation-Labs oder Start-up-Beteiligungsgesellschaften an. Für Mittelständler, die sich die hohen Kosten dafür nicht leisten können oder wollen, kommt besonders die Zusammenarbeit mit einzelnen Start-ups oder eine Ausgründung infrage. Crowdsourcing und Open Innovation sind für alle Wirtschaftsplayer interessant.

Innovation-Labs: Prototypen für Unternehmen der Zukunft

Die Schwächen, die sich bei traditionellen Organisationsstrukturen in Hinblick auf rasche Innovationen, Digitalisierungsstrategien und neue Geschäftsmodelle zeigen, bewegen immer mehr Unternehmen dazu, an Innovationszentren anzudocken oder hauseigene Innovation-Labs zu gründen. Inhouse-Labs verkörpern den frischen Entwickler- und Pioniergeist der Start-up-Szene. Sie sind räumlich vom Mutterkonzern getrennt, haben eine eigene Geschäftsführung und ein Coworking-ähnliches Arbeitsumfeld. So können Labs zu einem Lernfeld für das ganze Unternehmen werden. Sie sind Experimentierzonen für disruptive Manöver, Enklaven für neue Formen der Unternehmenskultur und Versuchslabore für Arbeitsweisen der kommenden Zeit.

Inhouse-Labs verkörpern den Pioniergeist der Start-up-Szene.

Ein Innovation-Lab ist ein Team, ein Raum und eine Denkweise. Primäres Ziel ist es, die Innovationskraft des Mutterhauses zu beschleunigen und den Weg in die digitale Zukunft zu ebnen. Das geschieht, indem man die derzeitigen Kundenerlebnisse überdenkt, interne Prozesse effizienter gestaltet und durch den Einsatz digitaler Technologien wie Big Data, Internet of Things, Social Media, Mobile, Robotik, Augmented Reality und 3-D-Druck innovative Produkte und Services erprobt. Dabei versucht man eine Umgebung zu schaffen, in der ein designiertes Team Veränderungsdynamiken im Markt erkennen, bearbeiten, integrieren und nutzen kann. Das gibt den Firmen die Möglichkeit, fernab der Tagesgeschäfts ganz und gar Neues zu entwickeln, Risiken, Chancen, Hürden und Einschränkungen abzuschätzen und dabei auch Fehler zu machen, die innerhalb einer herkömmlichen Unternehmensstruktur unerwünscht, karriereschädlich oder viel zu teuer wären. Agile Arbeitsmethoden und kurze Entwicklungszyklen sind Usus. So entsteht vielfältiger Nutzen. Innovation Labs …

- beschleunigen die Erneuerungskraft,
- sind Quellen für außergewöhnliche Ideen,
- erhöhen die Risikobereitschaft der Organisation,
- lassen eine Innovationskultur entstehen,
- ziehen Toptalente an,
- stärken die Arbeitgebermarke,
- erhöhen die Reputation in der Öffentlichkeit,
- sorgen für Medienpräsenz,
- motivieren die eigenen Mitarbeiter,
- sind Prototypen für neue Arbeitsformen und
- sichern die Wettbewerbsfähigkeit des Unternehmens.

Ein externes Innovationszentrum, auch Technologie-Hub oder Inkubator genannt, dient vor allem dazu, digitale Innovationen zu beschleunigen. Dabei wird ein Ökosystem aus Start-ups, Risikokapitalgebern, Acceleratoren, akademischen Institutionen und Regierungsorganisationen genutzt. Hubs sind Zentren, in denen Spezialisten für unterschiedliche Technologien und kreative Köpfe mit digitalem Verständnis in interdisziplinärem Austausch stehen. Sie sollten prioritär an Innovationsstandorten entstehen, um die dortigen Netzwerkeffekte nutzen zu können. Vermehrt wird dieses Angebot von Firmen als Dienstleistung bezogen. Dabei eignen sich Organisationen die Arbeitsweisen, Lernmodalitäten und Vernetzungsskills von Start-ups an und initiieren Kooperationen. Alternativ forschen kleine Teams an Innovationsstandorten wie dem Silicon Valley, London, Paris, Tel Aviv, Singapur oder Berlin und betreiben Start-up-Scouting, beispielsweise zu konkreten Themengebieten wie Banking oder Mobilität.

Inhouse-Labs: Aufgaben, Herausforderungen und Gefahren

Inhouse-Innovation-Labs konzentrieren sich darauf, unternehmensübergreifende Ideen zu finden, die ansonsten aufgrund erstarrter Strukturen nicht entwickelt werden könnten. Im Wesentlichen haben sie folgende Aufgaben:

- das Verständnis für die digitalen Kundenbedürfnisse vertiefen,
- neue Technologien auswerten und testen,
- neue Produkte und Dienstleistungen entwickeln,
- eine datengetriebene Organisation schaffen,
- neue Geschäftsmodelle, die an die heutigen Kunden angepasst sind, gestalten,
- potenzielle Partner identifizieren und strategische Beziehungen knüpfen,
- bestehende und neue digitale Investitionen und Initiativen bewerten,
- neue Innovationskultur innerhalb der Organisation entwickeln und
- anerkannter Teil von Innovationsgemeinschaften werden.

Dabei nutzen die Labs agile Arbeitsmethoden wie zum Beispiel Ideation, Rapid Prototyping, Kanban, Scrum und Design Thinking. All das hilft herkömmlichen Firmen dabei, Veraltetes auszusondern und neue Geschäftsfelder zu erkunden.

So haben interne Labs das Potenzial, die Unternehmen systematisch auf eine veränderte Zukunft vorzubereiten. Doch vieles davon gleicht einem symbolischen Aktionismus. Statt tatsächlich Innovationen zu generieren, werden Innovation-Labs bisweilen als PR-Werkzeuge missbraucht, um das Bild eines fortschrittlichen Unternehmens zu kreieren. Anderen dient die Anmietung in einem Innovation-Hub als Attraktion, um Besucher zu beeindrucken oder den CEO in Szene zu setzen. So sind manche Labs nichts als teure Fassade, Innovationstheater auf der Vorderbühne: schön gespielt, aber zum Scheitern verurteilt. Die alte Arbeitsweise wird im Kostüm der New Economy weitergeführt.

Inhouse-Labs sind leider oft nur symbolischer Aktionismus.

Die Hauptprobleme, durch die das Potenzial von Innovation-Labs verschenkt wird:

- Vielfach dominieren die trendigen Symbole der Digitalisierung, aber nicht die Inhalte. Ein mutiger Schritt in Richtung Wandel ist eine Seltenheit. Während die Fassade des Neuen aufrecht steht, regiert im Hintergrund das Alte.

- Durch den »Clash of Cultures« stockt die gegenseitige Befruchtung von »Jung« und »Alt« beziehungsweise von »Klein« und »Groß«. Es mangelt an Lernbereitschaft und dem aufrichtigen Willen, der jeweils anderen Gruppe zu vertrauen.
- Ein unübersichtliches Gewirr von Methoden erschwert die Verankerung und Skalierung der prototypisierten Produkte und Geschäftsmodelle.

Ein Risiko für hauseigene Innovation-Labs besteht zudem darin, dass sie sich von der Mutterorganisation zu rigoros abspalten. Deshalb ist es entscheidend, dass die einzelnen Unternehmensbereiche bei der Auswahl, der Bewertung und der Durchführung von Innovations-projekten einbezogen werden. Oft werden Innovationszentren bzw. deren Mitarbeiter auch von den Kollegen innerhalb der Unterneh-mensstruktur als Außenseiter betrachtet. Das kann speziell dann Pro-bleme schaffen, wenn es darum geht, die von den Labs erarbeiteten Lösungen zu vermarkten. So ist es wichtig, dass Innovation-Labs trotz ihrer Autonomie im Einklang mit den geschäftlichen Anforderungen des Mutterhauses stehen.

Innovation-Lab 2.0: Die »erwachsenen« Innovations-inseln

Innerhalb von Großunternehmen sind Innovation-Labs bislang kaum überlebensfähig. Sie werden konsequent abgestoßen. Sie sind von ih-rer Natur her zu fremd. Denn das Silodenken sitzt vielerorts immer noch tief. Diejenigen Labs, die sich mehr als PR-Gag oder »Bastelbude« entpuppen, verschwinden wieder vom Radar. Doch der Blick über den Tellerrand mittels eines eigenen Innovation-Labs kann den Weg in die Zukunft ebnen. Deshalb wollen wir zeigen, wie sich dessen Überle-benschance erhöhen lässt.

Zunächst benötigt ein Innovation-Lab die Legitimation durch die Ge-schäftsleitung, deren absolute Rückendeckung und Finanzierungssi-cherheit. Mindestens zehn Prozent der Unternehmensinvestitionen sollten in die Erkundung neuer Geschäftsfelder und die Optimierung der internen Prozesse fließen. Ein Innovation-Lab braucht zudem einen eigenen Purpose und ganz konkrete Aufgabenstellungen. Wir befinden uns also am Anfang der zweiten Generation der Innovation-Labs: Innovationsinseln, die ihrem Namen gerecht werden können und beständig Wert für das Unternehmen schaffen. Was sie unterscheidet: Sie handeln nur als Antwort auf einen klar definierten Auftrag eines internen Kunden. Zudem verfolgen sie unternehmenskulturelle Ziele:

- Sie kümmern sich abseits des Konzerns um die »kreative Vorentwicklung« von Innovationen, die den einzelnen Business-Units dienen.
- Langfristig geht es darum, die moderne Arbeitskultur im Lab in das Unternehmen hineinzutragen. Dazu wird bei Bedarf ein eigenes Umsetzungsteam gegründet.

Für die kreative Vorentwicklung ist es aus Sicht einiger Lab-Manager, mit denen Alex sprach, am sinnvollsten, ein Konstrukt aus zwei Teams mit unterschiedlichen Aufgabenbereichen ins Leben zu rufen:

- **Das Kreativ-Team:** Diese Einheit ist der Ideengenerator und -tester. Wie eine interne Beratung soll sie das Innovationspotenzial im Unternehmen ausfindig machen und neue Lösungen prototypisieren. Sie unterstützt also die einzelnen Fachbereiche mit Innovation. Am Anfang steht die Beobachtung und Überarbeitung der etablierten Prozesse. Beispielsweise könnten ausgewählte Beschaffungsprozesse durch künstliche Intelligenz optimiert werden. Im Geschäftsalltag wäre es für eine Business-Unit praktisch unmöglich, ein solches Projekt anzustoßen und zeitnah zu realisieren. Dem Kreativ-Team fällt somit die Aufgabe zu, den einzelnen Units Projektvorschläge zu machen. Alternativ erhält es konkrete Aufträge von internen Kunden. Letzteres ist erfahrungsgemäß seltener, doch es führt aufgrund der Initiative aus dem Fachbereich wahrscheinlicher zur Umsetzung. Vorschläge haben hingegen einen »Einmisch-Charakter«, der so manches Mal zur Blockade führt.
- **Das Service-Team:** Dieses setzt die neuen Lösungen um. Entweder verfügt es selbst über das jeweils notwendige Know-how für die ausgewählten Maßnahmen oder es macht innovative Partnerfirmen ausfindig und selektiert im Markt jene Start-ups, die die angepeilten Vorhaben im Rahmen ihres Geschäftsmodells schon realisiert haben.

Das Kreativ-Team und das Service-Team befruchten sich gegenseitig. Sie sind nahe beim Mutterunternehmen oder an einem favorisierten Innovationsstandort angesiedelt. Daraus entstehen dann möglicherweise weitere themenspezifische Lab-Teams.

Fünf-Punkte-Plan für Lab-Manager und solche, die es werden wollen

Innovation Labs bläst auch heute noch ein scharfer Wind ins Gesicht. Zunächst wollen wir einige Widerstände listen, auf die wir in Unternehmen immer wieder treffen. Wer als Manager eines Innovation-Labs erfolgreich sein will, sollte diese kennen und sich im Vorfeld darauf vorbereiten.

- **Widerstand aus dem Controlling:** Das Kreativ-Team kann nicht vom ersten Tag an profitabel sein, das ist logisch. Zudem können anfangs noch keine konkreten Zahlen präsentiert werden, das hatten wir unter dem Stichwort »Selbstdisruption« bereits erörtert. Damit das Lab überhaupt Gestalt annehmen kann, muss das Topmanagement einen Innovationsfonds installieren, aus dem das Lab finanziert wird. Eine Kosten-Nutzen-Rechnung unter Einbeziehung der Verluste wegen unterlassener Innovation ist unumgänglich.
- **Widerstand aus dem mittleren Management:** Der Weg zum performanten Innovation-Lab ist vor allem dann steinig, wenn sich nach einem Fehlschlag, etwa infolge eines Labs der ersten Generation, Ernüchterung breitgemacht hat. Zudem sorgt Unverständnis sehr oft für Ablehnung. Angst vor Kontrollverlust ist ein weiteres Thema. Blockaden entstehen überall da, wo Entscheider etwas zu verlieren haben. Im äußersten Fall kann die Firma auf eine externe Innovation-Community zurückgreifen, wie wir gleich näher beschreiben.
- **Widerstand aus den Fachbereichen:** Es ist unwahrscheinlich, dass sich die Fachbereiche zum Erschließen crossfunktionaler neuer Geschäftsmodelle verpflichtet fühlen, solange kein Lab als Brückenbauer zwischen den einzelnen Silos moderiert. Fachbereiche könnten auch wegen empfundener Kannibalisierung, wegen

etwaiger Konkurrenzdenke oder eines befürchteten Bedeutungs-verlusts die Lab-Vorhaben blockieren. Zudem sind die Arbeitswei-sen oft sehr verschieden. So kennen Labs keine Lastenhefte, son-dern sind durch Scrum operationalisiert.

Wie kann es dennoch, trotz dieser Widerstände, gelingen, ein Innova-tion-Lab zum Erfolg zu führen? Unser Fünf-Punkte-Erfolgsplan zeigt den Weg auf:

Der Fünf-Punkte-Plan für Lab-Manager

1. **Bedarfsorientiert handeln:** Zu diesem Zweck müssen die (zukünf-tigen) Lab-Verantwortlichen ihre Antennen ausfahren, um Bedarfe in den Fachbereichen wahrzunehmen. Legitimation entsteht, wenn es gelingt, spezifische innovative Themen in den jeweiligen Fachbereich hineinzutragen.

2. **Fortlaufend kommunizieren:** Auf passende Weise ist zu erläutern, woran die Lab-Mitarbeiter arbeiten (werden): Wo und wie können sie den jeweiligen Fachbereich konkret unterstützen und somit ihre Existenz rechtfertigen? Außerdem sollten Besuche und Kaffeetermine organisiert werden, um konkrete Projekte in Form von Business-modell-, Produkt- oder Prozessoptimierungen sichtbar zu machen.

3. **Interne Fürsprecher rekrutieren:** Entscheider mit Durchsetzungs-kraft aus dem mittleren Management müssen als Advokaten gewon-nen werden. So schuf ein Automobilkonzern einen Innovationsfonds von 20 Millionen Euro für neue Geschäftsfelder. Dies wurde vom IT-Chef angestoßen und vom Betriebsrat genehmigt. Fehlt solche Unterstützung, dann leben Innovationsvorhaben nicht lange. Die auf Beständigkeit gepolte interne Dynamik ist nicht zu unterschätzen.

4. **Skeptiker überzeugen:** Hierbei helfen gemeinsame Veranstaltungen mit Innovationsbefürwortern und -skeptikern. So kamen bei einem führenden Logistikunternehmen alle Abteilungsleiter zu einem Work-shop über digitale Geschäftsmodelle zusammen. Dabei übernahmen überraschenderweise die innovationsaffinen Teilnehmer selbst die

Moderation und nutzten ihre Überzeugungskraft, um zweifelnde Blockierer in ihren Reihen mitzuziehen. Das Resultat war die Installation eines Inhouse-Labs und kurz darauf eine bahnbrechende Partnerschaft mit mehreren Innovationstreibern der Branche.

5. Storytelling einführen: Das junge Lab wird Anerkennung im Unternehmen nur über eindeutige Beiträge zu dessen Erfolg erlangen. Schnelle erste Ergebnisse sind deshalb von großer Bedeutung. Storytelling ist eine gute Methode, um diese transparent zu machen. Menschen lassen sich viel eher durch Geschichten überzeugen als durch sachliche Darstellungen und nüchterne Fakten. Zudem machen Geschichten das Lab und seine Mitarbeiter greifbarer und sorgen für Nähe. Nicht zuletzt werden gut erzählte Geschichten gern von den Medien aufgegriffen und verbessern die Reputation.

Eine Innovationsexpertin aus einem Konzern erzählt: »Unserem Innovation-Lab begegneten die Mitarbeiter zu Beginn sehr skeptisch – aber auch mit Neugier. Mittlerweile hat das Lab einen hohen Stellenwert, denn wir nehmen eine neutrale Position ein. Retrospektiv wurde uns weder inhaltlich noch finanziell reingeredet, weil wir schnell lernten, dass sich das Lab beweisen muss. Und das ist gut so, denn nur dann entstehen sinnvolle Dinge.«

Die Innovation-Community als externer Innovationshelfer

Firmen, die aus Budget- oder Hierarchiegründen kein eigenes Innovation-Lab entwickeln können, greifen bisweilen auf externe Innovation-Communitys zurück. Ein Vorteil ist zudem, dass das erforderliche Innovations-Know-how in einer solchen Community schon existiert. Von einigen Anbietern werden Innovation-Communitys gezielt ins Leben gerufen, um sie dem Markt als Dienstleistung zu offerieren. Sie können privat finanziert oder staatlich gesponsert sein. Im zweiten Fall dienen sie meist der Regionalentwicklung. In vielen Fällen sind Großinvestoren mit von der Partie. Die wie ein Hub agierenden

Innovation-Communitys kombinieren Lean-Start-up-Methodik, neue Technologien und eine kreative Arbeitsumgebung, um Organisationen für die digitale Welt fit zu machen. Manchmal gibt es sie auch mit einer gezielten Ausrichtung.

Innovation-Communitys bieten folgende Schlüsselfunktionen:

- Coworking in modernen Office-Spaces
- Vernetzung mit Start-ups
- Talent-Scouting geeigneter Freelancer und potenzieller Mitarbeiter
- Veranstaltungen zum Thema Digital, Start-up, Transformation usw.

Ein Beispiel ist die Factory Berlin. Die »Community of Innovators« verbindet verschiedene Stakeholder in einem Mitgliedermodell. Man bucht dort nicht, wie es sonst in einem Coworking-Space üblich ist, einen Tisch oder ein Büro. Um die Vorteile dieses Hubs nutzen zu können, muss man beweisen, dass man die definierten Werte der Mitgliedergemeinschaft teilt. Dann hat man Zugang zu gleichgesinnten kreativen und disruptiven Freelancern, Start-ups und Miniagenturen. Außerdem finden sich dort kleine Teams aus Konzernen, die an neuen Produkten forschen und sich dafür vernetzen. Abgerundet wird das Konzept durch regelmäßige Veranstaltungen und Lernformate, die von der und für die Community exklusiv organisiert werden.

Die Hub-Infrastruktur einer Innovation-Community und auch die von typischen Innovationszentren ist vergleichbar mit einer Weltraumstation, wie wir sie aus Science-Fiction-Filmen kennen. Der Hub selbst entspricht der Brücke des Raumschiffs: eine zentrale Einheit, die alle angeschlossenen Player wie etwa Universitäten, Konzerneinheiten, Start-ups, Agenturen und Freelancer mit Wissen und Ressourcen versorgt. Dies macht derartige Hubs zugleich zu einem Treffpunkt und zu einem verbindenden Führerhaus für Innovation.

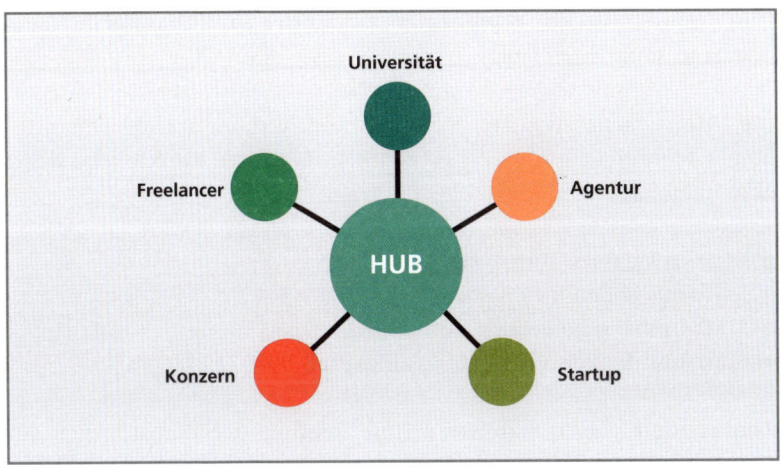

Abb. 15: Modell der Infrastruktur eines Innovationshubs

Wie die Zusammenarbeit mit Start-ups gelingt

Die Digitalisierung dreht sich inzwischen dermaßen schnell, dass viele Marktplayer ihrer mit eigenen Bordmitteln nicht mehr Herr werden können. Start-ups und ihre Impulse sind deshalb geradezu unentbehrlich, um Neues in traditionelle Unternehmen zu bringen und damit das Geschäft von morgen zu sichern. Start-ups sind eng am Puls der Zeit und setzen enorme Innovationskräfte frei. Sie können Keimzellen für die Digitalisierung einer bestehenden Angebotspalette, Wegbereiter für die Erschließung neuer Märkte und Katalysatoren für den Wandel der Unternehmenskultur sein.

Börsen, Portale, Messen und andere Veranstaltungsformate, die die Möglichkeit schaffen, dass sich beide Seiten treffen können, gibt es reichlich. Mittler, die die Szene gut kennen und passende Partner zusammenbringen, haben viel zu tun. Es gibt kaum einen Großkonzern, der noch kein Start-up im Portfolio hat. Manche gehen dazu weltweit auf die Suche. Auch der Mittelstand zeigt sich mehr und mehr interessiert, und das aus gutem Grund: Wer sich mit der jungen Avantgarde zusammentut, eröffnet sich neue Geschäftsfelder, verschafft sich Zugang zu progressiven Technologien, macht sich fit für die Zukunft und sichert so sein Überleben.

Die Unterschiede zwischen Start-ups und herkömmlichen Organisationen wurden schon eingangs deutlich. Folgende Punkte sind dabei entscheidend:

○ Start-ups hassen Bürokratie.
○ Start-ups lieben ihre Kunden.
○ Start-ups sind beweglich und schnell.
○ Start-ups denken von Anfang an digital.

Konkretisiert sich in etablierten Unternehmen der Wunsch nach der Zusammenarbeit mit einem Start-up, dann ist zu sondieren, welche Form dafür die richtige ist. Das hat sowohl mit der eigenen Firmengröße als auch mit der Branche und den zu erreichenden Zielen zu tun. Hier die beiden geläufigsten Möglichkeiten:

○ **Partnerschaften:** Start-ups, die bereits erfolgreich am Markt unterwegs sind, können attraktive Bündnispartner sein. Es ist einfach klüger, gemeinsame Sache mit passenden Gründern zu machen, als sich von ihnen überrollen zu lassen. Solche Kooperationen können einem einmaligen Projektzweck dienen oder auf Langfristigkeit ausgelegt sein. Dazu müssen die Beteiligten die Ziele und individuellen Arbeitsweisen der jeweils anderen Seite verstehen. Start-ups profitieren von den finanziellen Mitteln, dem Zugriff auf Ressourcen und dem Zugang zu einem bereits bestehenden Kundenkreis der Etablierten. Den Etablierten wiederum kommen die Agilität, der Wagemut und der Erfindungsreichtum der Start-ups zugute.
○ **Eingliederungen:** Dabei geht es entweder darum, gerade die Start-ups aufzukaufen, die die eigenen Geschäftsfelder bedrohen, oder man will das eigene Portfolio bereichern und sich die Expertise der Jungunternehmer sichern. Profis für Mergers & Acquisitions helfen, damit keine Fehler passieren. Soll der Zusammenschluss einträglich sein, braucht es zudem Kulturmoderatoren. Klassische Fusionen, das ist seit Jahren bekannt, scheitern fast immer an der Nichtvereinbarkeit der Unternehmenskulturen. Zahlenmenschen und Analytiker unterschätzen dabei vor allem die Macht der

Emotionen. Doch genau die verhageln jeden von Book-Smarts errechneten Plan. Will man also die vorgegebenen Ziele erreichen, muss man den Start-ups ein solches Spielfeld schaffen, dass sie zur Hochform auflaufen können.

Wie man passende Start-ups selektiert? Das beginnt mit folgenden Fragen:

- Welche Kooperationsfelder könnten uns weiterbringen?
- Wie werden unsere Kunden davon profitieren?
- Für wen sind wir als Kooperationspartner interessant?

Danach beginnt die Suche. Ausschreibungen, Fachportale, Company-Builder, Start-up-Scouts und Eigenrecherchen helfen dabei. War die Kontaktaufnahme erfolgreich, wird die Zusammenarbeit entwickelt. Die Partner müssen sowohl fachlich als auch menschlich gut harmonieren. Jede Beziehung schafft ja immer auch Abhängigkeiten. Ungeeignete Partner können sehr schnell Probleme machen. Prüfen Sie also sorgfältig, mit wem Sie ins Kooperationsboot steigen. Das positive oder negative Verhalten eines Partners fällt immer auch auf einen selbst zurück. Vor allem mittelständische Unternehmen haben bei der Zusammenarbeit mit Start-ups gute Karten, weil sie meist eine eher schlanke Organisation mit relativ kurzen Entscheidungswegen und zügigen Reaktionsmöglichkeiten haben.

> **Die Partner müssen sowohl fachlich als auch menschlich harmonieren.**

In Konzernen sieht die Sache anders aus, vor allem bei Integrationen. Meist beginnt das Ganze damit, dass ein Bürokratiemonster über das inkorporierte Unternehmen herfällt, was erst mal wochenlang alle am eigentlichen Arbeiten hindert – und aus Kundensicht Stillstand bedeutet. Es folgen die endlosen Abstimmungsprozesse, die Planungsrunden, die Budgetrestriktionen, der Kompetenzwirrwarr, das Zuständigkeitsgezerre, die Reportingexzesse, die Insellösungen, die vertagten Entscheidungen, die Machtkämpfe, die Grabenkriege, die zermürbenden Debatten mit Bedenkenträgern, kurz, die ganze Palette dessen, was in einem »normalen« Unternehmen so Usus ist.

Von Höchstleistungen kann dann schon bald keine Rede mehr sein. Kluge Köpfe lassen sich eben nicht gängeln. Im falschen Umfeld gehen sie ein wie die Primeln. Oder sie verlassen das Unternehmen zum erstbesten Zeitpunkt. Auch die Kunden fühlen sich bei den neuen Eigentümern oft nicht wohl und ziehen von dannen. So sind Erfolgsstorys von gelungenen Integrationen tatsächlich rar. Die meisten Old-School-Unternehmen machen die wunderbaren »Spielzeuge«, die sie erworben haben, Stück für Stück einfach kaputt. Was bleibt, ist eine leere Hülle. Gelingen kann es wirklich nur dann, wenn man bestehende Kulturunterschiede akzeptiert und die Innovationskraft der angedockten Start-ups bewahrt, indem man sie weiter selbstorganisiert arbeiten lässt.

Die Ausgründung aus dem Mutterhaus

Wenn es um die Erschließung neuer Technologien und schnelle Produktinnovationen geht, sind Ausgründungen eine weitere hochinteressante Option. Eigenständigkeit ist dabei entscheidend, um schnell voranzukommen. Das bedeutet: Die Ausgründung braucht ein eigenes Vollzeitteam, ein eigenes Budget und einen eigenen Arbeitsort abseits des Mutterunternehmens. So kann sich das Team zum Beispiel in einem Coworking-Space einmieten, damit es näher an innovative Themen herankommen, mögliche Kooperationspartner kennenlernen und Gründergeist schnuppern kann. Ausgründungen sind sowohl in großen Organisationen als auch im Mittelstand möglich. Für eine Ausgründung statt eine Anbindung an ein Start-up spricht, dass die Mitarbeiter mit dem Mutterunternehmen gut vertraut sind. Sie kennen dessen Strukturen, Prozesse und Unternehmenskultur. Und sie kennen dort eine Menge Leute, mit denen man auch mal auf dem kleinen Dienstweg was klären kann. Wichtig ist, dass die Mitarbeiter, die in der ausgegründeten Einheit arbeiten werden, nicht abkommandiert werden, sondern sich freiwillig melden. Besser ist es zudem, das entwickelte Produkt durch ein eigenes Sales-Team zu vermarkten, um nicht auf die Vertriebskräfte des Mutterhauses angewiesen zu sein. Weil incentivegesteuert, hält sich deren Engagement für das neue Baby und einen dafür zu findenden neuen Kundenkreis nämlich sehr oft in Grenzen.

Damit eine Ausgründung ihre Ziele erreicht, darf sie weder ein Anhängsel noch ein Fremdkörper sein. Vielmehr muss sie verstanden werden als Biotop für neue Formen der Zusammenarbeit und Brutstätte für neue Businessideen. Sie wird für Irritationen sorgen, darf aber nicht als Provokation wahrgenommen werden. Sie braucht einen Schutzraum, eine Schnittstelle zur Mutterorganisation und eine Person, die den Schutzraum schützt. Denn sie wird nicht nur Befürworter haben. Konflikte sind vorprogrammiert. Viele in der weiterhin klassisch agierenden Mutterorganisation werden dem Konzept mit Feinseligkeit begegnen (»Wir müssen uns hier an feste Vorgaben halten und die dürfen Geld verjubeln!«). Deshalb ist ein ständiges Kommunizieren, Kommunizieren, Kommunizieren in alle Richtungen unglaublich wichtig. Im Leerraum fehlender Informationen entstehen oft die schlimmsten Gerüchte. Außerdem ist die Rückendeckung der Geschäftsleitung elementar. Diese muss klipp und klar sagen, dass sie unterstützt, was die Ausgründung macht, auch wenn die Investition sich am Anfang noch nicht amortisiert. Ein enger Austausch mit ihr ist fundamental.

Wichtig ist außerdem, sich Gedanken darüber zu machen, ob, und wenn ja, wie die Reintegration in den Mutterkonzern vonstattengehen kann. Wenn, dann soll sie erst erfolgen, nachdem das entwickelte Produkt erfolgreich im Markt platziert wurde, sodass keine Gefahr besteht, dass es vom alten Geschäft assimiliert wird.

In der Konzernwelt wird inzwischen eine Vielzahl neuer Produkte in Ausgründungseinheiten entwickelt. Aus ihnen können sich, wie etwa bei Moovel geschehen, eigenständige Unternehmen entwickeln. Moovel bietet Mobilitätslösungen an und ist, als hundertprozentige Tochter der Daimler AG, aufgestellt wie ein modernes Digitalunternehmen. »Eine Welt ohne Staus« ist der Purpose. Dieser Purpose wird auch in der Firma gelebt, und zwar in Form von agiler Produktentwicklung und Selbstorganisation. Die Teams, in »Squads« aufgeteilt, sind ein Mix aus Mitarbeitern aus dem Konzernumfeld und Neueinstellungen beziehungsweise Eingliederungen aus der digitalen Start-up-Szene. Mit Stand August 2018 hatte Moovel 290 Beschäftigte.

> Die Ausgründung darf weder Anhängsel noch Fremdkörper sein.

Die Kuka Group, ein international tätiger Automatisierungskonzern mit 14 000 Mitarbeitern, hat ausgegründet, um den kollaborierenden Roboter LBR iiwa zu entwickeln. Und zwar aus dem Grund, weil diese neue Robotergeneration in den traditionellen Strukturen des Mutterhauses kaum hätte umgesetzt werden können, erklärt Christian Tarragona, Vice President F&E bei der Kuka Roboter GmbH. Aus den anfangs 40 Mitarbeitern wurden schnell 100, weil die autonome Arbeitsweise mit agilen Methoden sehr gute Leute anzog. Für Entwickler sei es zum Beispiel wichtig, dass sie das, was sie für ihre Arbeit brauchen, zügig erhalten, ohne langwierige Bestellprozesse und große Diskussionen, ob sich das rechnet oder nicht, so Tarragona.[73] So wurde der LBR iiwa der weltweit erste in Serie gefertigte sensitive Leichtbauroboter.

Eine Ausgründung soll aber nicht nur die Digitalisierung vorantreiben und schnelle Innovationen hervorbringen. Idealerweise befruchtet sie auch den kulturellen Wandel im Mutterkonzern. Dies geschieht am besten durch Mitarbeiter, die aus der Ausgründungseinheit in die Stammorganisation zurückkehren. Ein Paradebeispiel dafür ist Vanessa Connemann, heute Funktionsbereichsleiterin Kommunikation selbstständige Kaufleute bei der Rewe Group. Davor war sie zwei Jahre bei der Rewe Digital tätig. Sie erzählt uns: »Das informelle Miteinander dort, die Duz-Kultur und die Open-Space-Bürogestaltung mit vielen Treffpunkten und Impulsen für das kreative Arbeiten haben meine Arbeitsweise stark verändert. Ich gehe heute viel unbürokratischer auf Kollegen zu und kann Ideen so schneller und effizienter weiterentwickeln. Auch in meinem heutigen Job in der Muttergesellschaft versuche ich einiges beizubehalten: Ich habe mein Einzelbüro zum Meetingraum umgestaltet und bin in die Teambüros gezogen. So haben wir einen Raum für den gemeinsamen Austausch und ich bin näher am operativen Geschehen dran. Zudem haben wir jede Menge unnötige Bürokratie abgebaut. Wir tauschen uns jetzt auch mithilfe von Post-its aus: Was wichtig ist, bleibt im Teamroom an der Wand kleben. Das Duzen versuche ich weitestgehend beizubehalten und schätze den Umgang auf Augenhöhe ungeachtet der Hierarchien – bei uns sind auch Azubis und Praktikanten vollwertige Teammitglieder, und so kann man dieses Gefühl vermitteln.« Mit welcher Absicht beziehungsweise welchem Ziel sie denn in die Zentrale zurückgegangen sei, wollen wir noch wissen. »Für mich hat sich ein nächster Entwicklungsschritt angeboten, der mit mehr Verantwortung und einem sehr spannenden fachlichen Feld verbunden ist. Ich hatte keine Vorbehalte, ›zurückzugehen‹, wie ihr das nennt, weil ich glaube, dass ich jeden Tag einbringen kann, was ich in meiner Zeit bei Rewe Digital gelernt habe.«

Ein anschauliches Beispiel: Ausgründung bei Möbel Schaumann

Auch für KMU bieten sich Ausgründungen an. Lena Schaumann erzählt: »2014 habe ich Lumizil gegründet – einen der größten Onlineshops für Lampen in Deutschland. Ich stamme aus einer alten Möbler-Familie. Mein Vater führt in dritter Generation das Familienunternehmen Möbel Schaumann mit vier Möbelhäusern und Küchenstudios in Nordhessen. Als ich 2013 aus dem Studium kam, bin ich bei uns eingestiegen und wollte das Thema Digitalisierung vorantreiben. Mein Ziel: *Das* Möbelhaus werden, das auf allen Kanälen mit seinen Kunden kommuniziert und sich nicht von der Onlinewelt abhängen lässt, sondern die Chancen der Digitalisierung ergreift.

Ich war hoch motiviert, aber schnell stellte ich fest, dass das Ziel weitaus ambitionierter war als angenommen. Mir war nicht bewusst, dass ich dafür alles – und zwar wirklich alles – auf links drehen musste. Die internen Prozesse waren nicht dafür gemacht, die Zusammenarbeit war – wie die Millennials sagen würden – sehr Old School, die Mitarbeiter steckten in festen Strukturen und waren für eine derartige Veränderung noch nicht bereit. Die IT-Prozesse waren nicht auf dem neuesten Stand, und das benötigte Budget wurde nicht bereitgestellt, weder für neuartige Werbung auf Google & Co. noch für neue Prozesse und weitere Arbeitsplätze – und erst recht nicht für Experimente.

> Auch für KMU können Ausgründungen ein Erfolgsrezept sein.

An allen Ecken wurde mir erklärt, warum dieses und jenes aus bestimmten Gründen nicht funktionieren würde. Ich ließ mich dadurch ziemlich einschränken und glaubte langsam fast selbst, dass der Möbelhandel einfach so funktioniert, wie er funktionierte, und wir uns weiterhin darauf konzentrieren müssten, rückgängiges Geschäft durch das Verteilen von noch mehr Prospektwerbung auszugleichen. Aber nur fast!

Kurzerhand entschied ich mich nach sechs Monaten für eine Ausgründung. Ich zog nach Berlin, um Distanz zu schaffen, gewann einen Business-Angel und meinen Vater für das Projekt und startete dort noch mal von vorne. Mit meinem Team kreierten wir mit Lumizil einen Onlineshop nach allen Regeln der Onlinekunst inklusive vollautomatischer Prozesse und ohne jede Beschränkung der bestehenden Infrastruktur des Familienunternehmens. Wir hatten Möbel Schaumann zwar weiterhin am Horizont im Blick, aber die Distanz gab uns die Möglichkeit, Lumizil vollkommen frei zu entwickeln und zu gestalten.

Wir lernten, wie die Onlinewelt tickt, setzten vollständig auf die Automatisierung aller Prozesse, lernten die Welt des Onlinemarketing kennen und taten den ganzen Tag nichts anderes als testen und experimentieren. Es gab etliche kleine und große Erfolgsmomente, ebenso passierten aber natürlich auch Fehler. So verließen wir uns beispielsweise blauäugig auf einen einzigen Programmierer. Als dieser uns spontan verließ, musste der Launch von Lumizil fast zwei Monate nach hinten verlegt werden und die Kosten erhöhten sich immens.

Nach einem Jahr suchten wir wieder den Bezug zum Möbelhaus. Wir bauten die Lampenabteilung um, verknüpften sie zu 100 Prozent mit unserem Onlineshop und so wurden Click-&-Collect-Bestellungen möglich. iPads in der Abteilung erweitern die Ausstellung seitdem digital. Die Beratung findet per iPad statt und über die gezielte Onlinewerbung erhöhten wir die Frequenz der Abteilung. Die kritischen Blicke vom Jahr zuvor waren immer noch da, doch die Ergebnisse ließen die Skepsis immer mehr schwinden. Die Frequenz wurde erhöht. Was jedoch *nicht* wie erhofft in gleichem Maße anstieg, war der Umsatz.

Keine drei Monate später gingen wir die Dinge noch mal neu an. Wir machten Kundenumfragen und setzten alles daran, das Projekt voranzutreiben – schlussendlich mit Erfolg. Unser Konzept ging auf. Nun hatten wir unser Möbelhaus allerdings quasi in zwei geteilt: Auf der einen Seite stand eine komplett digitalisierte Lampenabteilung inklusive Onlineshop und auf der anderen der Rest des Hauses, der weiterarbeitete wie bisher. Das Ziel war klar: Das Konzept musste auf das gesamte Möbelhaus und alle Warengruppen ausgeweitet werden.

Wir zogen mit unserem Berliner Start-up-Büro nach nur drei Jahren zurück nach Kassel – mitten in das Familienunternehmen. Das Lumizil-Büro sticht im Gegensatz zu dem von Möbel Schaumann sehr hervor, sowohl optisch als auch kulturell. Nun liegt es an uns, diese Kultur im Rest der Firma zu etablieren. Denn nur wenn wir gemeinsam offen für Veränderung sind, werden wir zukunftsfähig bleiben. Die größte Herausforderung ist, alle Mitarbeiter mitzunehmen. Wir haben schmerzhaft gelernt, dass pure Anweisungen absolut nichts bringen. Es geht nur durch Vorleben und ganz viel Leidenschaft, die wir durch unser Team verbreiten. Heute ist Lumizil also weitaus mehr als nur ein weiterer Onlineshop. Er ist unsere Art, das Familienunternehmen zu digitalisieren. Nun haben wir eine vorzeigbare Expertise. Wir sind ein Start-up im Familienunternehmen: das Innovationscenter von Möbel Schaumann.

> »Die größte Herausforderung ist, alle Mitarbeiter mitzunehmen.«

Eine Zusammenarbeit wie die der Lumizil-Leute, die alles infrage stellen, jeden Stein neu beleuchten und nach neuen Lösungen Ausschau halten, mit denen von Möbel Schaumann, die das Wissen der Branche und die unternehmerisch erfahrene Führungsriege haben, ist sicherlich nicht überall zu finden. Die Art der Führung verändert sich völlig. Wir gestalten zunehmend gemeinsam und nicht mehr nur in der Chefetage. Wir trauen uns, Dinge infrage zu stellen. Flipcharts und Excel-Listen werden durch Projektplaner, Slack und Trello ersetzt. Wir arbeiten nach dem Motto: Anfangen hilft! Lieber schnell ausprobieren und lernen, als immer alles perfekt zu machen. Die Art der Zusammenarbeit hat sich in den wenigen Monaten stark positiv verändert und wird sich noch weiterentwickeln. Wir haben viele Millennials im Team, die sich nicht in alte Strukturen pressen lassen, und wir brauchen genau diese jungen Mitarbeiter, um das Alte aufzubrechen. Mit Lumizil haben wir das erkannt und es geschafft, diese Erkenntnis ins Familienunternehmen zu bringen. Jetzt geht es mit Vollgas in die Zukunft.«

Crowdsourcing: Die Intelligenz Externer nutzen

Ein anderer, ebenfalls vielversprechender Weg in die Zukunft ist Crowdsourcing: Viele digitale Vordenker sind der Meinung, dass das Crowdsourcing in den kommenden Jahren massiv an Bedeutung gewinnen wird. Geprägt wurde der Begriff bereits 2006 vom US-amerikanischen Technologie-Journalisten Jeff Howe. »Crowdsourcing« setzt sich zusammen aus den englischen Wörtern »crowd« (Menge, Menschenmasse) und »outsourcing« (Auslagerung). Er bezeichnet somit die Auslagerung von Ideenfindung und Kreativprozessen an die externe Crowd, eine meist heterogene Menschenmenge außerhalb des Unternehmens. Dies wird durch die exorbitant zunehmende Verbreitung digitaler Medien stark begünstigt. Eine Aufgabenübertragung an die Crowd kann dazu beitragen, dass Unternehmen wettbewerbsfähiger werden, weil die Crowd als Innovationstreiber agiert. Hierbei können sowohl Spezialisten (Expert Crowd) von außerhalb als auch »jedermann« (Free Crowd) zu freiwilligen Partnern werden. Infrage kommen zum Beispiel Kunden, Geschäftspartner, Branchenexperten und Internetnutzer, die an Innovation und Weiterentwicklungen interessiert sind.

Crowdsourcing nutzt das Wissen der vielen, also die kollektive Intelligenz. Steven Johnson beschreibt diesen Effekt in seinem Buch *Wo gute Ideen herkommen* so: »Eine Idee ist nie ein Heureka-Moment. Stattdessen entwickeln sich Ideen durch ständiges Mischen mit anderen Ideenfetzen und werden so langsam zu einer sinnhaften Neuerung. Ohne die Vernetzung und das Aneinandergeraten von Ideen durch Austausch wäre der Mensch wesentlich weniger innovativ.«[74] Durch das Internet und dank Crowdsourcing hat sich diese Innovationskraft deutlich erhöht.

Crowdsourcing verhindert Flops und hinterlässt positive Spuren im Web.

Crowdsourcing findet man zum Beispiel im Produktdesign und der Produktentwicklung, bei der Ideengenerierung für zeitgemäße Dienstleistungen oder bei der Lösung fachspezifischer Probleme. Ein Getränkehersteller fragte seine Kunden so: »Machst du dir gerne Gedanken zu innovativen Produktideen? Willst du hautnah dabei sein beim Mitgestalten der neuesten Trends? Dann werde jetzt Mitglied in unserer exklusiven Innovation-Community und entwickle gemeinsam mit uns die innovativsten Getränke der Zukunft.« So werden Externe zu Entwicklungspartnern. Das generiert nicht nur neue Ideen, es ist auch kostensparend, weil man sich viele Feedbackschleifen spart, wenn Kunden schon beim Entwicklungsprozess mitwirken. Das Ergebnis reduziert nicht nur die Zahl der Flops, es hinterlässt auch positive Spuren im Web. So macht man Menschen zu Fans und mit etwas Glück eine Marke zum Kult.

Jedes Unternehmen, egal, ob groß oder klein, kann auf seine Weise Ansatzpunkte finden, um Kunden mitentscheiden zu lassen, wie Produkte und Leistungen kundenspezifisch weiterentwickelt werden können, sollen und müssen. Wie sich das konkret anstellen lässt? Laden Sie zum Beispiel in Ihr virtuelles Ideenlabor ein. So hat es ein Mobilfunkanbieter gemacht: »Wir möchten unsere Gedanken mit Dir teilen, denn nur Du kannst uns sagen, was Dir wichtig ist. Bewerte unsere Ideen, und lass uns wissen, welche wir weiterdenken sollen. Welche möglichen Produkte sind aus Deiner Sicht für die Zukunft relevant?«

Das größte noch ungenutzte Kreativpotenzial liegt meist im Kreis der Kunden. Diese können zu Testern werden, konstruktives Feedback geben und an Verbesserungsprozessen im Unternehmen aktiv mitwirken. Das ist auf vielerlei Weise möglich, analog und digital. In US-amerikanischen Geschäften kann man zum Beispiel sogenannte Patzer-Punkte sammeln. Man weist die Betreiber auf Missstände hin und erhält dafür Einkaufsgutscheine. Haben Sie womöglich Probleme, weil die Menschen Ihre Gebrauchsanweisungen nicht verstehen? Dann lassen Sie sie von ambitionierten Kunden schreiben. Oder lassen Sie Kunden Erklärvideos drehen. Kunden gelingt es viel besser, die Dinge so zu verdeutlichen, dass es andere Kunden verstehen. Was hingegen Ingenieure erklären, verstehen nur Ingenieure.

Für mymuesli, 2007 als Onlineversender für individuell zusammenstellbare Müslis gegründet, ist die Kundenintegration maßgeblich für den Riesenerfolg. »Über unser Blog haben wir die Kunden in den Entstehungsprozess integriert. Sie haben mit ihren Anregungen und Wünschen unser Start-up mitgestaltet. Wir haben zum Beispiel technische Probleme im Blog kommuniziert und binnen einer halben Stunde 27 Lösungsvorschläge erhalten. Nebenbei entstand dadurch eine enge

Beziehung zu unseren Kunden«, erzählt Mitgründer und Vorstand Hubertus Bessau. Ein solches Vorgehen ist typisch für Start-ups auf ihrem Weg in den Markt. Er geht über das Web und ein Netzwerk aus Freunden, Fans, Markenbotschaftern und engagierten freiwilligen Helfershelfern. Längst ist mymuesli auch im stationären Handel präsent, extrem erfolgreich und mehrfach preisgekrönt.

Ein bekanntes internationales Beispiel für erfolgreiches Crowdsourcing ist die Informationsplattform Quora. Es ist ein Onlineportal mit Community. Nutzer des Portals stellen der Community direkte Fragen zu allen möglichen Themen, die dann für alle anderen User sichtbar sind. So finden sich schnell Antworten, die durch Tags thematisch gruppiert werden. Außerdem werden durch das Tagging für jede neue Frage passende Fachexperten vorgeschlagen, die dann eine Einladung zur Beantwortung erhalten. Das erhöht die Relevanz und die Geschwindigkeit. Alle Fragen und Antworten bleiben auf der Plattform für zukünftige Leser erhalten. So wird Verschwendung vermieden, indem jede Frage nur einmal gestellt werden muss. Der Zugewinn an Wissen und folglich die Recherchequalität für Besucher von Quora ist immens.

Bei der Co-Creation werden Kunden an der Produktentwicklung beteiligt.

Für einen Workshop zum Thema Lebensfreude befragte Alex vor Kurzem die Teilnehmer im Vorfeld auf Facebook so: »Welcher Faktor trägt am meisten zu deinem inneren Glück bei?« Dank der hohen Vernetzungsdichte im Internet war in kürzester Zeit eine Ministudie geschaffen. Mit ihren umfangreichen Antworten gestalteten die Teilnehmer den Workshop-Inhalt selbst mit. Anstatt also eine Standardpräsentation zu erstellen, konnte Alex seinen Vortrag schon im Vorfeld an deren Sichtweisen und Bedürfnisse anpassen. Eine hohe Passung war somit von vornherein gesichert.

Eine Unterform des Crowdsourcings ist die Co-Creation. Hierbei geht es um die gemeinsame Produktentwicklung von Unternehmen und Usern von der Idee über die Produktion bis hin zum Verkauf. Die Konsumgüterindustrie hat das bereits reichlich genutzt. McDonalds ließ Burger, Joey's Pizza ließ Pizzas, Ritter Sport ließ Schokolade, Haribo eine Goldbären-Fan-Edition kreieren. Der Schweizer Taschenmesserproduzent Victorinox lädt jedes Jahr seine weltweite Fangemeinde ein, Limited Editions zu designen. Auch der dänische Spielzeughersteller Lego nutzt Co-Creation seit vielen Jahren für Innovationsaktivitäten. Wessen Produkt es in die Serienfertigung schafft, der wird am Umsatz beteiligt.

Auch Crowdtesting ist eine Sonderform des Crowdsourcings. Dabei geht es um das Testen von Software, Spielen und Anwendungen durch freiwillige Onlineuser. Hierdurch ist es möglich, die Programme schon vor ihrer offiziellen Markteinführung auf verschiedenen Systemen auf Fehler zu prüfen und ihre Usability zu verbessern. Apple hat dafür ein Beta-Softwareprogramm. Auf der Website heißt es: »Hilf mit, dass unsere nächsten Versionen von iOS, macOS und tvOS noch besser werden. Als Teilnehmer am Apple Beta Software-Programm kannst du dazu beitragen, Apple-Software zu verbessern, indem du Pre-Release-Versionen testest und uns von deinen Erfahrungen berichtest.«[75] Dabei können die Teilnehmer Features und Funktionen nutzen, die »normalen« Nutzern verwehrt bleiben. Das spornt die Apple-Fans mit entsprechenden Kenntnissen logischerweise ganz besonders an.

Die Erfolgskriterien für ein gelungenes Crowdsourcing

Entschließt sich ein Unternehmen für ein größeres Crowdsourcing-Projekt, kann die Aufgabenstellung auf einer internen oder einer externen Crowdsourcing-Plattform ausgeschrieben werden. Zudem bietet eine ganze Reihe von Crowdsourcing-Partnern und Crowdsourcing-Portalen externe Hilfe an, um Crowdsourcing-Projekte zu entwickeln. So nutzt man die unerschöpfliche Intelligenz kreativer Querdenker von überall her und kann sie bei Bedarf global erreichen. Jedes Crowdsourcing-Projekt verfolgt ein eigenes Ziel und muss dementsprechend individuell angegangen werden.

Acht Schritte für gelungenes Crowdsourcing

1. **Aufgabenstellung definieren:** In einem Workshop (mit Vertretern des auftraggebenden Unternehmens und dem Crowdsourcing-Partner) werden Aufgabenstellung und Aktionsziele definiert. Zudem werden Projektzeitraum, Projektverantwortliche und die Art des Entscheidungs- findungsprozesses bestimmt. Auch rechtliche Aspekte sind zu beachten.

2. **Zielgruppe festlegen:** Mit den richtigen Teilnehmern steht und fällt der Erfolg eines solchen Projekts. Der Personenkreis, der zwecks Ideen- generierung angesprochen werden soll, muss also sehr sorgfältig bestimmt werden.

3. **Kernfrage ausformulieren:** Die konkrete Frage, die einen gewünsch- ten Teilnehmerkreis aktiviert *und* geeignet ist, ein Maximum an pas- senden Ideen zu generieren, wird definiert. Um Fehlentwicklungen auszuschließen, werden die Spielregeln für Einreichungen, Votings und eventuelle Ausschlusskriterien festgelegt.

4. **Plattformen disponieren:** Die Onlineplattformen, auf denen die Aktion stattfinden soll, werden ausgewählt. Die Aktion wird dement- sprechend aufbereitet und eingestellt. Je nach Situation werden die Medien informiert. Die User werden eingeladen, die Aktion in ihren Netzwerken weiterzuverbreiten.

5. **Ideen sichten:** Die eintreffenden Ideen werden gesichtet und die Diskussionen darüber moderiert. Zwischenergebnisse werden bekanntgegeben. Fortlaufende Wertschätzung ist ebenfalls wichtig, sonst wenden sich enttäuschte Ideenlieferanten schnell wieder ab.

6. **Ideen auswählen:** Aus den eingestellten Ideen wird eine bestimmte Zahl an Favoriten vorselektiert. Für jede dieser Ideen wird ein Steck- brief samt Visualisierung erstellt. In passenden Fällen sind auch Proto- typen denkbar.

7. **Ideen bewerten:** Die aufbereiteten Ideen werden der Community zur Bereicherung und zur Bewertung vorgestellt. Wichtig ist hier eine rollierende Präsentation, da ansonsten die obersten Ideen öfter angeklickt würden.

8. **Siegeridee(n) umsetzen:** Die (von der Community gewählte) Sieger-
idee wird bekanntgegeben und realisiert. Weitere passende Ideen aus
dem Ideenpool werden Schritt für Schritt umgesetzt. Die Gewinner
werden benachrichtigt und wie angekündigt für ihre Arbeit belohnt.

Crowdsourcing-Projekte können eine hohe Eigendynamik entwickeln, aber auch in negative Richtungen drehen. In aller Regel liefern
sie einen reichen Schatz an Ideen. Doch was ist, wenn die ganze Sache scheitert, weil es zum Beispiel kaum Teilnehmer gibt oder keine
profunden Vorschläge generiert worden sind? Für den Fall, dass der
erhoffte Erfolg ausbleibt, sollte es einen Notfallplan geben. So können
eventuelle negative Entwicklungen zeitnah und einigermaßen elegant
abgefangen werden.

Und wer in unserem Orbit-Modell nimmt sich des Crowdsourcings
an? Das strategische Innovationsmanagement? Das Innovationsmanagement ist weniger auf ein einzelnes Projekt ausgelegt, sondern zielt
globaler auf die Unternehmensstrategie ab. Wir halten demnach den
Customer-Touchpoint-Manager für die richtige Person. Er befindet
sich operativ an der Schnittstelle zwischen Projektteams und Kunden
und bringt beide Seiten interdisziplinär zusammen. So kümmert er
sich unter anderem auch darum, dass eine Fan-Community heran-
wächst, die das Unternehmen mit Feedback, Verbesserungsaktionen
und neuen Ideen unterstützt. Im nächsten Kapitel dazu mehr.

Open Innovation: Die ganze Welt innoviert mit

Nicht alle intelligenten Leute arbeiten bereits bei Ihnen. Wer sich fragt,
wie er neue Ideen finden soll, um zukunftsfähig zu werden, muss nicht
länger innerhalb des Unternehmens suchen. Heutzutage kann die
ganze Welt Ihre Forschungs- und Entwicklungsabteilung sein. Zunehmend gehen Organisationen bei Innovationsprozessen über die Un-
ternehmensgrenzen hinaus. Dabei handelt es sich meist um umfangreiche Projekte und die Aktivierung von externem Expertenwissen.
Dieses Vorgehen ist unter dem Begriff »Open Innovation« (Henry Wil-

liam Chesbrough) bekannt. »Open« bedeutet dabei nicht zwangsläufig völlige Transparenz und den kompletten Blick hinter die Kulissen, sondern zunächst eine Öffnung der bis dahin ausschließlich internen Entwicklungsprozesse zwecks Bereicherung und Optimierung.

Bei InnovationLabs.Berlin werden zu diesem Zweck sogenannte Nano-Labs veranstaltet. Darin werden konkrete Innovationsprojekte erarbeitet. Ein Kunde stellt zunächst ein zu bearbeitendes Projekt vor. Danach wird eine Gruppe aus Gründern, Beratern, Kreativen, Designern, Studierenden und Coaches zusammengestellt. Die Teilnehmer würden sich in dieser Kombination normalerweise nie treffen. Doch genau das macht die richtige Mischung aus. Denn je mehr crossfunktionale Blickwinkel es gibt, desto mehr neuartige Lösungen sind möglich. Die Gruppe bearbeitet in einem Tagesworkshop das Projekt und stellt dem Kunden anschließend ihre Empfehlung vor. Zum Beispiel wurde für einen führenden Sanitärhersteller eine Kundenreise entwickelt, die zeigte, welche Verbesserungsmöglichkeiten in der Markenbildung und im Kaufprozess schlummern. Die Gruppe aus Künstlern, Beratern und sogar Konzernmitarbeitern einer Bank bewies nicht nur, um wie viel kreativer und effektiver man dank Diversität im Team arbeiten kann. Die Lösung war zudem für den Auftraggeber direkt anwendbar und kostete nur den Bruchteil eines Beratungsauftrags.

Für Großprojekte gibt es weltweite Innovationsplattformen. Eine davon heißt InnoCentive. Hier treffen Lösungssuchende auf ein Netzwerk von derzeit mehr als 380 000 registrierten »Problem Solvern«. Jeder kann dort an Problemstellungen mitarbeiten, niemand muss den Nachweis seiner Expertise führen. In einem Fall wollte die NASA mithilfe der Plattform die Prognosefähigkeit von Sonneneruptionen verbessern. Kein Astrophysiker, sondern ein Hochfrequenztechniker im Ruhestand löste das Problem und erhielt 30 000 US-Dollar Preisgeld.[76]

»Die Innovationsforscher Lars Bo Jeppesen und Karim Lakhani untersuchten 166 auf InnoCentive eingestellte wissenschaftliche Problemstellungen, die im eigenen Haus nicht gelöst werden konnten. Sie stellten fest, dass 49 davon von der InnoCentive-Gemeinde bewältigt werden konnten. Das entspricht einer Erfolgsquote von 30 Prozent. Sie stellten weiter fest, dass die erfolgreichen Lösungen mit höherer Wahrscheinlichkeit auf Beiträge aus ganz anderen Disziplinen hervorgingen als den offensichtlichen«, schreiben Erik Brynjolfsson und Andrew McAfee in *The Second Machine Age*.[77] Das klingt gut, doch es stellt sich eine berechtigte Frage: Wenn man Open-Innovation-Aktivitäten startet, damit Ideen für neue oder verbesserte Produkte, Anwendungen und Verfahren eingebracht werden, kommt dann nicht auch jeder Konkurrent an die öffentlichen Vorschläge heran? Ja, natürlich, *aber* er sieht nicht, wie das Unternehmen die Informationen bewertet, welche Auswahlprozesse angewandt und welche der Ideen später realisiert werden. Und das ist schließlich entscheidend.

Leider scheitert Open Innovation sehr oft an internen Hürden. Da sind zum einen die Hausjuristen, die vielerlei rechtliche Bedenken haben. Noch destruktiver ist das sogenannte Not-invented-here-Syndrom (NIH-Syndrom), das die Mitarbeiter aus Forschung & Entwicklung wie auch aus Innovationsprojektteams oft befällt. Dies führt dazu, dass Ideen und Lösungen aus Quellen außerhalb der jeweiligen Gruppe abgelehnt werden. Hauptgrund ist die Überzeugung, dass Externe »keine Ahnung haben, wie es bei uns läuft«. Schon allein deshalb könnten sie gewiss nicht zu besseren Ergebnissen kommen als die Experten im eigenen Haus. Genau das Gegenteil ist aber der Fall. Betriebsblindheit und allerlei menschentypische Wahrnehmungsverzerrungen schränken den eigenen Horizont ein. Leute von außen hingegen können unbedarft, offen und aus anderen Blickwinkeln heraus an eine Problemstellung herangehen. Dabei haben die jungen Digitalexperten Tools an der Hand, die völlig neue Lösungsformen eröffnen.

Gegen Betriebsblindheit hilft der Blick von außen.

Hinter Selbstherrlichkeit steckt oft die Angst vor dem persönlichen Bedeutungsverlust, weshalb das eigene Territorium geschützt und hermetisch abgeschirmt wird. Doch Leute, die Mauern um alles bauen, können wir heute nicht mehr gebrauchen. Wer seine Wachstumschancen vergrößern will, benötigt eine Wissenscommunity über die Grenzen des Unternehmens hinaus. Mit ihrer Hilfe und Open Innovation lassen sich sehr tragfähige Brücken auf dem Weg in die Zukunft bauen.

8. Das Aktionsfeld der Empfehler und Influencer als Brückenbauer

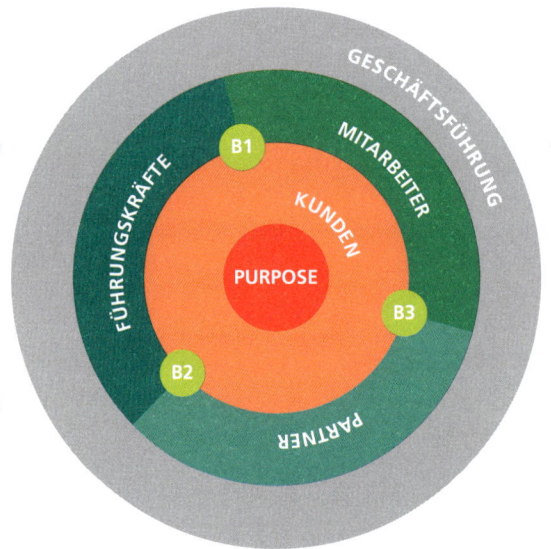

Die Meinungsmacht der Konsumenten ist größer als jemals zuvor. Nicht, was die Marken mithilfe teurer Werbung selbst über sich sagen, sondern was andere über sie kundtun, das zählt. Positive Mundpropaganda »wissender Dritter«, also von Menschen, die aus eigener Erfahrung berichten und als Botschafter und Fürsprecher agieren, ist der mit Abstand beste Weg zu neuen Kunden. Das »Spiel über Bande« wird somit zum neuen Standard.

Folgende Zahlen aus einer repräsentativen Studie unter Online-Usern ab 14 Jahren, die der Bundesverband Digitale Wirtschaft (BVDW) zusammen mit der Influry GmbH in Auftrag gegeben hat, zeigen dies deutlich.[78] Auf die Frage, welche Art von Produktinfos für sie besonders glaubwürdig sei, antworteten die 1604 Teilnehmer so:

- 63 Prozent: Empfehlungen von Freunden und Bekannten
- 48 Prozent: Bewertungen von Kunden auf Produktseiten
- 29 Prozent: Produktvorstellungen durch Influencer im Web
- 27 Prozent: Artikel in Zeitungen und Zeitschriften
- 12 Prozent: Anzeigen in Zeitungen und Zeitschriften
- 7 Prozent: TV-Spots

Andere Studien zum Thema, beispielsweise von Nielsen, sind zu sehr ähnlichen Ergebnissen gekommen.[79] Dies macht eines ganz klar: Die Bedeutung von Empfehlern und Influencern kann nicht hoch genug eingeschätzt werden. Sie sind maßgebliche Verbindungsbrücken zwischen Unternehmen und Kunden. Wir finden sie in unserem physischen Umfeld und in der virtuellen Welt: in privaten Netzwerken, in Business-Networks, im Social Web, in Foren, auf Bewertungsplattformen und Wissensportalen. Ihre »Likes« oder »Dislikes« sind wie Wegweiser im Informationsgestrüpp. Sie sorgen für Wahrhaftigkeit, stärken die Reputation eines Anbieters, verhelfen seinen Produkten, Services, Anwendungen und Marken zum Durchbruch und sichern so den Erfolg. Wo das Weiterempfehlen gut funktioniert, wird das Verkaufen auf einmal ganz leicht.

Deshalb wollen wir uns in diesem Kapitel mit folgenden Brückenbauern befassen:

- Kunden als Fürsprecher und aktive Empfehler
- Influencer als Multiplikatoren und Meinungsführer
- Bezahlte und unbezahlte Social-Media-Influencer
- Fan-Communitys und wie ihr Aufbau gelingt

Die Aspekte, die zur großen Familie des Empfehlungsmarketings gehören, sind zahlreich. Zudem vermischen sich deutsche und englische Begriffe. Wenn Kunden als Advokat einer Marke agieren und erfahrungsbasierte Empfehlungen aussprechen, Mundpropaganda betreiben, Bewertungen abgeben oder als Referenzgeber agieren, spricht die Fachwelt zunehmend von Customer-Advocacy. Advocacy-Marketing ist somit das gezielte Gewinnen und Streuen von Kundenfürsprache.

Daneben nimmt die Bedeutung des Influencer-Marketings überproportional zu. Influencer beeinflussen die Meinungen Dritter, ohne zwangsläufig Kunde zu sein. Das Web bietet dem Influencer-Marketing einen enormen Betätigungsraum. Insofern wird es meist als eigene Gattung des Onlinemarketings betrachtet. Influencer, die vornehmlich in den sozialen Medien aktiv sind, können als Social-Media-Influencer bezeichnet werden. Die maßgeblichen unter ihnen werden für ihre werblichen Dienste bezahlt.

Die Bedeutung des Empfehlungsmarketings wächst

Zunächst stellt sich natürlich die Frage, weshalb die Fürsprache Dritter einen derartigen Boom erlebt. Drei Gründe erscheinen uns elementar:

1. **Vertrauenskrise:** Fake News, gekaufte Testergebnisse, bezahlte Siegel, verscherbelte Fans, getürkte Qualitätskontrollen, bestochene Gutachter, gefälschte Bewertungen, Mogelpackungen, die Lügen der Protagonisten in Werbeclips, der zweifelhafte Umgang mit Daten, die Manipulationen durch Bots: Das Vertrauen der Konsumenten in das, was die Anbieter sagen und tun, ist weitestgehend zerstört. Demgegenüber wirken Empfehlungen aus dem persönlichen Umfeld glaubwürdig. Ein Anbieter lobt sich nicht selbst, sondern wird von seinen Kunden gelobt. Die Fürsprache der Kunden hat einen Vertrauensbonus. Ihre Hinweise basieren auf Erfahrungswissen, deshalb sind sie hochrelevant. Sie machen neugierig und verbreiten Kauflaune. Hierdurch verringern sich Kaufwiderstände erheblich – und das Jasagen fällt leicht.
2. **Datenschutz:** Im Zuge der fortschreitenden Digitalisierung ist ein vertrauenswürdiger Umgang mit Daten elementar. Von daher werden sich die Verbraucherschutzgesetze weiter verschärfen. Gleichzeitig steigen die technologischen Möglichkeiten, sich vor unerwünschter Werbung zu schützen. So wird es für Unter-

nehmen immer schwieriger, Interessenten »kalt« anzusprechen. Eine unpassende Kontaktaufnahme kann heute nicht nur zu Fehlinvestitionen und rechtlichen Konsequenzen, sondern auch zu schwerwiegenden Imageschäden führen. Ein Empfehler hingegen sorgt für ein perfektes Entree.

3. **Komplexitätsreduktion:** Verlässliche Empfehlungen geben uns Orientierung. Sie reduzieren den Rechercheaufwand. Sie erlösen uns aus Entscheidungskonflikten. Sie verringern das Risiko fataler Fehler. Sie ersparen uns Zeit und reduzieren die Enttäuschungsgefahr. So schaffen sie Sicherheit in einer zunehmend komplexen Zu-viel-von-allem-Welt. Sie schenken uns etwas, das unser Gehirn besonders gern mag: Informationspakete, die sich bewährt haben. Denn das bedeutet: Klarheit, Ruhe und Frieden. Wie ein Kurator kann ein Empfehler das Gute vom Schlechten trennen und Passendes vorsortieren. Wer derart nützlich ist, dem folgen wir oft nahezu blind.

Wer die Fürsprache Dritter aktiv in Gang setzen will, wartet nicht in aller Bescheidenheit darauf, rein zufällig empfohlen zu werden. Er treibt diesen Prozess vielmehr systematisch voran. Dazu gehört das Suchen und Finden von Menschen, die weiterempfehlen können und wollen. Dazu gehört die Hege und Pflege der Menschen, die ihn schon empfohlen haben – und das Hätscheln der Empfehlungsempfänger. Selbstverständlich braucht es dazu auch Wissen, Tools und einen Plan.[80]

Als Fundament unabdingbar: Nur wer wirklich empfehlenswert ist, wird weiterempfohlen. Positive Mundpropaganda stützt sich auf Spitzenleistungen sowie auf Begeisterung, Vertrauen, Sympathie und Superlative. Das Schaffen von guten Empfehlungsgründen wird zur Daueraufgabe des gesamten Unternehmens. Doch leider denken selbst enthusiastische Fans nicht immer automatisch daran, sich mit toller Mundpropaganda zu bedanken. Aus zufälligen Empfehlungsgesprächen müssen also absichtliche werden. Die entscheidende Frage dabei ist diese:

Wie machen wir unsere Kunden und sogar Menschen, die nicht bei uns kaufen, zu Topempfehlern unserer Angebote?

Man muss also nicht einmal Kunde sein, um sich für ein Unternehmen und seine Angebote zu engagieren. Jeder kennt Leute, die, sagen wir mal, von einem Porsche schwärmen, ohne ihn selbst zu besitzen. Und jeder kennt die, die für einen Anbieter öffentlich Wertschätzung zeigen, ohne mit ihm in einer Geschäftsbeziehung zu stehen.

Aktive Empfehler treiben den Umsatz in die Höhe.

Die wertvollsten Aktivitäten kommen jedoch aus dem eigenen Kundenkreis. Customer-Advocacy kann Ihre Vertriebs- und Marketingaktivitäten kräftig unterstützen, Sie vor Preisattacken bewahren, die mühsame Neukundenakquise erheblich erleichtern und eine Menge Werbekosten sparen. Aktive Empfehler sind die maßgeblichen Treiber einer positiven Unternehmensentwicklung. Denn das Weiterempfehlen bringt nicht nur gutes Neugeschäft, es stärkt auch die Loyalität. So konnte nachgewiesen werden, dass sich Kunden nach Abgabe einer Empfehlung dem Unternehmen in stärkerem Maße verbunden fühlen. Ebenso hat sich gezeigt, dass das Aussprechen einer Empfehlung eine positive Wirkung auf die eigene Wiederkaufabsicht hat. Die, die ein Unternehmen mit Inbrunst und Leidenschaft weiterempfehlen, werden dieses also kaum mehr verlassen. So kommt man zu Kunden mit quasi eingebauter Bleibegarantie.

Wer hat Sie denn schon mal empfohlen?

Jeder Anbieter, der gut im Markt etabliert ist, hat bereits eine Menge Empfehler, meist ohne dies zu wissen. Bevor man sich also daranmacht, neue Empfehler aufzubauen und Influencer für sich zu gewinnen, gilt es zunächst, die Empfehler zu finden, die es schon gibt – zumindest dort, wo das geht. Vor allem im B2B kann einem Erstkäufer eine der folgenden Fragen gestellt werden, soweit es die Situation erlaubt:

- Wo haben Sie eigentlich zuallererst von uns erfahren?
- Wie sind Sie ursprünglich auf uns aufmerksam geworden?
- Wer / was hat Sie bei Ihrer Entscheidung am stärksten beeinflusst?

Aus den Antworten auf diese Fragen kann man eine Menge für seine zukünftigen Vermarktungsaktivitäten lernen. Bei einer detaillierten Analyse ergeben sich sehr schnell Muster, die zeigen, wie Interessenten auf Ihr Unternehmen gestoßen sind. Zudem wird sichtbar, welche Touchpoints bei der Recherche und im Entscheidungsprozess vorrangig eine Rolle spielen – und welche nicht. Wollen Sie diese Erhebung zum ersten Mal machen, kann dies im Rahmen einer Bestandskundenbetreuungsaktion geschehen. Ein kleiner Hinweis: Die Worte »ursprünglich« und »zuallererst« sind wichtig, da man heutzutage auf vielerlei Weise mit einem Anbieter in Berührung kommt.

Sofern eine konkrete Empfehlung im Spiel war, geht es dann weiter wie folgt:

o Was hat der Empfehler über uns / unser Produkt / unsere Lösung / unseren Service denn gesagt?
o Und jetzt bin ich, wenn Sie erlauben, mal ganz gespannt: Wer war das denn, der uns empfohlen hat?

Über die erste Frage erhalten Sie Hinweise darauf, welche Teilaspekte einer Leistung aus Sicht des Marktes besonders vielversprechend sind und in welche Richtung Sie Ihre Angebotspalette weiterentwickeln können. Außerdem lernen Sie das »Verkaufsgespräch« eines Empfehlers kennen und erfahren, mit welchen Worten er seinem Umfeld Ihr Angebot schmackhaft macht. Über die zweite Frage bekommen Sie die Namen Ihrer Promoter und aktiven Empfehler heraus.

Sie konnten den Namen eines Empfehlers erfahren? Fantastisch! Selbst dann, wenn die Sache schon länger zurückliegen sollte: Kontaktieren Sie ihn! Und bedanken Sie sich für seine Empfehlung, denn sie ist ein Geschenk: an den, der den Hinweis erhielt – und an Sie. Geben Sie Ihrem Empfehler, wenn möglich, auch eine Rückmeldung darüber, was aus seiner Empfehlung geworden ist. Wertschätzen Sie zudem die Person, die Sie durch ihn gewonnen haben. Das kann sich beispielsweise so anhören: »Ich muss schon sagen, Sie kennen interessante / einflussreiche / angenehme Leute.« Dazu kann sich, für den Empfehler ganz überraschend, ein kleines Präsent gesellen. Gesten der Erkenntlichkeit sind überaus wirkungsvoll. Denn Menschen verstärken Verhalten, für das sie Aufmerksamkeit und Anerkennung erhalten. Darüber hinaus:

Wenn wir von jemandem etwas geschenkt bekommen, fühlen wir uns ihm verpflichtet. Psychologen nennen das den Reziprozitätseffekt. So wird womöglich aus Ihrem Einmalempfehler ein Superempfehler, also jemand, der Sie ständig empfiehlt.

Aus der Persönlichkeitsstruktur und dem Kaufverhalten eines Empfehlers lassen sich auch Rückschlüsse auf die voraussichtlichen Motive, Werte, Wünsche und Bedürfnisse des Empfehlungsempfängers ableiten. Menschen umgeben sich bevorzugt mit ihresgleichen, verbringen ihre Zeit mit denen, die ähnliche Interessen, Hobbys, Ansprüche und Erwartungen haben. Und Ihr Empfehler hätte Ihre Leistungen niemals empfohlen, würde er nicht davon ausgehen, dass sein guter Rat beim Empfänger auf Gegenliebe stößt. Also: Da niemand den Empfehlungsempfänger so gut kennt wie Ihr Kunde, kommen genau von ihm die wertvollsten Hinweise, welche Argumente etwa in einem Angebotsschreiben hervorgehoben werden können.

Ganz wichtig ist auch, dass Sie in Ihren Datensätzen ein Extrafeld für das Thema Empfehlungen anlegen. Markieren Sie gut sichtbar jeden Kunden, den Sie durch eine Empfehlung gewonnen haben. Markieren Sie ebenfalls deutlich, wer Sie bereits wie oft empfohlen hat. Denn Empfehler sind besonders wertvolle Kunden. Und so sollten sie von *jedem* Mitarbeiter im Unternehmen dann auch behandelt werden. Denn Empfehler wissen um ihren Wert. Standardvorgehensweisen würden sie ganz sicher vergraulen.

Warum werden Menschen überhaupt als Empfehler aktiv?

Empfehler wollen, dass ihre Freunde und andere Menschen das bestmögliche Produkt erwerben und nicht unter schlechten Erfahrungen leiden. Mit einer erstklassigen Empfehlung kann man sich zudem schmücken. Man kann sein Prestige und sein Selbstwertgefühl steigern. Man kann sich als Kenner präsentieren. Man kann Menschen beeinflussen und damit in gewissem Sinn auch Macht ausüben. Man kann helfen und anderen Gutes tun. Zudem lassen sich vertrauensvolle Beziehungen aufbauen und Freundschaften festigen. Die entscheidende Triebfeder eines Empfehlers ist also nicht materieller Profit, sondern »jemand« zu sein oder etwas beizutragen und Gutes zu tun.

Speziell bei der Mundpropaganda ist ein weiterer Aspekt von Bedeutung: zu den Ersten zu gehören, die von einer Sache Wind bekommen. Damit kann man sich zu einem »eingeweihten« Kreises von Vorreitern zählen. Man gebe also potenziellen Empfehlern etwas, das sie gut aussehen lässt, womit sie anderen nützen oder sich selbst profilieren können. Dann hat es gute Chancen, von ihnen empfohlen zu werden.

> **Mit einer erstklassigen Empfehlung kann man sich schmücken.**

Empfehlungen sind allerdings immer subjektiv – und sehr persönlich. Sie sagen auch etwas über die eigenen Wertvorstellungen. Und sie polarisieren. Für das, worüber man mit Leidenschaft spricht, geht man bisweilen durchs Feuer. Und etwas, das man hasst wie die Pest, weil es einen zutiefst enttäuscht hat, davon rät man lautstark und vehement ab. Passiert das im Web, wird es schnell viral, verbreitet sich also massenhaft. Auf diese Weise können einerseits berauschende Lovestorms, andererseits die berüchtigten Shitstorms entstehen.

Empfehlungsbereitschaft manifestiert sich vor allem dann,

- wenn man zum Wohlergehen anderer beitragen kann,
- wenn man seiner Persönlichkeit Ausdruck verleihen kann,
- wenn sich Coolness und Geltungsbedürfnis nähren lassen,
- wenn man sich durch Insiderwissen oder als Vorreiter profilieren kann,
- wenn man sich zugehörig und als Teil einer Gemeinschaft fühlen kann,
- wenn man in Entstehungsprozesse mitgestaltend involviert wird,
- wenn etwas Unterhaltsames oder Sensationelles bereitgestellt wird,
- wenn etwas völlig Neues oder sehr Exklusives offeriert wird,
- wenn etwas überaus Nützliches oder Begehrenswertes angeboten wird,
- wenn es etwas zu gewinnen gibt: Spaß, Ruhm, Ehre (und Geld).

Untersuchungen des Wissenschaftlers Matthew Lieberman von der University of California (UCLA) haben gezeigt: Ob etwas weiterverbreitet wird oder auch nicht, hängt von seinem »Belohnungswert« ab. Zwei maßgebliche Kriterien gibt es dabei: Ist es erstens wertvoll für mich? Und könnte es zweitens wertvoll für andere sein? Sich also Dritten gegenüber als Übermittler neuer, reizvoller oder nützlicher Inhalte zu präsentieren, ist für viele Menschen eine Form der Belohnung. Dies bietet auch die Möglichkeit, Sozialkapital aufzubauen. Jeder Mensch hat somit eine Grundveranlagung, Inhalte zu teilen und Empfehlungen auszusprechen. Inwieweit er das dann tatsächlich tut, hat auch mit seiner Intro- oder Extravertiertheit zu tun.

Am wertvollsten sind Empfehler natürlich dann, wenn sie kostenlos und aus freien Stücken agieren. Erfährt nämlich ein Dritter, dass Geld geflossen ist, können darunter Vertrauen und Glaubwürdigkeit leiden. Dies schärft den kritischen Blick, die Sache wird intensiver geprüft und unter die Lupe genommen. Man entwickelt Vorbehalte und folgt dem nicht ganz uneigennützigen Rat am Ende dann doch lieber nicht.

Am wertvollsten sind Empfehler, die kostenlos und freiwillig agieren.

Sie wollen dennoch Anreize schaffen und Ihre Fürsprecher belohnen? Dann wählen Sie weise! Und behalten Sie die Rechtslage im Blick! Prämien sind zwar attraktive Köder, doch Geld konterkariert eine gute Sache sehr oft. Klassische Kunden-werben-Kunden-Programme performen meist nicht besonders gut. Im Web gibt es Anbieter, die fürs Anwerben neuer Kunden temporäre Gratisnutzungen anbieten, und zwar sowohl für den Werber als auch für den Geworbenen. Das funktioniert. Andere verleihen fürs Weiterverbreiten Karmapunkte. Oder sie haben Rankings, besondere Symbole und wertschätzende Abzeichen (Badges) entwickelt. Solche Auszeichnungen werden gern im eigenen Netzwerk geteilt. Dies wiederum erzeugt Reichweite und schürt das Interesse in neuen Zielgruppenkreisen. Da, wo es passt, lässt sich eine interne »Hall of Fame« für die fleißigsten Fürsprecher ins Leben rufen. Diese kann man auch mit einem exklusiven Superempfehler-Event beglücken. Ideal sind Goodies, die man sich für Geld nicht kaufen kann. Bei einer Airline konnte man zum Beispiel zwischen einem Gutschein und einem Aufenthalt in der

Senator-Lounge wählen. Und wofür haben sich die meisten entschieden? Für die Lounge. Wird darüber im Web stolz berichtet und die Story mit Fotos garniert, ergibt sich kostenlose Werbung wie von selbst.

Wie es zu dem rasanten Aufstieg des Influencer-Marketings kam

Die Strategie, Influencer für seine Zwecke einzusetzen, ist natürlich uralt. Früher fand dies ausschließlich offline, also im persönlichen Austausch, hinter verschlossenen Türen oder über die Medien statt. Dabei traten vor allem Personen ins Rampenlicht, die hohes Ansehen genossen und deshalb eine Leitfunktion hatten: Eliten und Autoritäten kraft Amtes. Längst ist auch hier ein Umdenken im Gange. Das digitale Influencing überflügelt neuerdings alles. Jeder kann dabei zum Sender von Botschaften werden. Der hohe Vernetzungsgrad und die rasante Schnelligkeit des Cyberspace machen onlinebasierte Beeinflussungsmöglichkeiten hochinteressant. Als Meinungsführer und Multiplikatoren kommen dabei vor allem Personen infrage, die in den sozialen Netzwerken stark präsent sind und deren Inhalte in hohem Maße weiterverbreitet werden, weil andere sie für wertvoll halten. Anschauungen und Denkweisen machen so schnell die Runde, auch ohne dass dies für eine breite Öffentlichkeit sichtbar wird.

Längst haben die Unternehmen zudem verstanden, dass sie mit der früher üblichen Massenwerbung die Menschen kaum noch erreichen. Dies betrifft vor allem die junge Generation. Diese zieht es nämlich vor, sich die Welt von Gleichaltrigen erklären zu lassen. Empfehlungen ihrer »Peers« sind ihnen wichtiger als die Ego-Botschaften der Anbieter selbst. »Wenn ich eine Marke nicht kenne, will ich immer zuerst wissen, was andere in meinem Netzwerk darüber denken«, sagt Sofia, 19 Jahre. Sind die Erfahrungen positiv, werden sie kräftig geteilt, damit andere sie ebenfalls machen können: »Schaut mal, was ich gesehen habe, vielleicht gefällt es euch auch.« Wer hingegen versagt, wird nicht nur abserviert, sondern auch vorgeführt. »Kauft bloß nicht bei …, die haben mich voll über den Tisch gezogen«, so ruft man zum Kaufboykott auf. Und das Netzwerk folgt diesem Schlachtruf, um vor Schaden sicher zu sein. So lieben und hassen Millennials das, was die

Menschen in ihren Netzwerken lieben und hassen. Stimmgewaltige Influencer geben dabei den Ton an und die Marschrichtung vor.

Hierzu fand die weltweite Global Future Consumer Study der Managementberatung A. T. Kearney heraus, dass 54 Prozent der Befragten aus der Generation Z (ab 2000 geboren), 51 Prozent aus der Generation Y (zwischen 1985 und 1999 geboren) und immerhin noch 35 Prozent aus der Generation X (vor 1985 geboren)[81] sich bei Kaufentscheidungen von Influencern leiten lassen.[82]

So nutzen Unternehmen Influencer ganz gezielt, um über sie die gewünschten Zielgruppenkreise zu erreichen, qualitative Reichweite aufzubauen, die Bekanntheit ihrer Produkte zu erhöhen, die Reputation zu verbessern und die Abverkäufe zu steigern. Zwar befassen sich auch B2B-Anbieter mit Influencer-Marketing. Doch zuvorderst geht es um B2C. Dabei arbeitet man mit ausgewählten Meinungsmachern zusammen. Diese sollen die zu bewerbenden Produkte in ihr Leben integrieren und ihrer Gefolgschaft präsentieren. Vor allem bei folgenden Themen setzen Anbieter auf den Verstärkereffekt der digitalen Meinungselite: Essen, Trinken, Kochen, Reisen, Wohnen, Fitness, Sport, Mode, Beauty, Unterhaltungselektronik, Software, Computerspiele und Musik. Hinzu gesellen sich News, die via Influencer verbreitet werden.

Fragt man junge Menschen nach ihren Idolen, dann nennen viele nicht mehr Schauspieler, Musiker oder Sportler, sondern YouTube- und Instagram-Stars. Man schaut ihnen beim Leben zu, sucht ihren Rat und möchte so sein wie sie. Diese (manchmal etwas zweifelhafte) Vorbildfunktion macht sie für das Marketing hochinteressant. Social-Media-Influencer sind genau wie ihre Zielgruppe »hyper-connected« und »always on«. Sie haben Themenschwerpunkte und einen eigenen, urpersönlichen Stil. Sie bedienen bestimmte Altersgruppen und bestimmte Milieus. Sie pflegen ihre Community und haben ihr Vertrauen gewonnen. Sie wissen, welche Inhalte gut funktionieren und welche Frequenz notwendig ist, um ihre Follower zu einer gewünschten Aktion zu bewegen. Sie haben ein gutes Gefühl für visuelle Kommunikation, für das Storytelling und für Originalität.

In den meisten Fällen ist der Content, den ein Influencer produziert, frei zugänglich. So entscheiden sich Menschen aus eigenem Antrieb, dem Influencer und seinen Inhalten zu folgen. Dadurch entstehen eine hohe Identifikation und eine starke Bindung. Dem potenziellen Kunden wird nicht wie früher eine Marke »vorgesetzt«. Der Influencer macht seinen Followern vielmehr Lust, seiner Empfehlung tatsächlich nachzugehen.

Allerdings muss die Passung stimmen. Produkt und repräsentierter Lifestyle des Influencers müssen miteinander harmonieren, sonst wirkt das Ganze künstlich und aufgesetzt. Den größten Verlust an Potenzial sehen wir dort, wo Firmen die Zusammenarbeit mit Influencern als reine Transaktion verstehen. Dann lässt man es besser gleich, denn es unterschreitet das Potenzial, kostet aber dennoch viel Zeit und Geld. Durch das kluge Einbeziehen von Influencern hingegen können Marken auf authentische Art auf sich aufmerksam machen. Influencer machen Produkte erlebbar und legitimieren diese durch ihre Netzwerkautorität. So kommen Menschen, die der Community angehören, von selbst auf den Anbieter zu. Eine ganze Reihe von Marken verdankt ihren Erfolg tatsächlich einem gut gemachten Influencer-Marketing.

> Beim Influencer-Marketing muss die Passung stimmen.

Influencer-Typen: Geschäftsmann, Enthusiast, Gelegenheitsempfehler

Meist basiert die Arbeit eines Influencers auf klaren eigenen Werten. Passion treibt dieses Geschäft. Der oft gewaltige Einfluss basiert auf der Gabe, den Zeitgeist zu treffen, Menschen für die geposteten Nachrichten-Schnipsel zu erwärmen und / oder durch den gezeigten Lifestyle mitzureißen. Gerne wird Farbe bekannt. Die eigene Meinung wird unverhohlen publik gemacht. In Echtzeit, manchmal mehrfach am Tag, werden Details aus der eigenen Lebenswelt preisgegeben. Marken, die dies begünstigen, werden in den Himmel gelobt. Das passiert freiwillig – oder finanziell unterstützt.

Natürlich muss man nicht jeden Influencer für seine Dienste bezahlen. Manche würden das auch gar nicht wollen, weil sie gegenüber ihrem Netzwerk nicht als käuflich dastehen möchten. Geht es um konkrete Produktpromotion, werden also werbliche Dienste geleistet, bietet sich für sogenannte Nano-Influencer, also solche mit niedrigen Gefolgezahlen, Testware an. Ab etwa 20 000 Followern spricht man von Micro-Influencern; kleinere Geldsummen sind hier oft üblich. Bei den Macro-Influencern, deren Followerschaft in die Hunderttausende oder Millionen geht, sind kostenpflichtige Promotionaktionen die Norm. Oft handelt es sich dabei um Social-Media-Berühmtheiten, die vornehmlich auf Instagram und YouTube aktiv sind. Sie werden von Agenturen inzwischen genauso vermarktet wie Promi-Testimonials in TV-Spots. Und sie verdienen entsprechend.

Nach der Motivlage für ihr Handeln differenzieren wir zwischen drei Typen von Influencern. Auch wenn diese sich manche Charakteristiken teilen: Die Vereinfachung soll helfen, eine geeignete Influencer-Strategie für Ihr eigenes Unternehmen zu finden.

- **Geschäftsmann / -frau:** Dieser Typ kassiert für die Produktplatzierung. Seine Bekanntheit (in seiner Nische) reicht, um Menschen zum Kauf zu bewegen. Indikatoren sind plakative, meist vordergründig werbende Posts. Als Social-Media-Star hat der Influencer eine breite Gefolgschaft, die meist auf ihn als Person fixiert ist. Der Vorteil bei der Zusammenarbeit mit ihm ist die berechenbare Transaktion. Der Nachteil: Die Art der Platzierung ist durch den Anbieter kaum kontrollierbar und oft mangelt es dabei an Authentizität. Zudem ist das Ganze relativ teuer.
- **Enthusiast:** Er ist ein absolut überzeugter Fan. Indikatoren sind wertegetriebene Aussagen zum Nutzen eines Produkts, das er selbst überaus schätzt. Er hat eine treue Gefolgschaft, die auf sein Fachthema und ihn als Kenner fixiert ist. Die Vorteile bei der Zusammenarbeit mit diesem Typ sind die hohe Authentizität und sein oft geradezu missionarischer Eifer. Zudem ist die Erwähnung meist gratis. Der Nachteil: Dieser Typ ist schwer zu finden und kaum zu regelmäßigen Erwähnungen zu motivieren. Das erschwert die datengetriebene Optimierung.
- **Gelegenheitsempfehler:** Er empfiehlt Marken beiläufig und auf Basis eigener Erfahrung. Er hat ein aktives Interesse an der Wirkung des

Produkts auf sein Leben. Ein weiterer Antrieb ist der Imagetransfer einer angesehenen Marke auf den eignen Namen. Zudem motiviert ihn, dass er seinem Netzwerk aus Freunden und Kollegen helfen kann, Negativerfahrungen zu vermeiden. Indikatoren sind nutzengetriebene Aussagen ohne vordergründige Werbung. Ein Vorteil bei der Zusammenarbeit mit diesem Typ: Meist begnügt er sich mit einem Produktsponsoring als Vergütung. Ein Nachteil ist auch hier die fehlende Regelmäßigkeit der ausdrücklichen Empfehlung. Allerdings ist eine passive Beeinflussung der Zielgruppe durchaus gegeben.

Ein Beispiel für einen Gelegenheitsempfehler? Nehmen wir doch gleich Alex. Sein Leadership-Weiterbildungsunternehmen Growth Masters kollaboriert mit jungen Marken, die ähnliche Werte vertreten wie er – und sinnvolle Zusatzleistungen für seine weltweiten Business- und Abenteuertrainings bieten. Dazu gehören gesunde Snacks für unterwegs, funktionale Kleidung für das Trainerteam und die Teilnehmer sowie global verfügbare Kommunikationslösungen. So agiert seine Firma als Influencer für diese Marken, die im Rahmen verschiedener Aktivitäten eifrig ausprobiert werden können. Eine unkomplizierte, wenig arbeitslastige Zusammenarbeit ist dabei essenziell, weshalb sich die Kooperationen meist auf ein Produktsponsoring beschränken. Die beteiligten Marken konnten durch diese Zusammenarbeit schon weitere Topinfluencer gewinnen und sich vor den insgesamt über 100 000 Followern der Trainer präsentieren.

Für den Fall, dass Sie einfach Reichweite kaufen wollen, siegt wohl der Typ Geschäftsmann / -frau als idealer Partner. Er ist zudem einfach zu finden: Der erste Schritt führt Sie via Google zu Übersichtslisten von Topinfluencern, zu designierten Datenbanken, zu Spezialagenturen sowie zu Marktplätzen, wo sich die Szene trifft. Doch Vorsicht: Der Influencer-Markt steckt schon lange nicht mehr in den Kinderschuhen. Ganz im Gegenteil, er ist überhitzt. Derzeit werden horrende Honorare verlangt. »Zu rechtfertigen ist das lediglich über den langfristigen Branding-Effekt, für den direkten Abverkauf sind Influencer nur noch selten geeignet«, sagt Jannick Erben, Co-Founder von CNI, einem Anbieter von Modeschmuck, der seit Jahren mit Influencern zusammenarbeitet. Er meint, dass sich zum Beispiel für eine Reichweite von einer halben Million Followern die Zusammenarbeit mit zehn Micro-Influencern, die jeweils um die 50 000 Follower haben, eher lohnt, als einen einzigen Topinfluencer mit entsprechender Gefolgschaft anzupeilen. Denn so erhält man für etwas mehr internen Aufwand Influencer, die sich mit Probeprodukten und / oder kleineren Geldbeträgen begnügen. Ferner bekommt man viel mehr und zudem sehr unterschiedliches Bild- und Videomaterial für die eigenen sozialen Kanäle als von einem einzigen Topinfluencer.

Die wichtigsten Dos und Don'ts im Influencer-Marketing

Im Rahmen von Influencer-Kampagnen werden viele Fehler gemacht. Geldgier auf der einen, Aktionismus auf der anderen und Dilettantismus auf beiden Seiten sind wohl die schlimmsten Sünden. Anstatt eine glaubwürdige Beziehung zu einer Marke aufzubauen, agieren Influencer beim Product-Placement oft derart plump, dass es wie platte, dumme, penetrante Werbung daherkommt und damit die anvisierte Wirkung komplett verfehlt. Sowohl der Influencer als auch die betroffene Marke machen sich damit nur lächerlich, verlieren treue Fans und gewinnen, was wirklich niemand braucht: beißenden Spott, der sich im Web wie ein Lauffeuer verbreitet.

Eine gute persönliche Beziehung zu den Influencern ist entscheidend.

Und die Marketer? Wie immer sind sie im Überstrapazieren ganz groß. Sie bringen ihre Produkte mit unpassenden Influencern zusammen, mogeln sich um Schleichwerbung herum und lassen sich von falschen Metriken blenden. Pure Reichweite scheint den zählwütigen Managern wie so oft der wichtigste Faktor zu sein. So wird man zur leichten Beute all derer, die aus Eigennutz manipulieren. Follower und Fans kosten selbst in großer Stückzahl nur ein paar Hundert Euro. Likes, Views und Mini-Kommentare lassen sich durch den Einsatz von Bots, also Computerprogrammen, schnell in die Höhe treiben. Entsprechende Software spürt solchen Betrug aber auf.

Bei der qualitativen Beurteilung eines Influencers sind über die Reichweite hinaus auch die Relevanz, die Reputation und die Resultate zu betrachten. Diese »4R« sind vor allem im B2B und beim Micro-Influencing von Bedeutung, weil es hier um hochwertige Kontakte und deren Beeinflussung geht. Insofern ist es elementar, die Community, den Content und die Branchenstellung der ins Auge gefassten Influencer zu analysieren. Denn aus Sicht der Zielgruppe wird dieser zugleich zu Ihrem Markenbotschafter.

Eine gute persönliche Beziehung ist wie immer entscheidend. Man macht Business mit Menschen, die wiederum Menschen bedienen. Bevor Sie die auserwählten Individuen zu einer Aktion einladen, sollten Sie sie kennenlernen: zumindest telefonisch, besser sogar persönlich. Idealerweise wird die Beziehung ja eine langfristige sein. Zunächst geht es also darum, Vertrauen aufzubauen. Verlässlichkeit funktioniert dabei am besten.

Ist man sich über eine Zusammenarbeit einig, wird die Kampagne mit dem Influencer zusammen entwickelt. Wer ihn als reinen Erfüllungsgehilfen betrachtet und ihm die eigenen Vorstellungen aufdrücken will, wird garantiert scheitern. Vielmehr sind Freiräume wichtig. Wenn man sie lässt, formulieren und publizieren die Profis unter ihnen eine Botschaft viel authentischer, sprachlich verständlicher und damit wirksamer als klassische Werbung. Einiges ist allerdings auch zu schrill und manches einfach absurd. Ein stetiger Austausch über Verbesserungsmöglichkeiten ist deshalb hilfreich. So kann eine langfristige Beziehung gelingen, die nach außen hin stimmig wirkt.

Bevor es mit dem Influencer-Marketing losgehen kann, ist ein schriftlich fixierter Umsetzungsplan unumgänglich. Dieser umfasst folgende Punkte:

- Wer ist für das Influencer-Programm verantwortlich?
- Welche Ober- und Unterziele werden damit verfolgt?
- Welche Zielgruppenkreise sollen erreicht werden?
- Welche Medienkanäle sollen bespielt werden?
- Welcher Influencer-Typ ist passend und interessant?
- Welches Thema/Kampagnengut soll promotet werden?
- Welchen Mehrwert können wir dem Influencer bieten?
- Wann ist der passende Zeitpunkt für eine Kooperation?
- Welche Inhalte sollen jeweils kommuniziert werden?

- Wie viel Budget und welche Ressourcen stehen bereit?
- Wie werden die Ergebnisse dokumentiert?

Neben dem reinen Product-Placement kommen viele weitere Promotionmöglichkeiten in Betracht: Gewinnspiele, Produkttests, ein Tutorial über die sachgerechte Anwendung des Produkts, die Einladung zu einem Event, ein Besuch in der Firmenzentrale und so fort. Oft haben Influencer außergewöhnliche Ideen, um aus solchen Anlässen eine pfiffige Story zu machen, die bei den Followern auf helle Begeisterung stößt.

Wie Sie Influencer suchen, finden und kostenfrei gewinnen

Um passende und zugleich fähige Influencer zu finden, sind Menschenkenntnis und Empathie überaus wichtig. Versuchen Sie, so ähnlich wie bei einer Customer-Journey, sich in das Weltbild der passenden Influencer hineinzuversetzen. Erst wenn Sie deren Absichten und Vorgehensweisen verstehen, kann eine Kooperation über einzelne Transaktionen hinaus gelingen. Zugang zu Fans und neuen Kunden ist damit gewiss.

Was nun noch fehlt? Eine Checkliste, die die Suche nach Gelegenheitsempfehlern, Enthusiasten, Nano- und Micro-Influencern sowie die Anbahnung und Umsetzung einer Kampagne unterstützt.

Checkliste für eine erfolgreiche Influencer-Kampagne

1. **Auswahlliste erstellen:** Anhand von definierten Kriterien (Follower, Kanäle, Qualität der Posts, Tonalität, Frequenz usw.) werden fünf bis zehn adäquate, zur Marke passende Influencer gelistet. Zu finden sind diese zum Beispiel in Themen-Communitys. Außerdem kann man mithilfe von Suchbegriffen in sozialen Medien wie Facebook, Instagram, Pinterest, Twitter, XING und LinkedIn suchen. Bitten Sie bei der

Fahndung auch Dritte um Hilfe. Machen Sie zudem eine Medienanalyse: Werden die infrage kommenden Influencer als anerkannte Experten gesehen? Sind sie gerade »in Mode«? Haben sie eine Vorreiterrolle? Werden sie in der Presse zitiert? Erscheinen ihre Aktivitäten bei den Suchmaschinen-Treffern weit vorn? Wen oder was haben sie in der Vergangenheit bereits promotet?

2. **Soziale Interaktion:** Bekunden Sie Interesse an den Inhalten des Influencers. Folgen Sie ihm, liken, kommentieren, teilen und retweeten Sie (und Ihr Team) seine Posts. Das erfordert Zeit und Hingabe. Dennoch ist es die Grundlage für eine erfolgreiche Zusammenarbeit. Einerseits dient dies als Test für Sie selbst. Andererseits können Sie sehen, ob der Influencer Ihre Erwartungen wirklich erfüllt, denn im Social Web wird leider auch eine Menge Schönfärberei und Selbstdarstellung betrieben.

3. **Authentizität:** Wenn Sie Influencer für sich gewinnen wollen, gilt es, unverfälscht aufzutreten. Das klingt offensichtlich, ist aber zumeist ein Knackpunkt. So muss explizit erarbeitet werden, welche Ihrer Stärken den auserkorenen Influencer ansprechen könnten. Ein alteingesessenes Unternehmen oder eine traditionsreiche Marke müssen dabei kein Nachteil sein. Auch der Influencer braucht stichhaltige Argumente, um mit Ihnen zusammenarbeiten zu können und Sie zu vermarkten. Vielleicht will und kann er sich ja auch mit Ihrer Marke schmücken?

4. **Content erstellen:** In diesem Schritt geht es darum, auf Basis Ihrer Stärken Inhalte zu kreieren oder Produktmuster bereitzustellen, die dem Influencer gefallen und ihn überzeugen. Als Meinungsführer bewegt er sich oft in einem Netzwerk aus Experten. Entsprechend profunde müssen die bereitgestellten Inhalte sein. Machen Sie ihn »wissend« mit Vorabeinblicken und Hintergrundinformationen. So kann er in seinem Umfeld mit Kenntnissen glänzen, die außer ihm noch niemand hat. Vor allem Blogger und Vlogger (also die, die einen Videokanal betreiben) leben davon, relevante Informationen als Erste zu verbreiten oder Produkte vor allen anderen zu testen. Zudem kann der bereitgestellte Content als Probelauf dienen, um zu sondieren, wie die Followerschaft des Influencers darauf reagiert. So lässt sich auch zügig erforschen, wie viel Potenzial in der Zusammenarbeit schlummert.

5. **Teilen vereinfachen:** Inhalte, die einen stolz machen, werden besonders gerne geteilt. Bei der Auszeichnung »Gründungsmitglied«, die die ersten User der Smartphone-App Oak erhielten, war das zum Beispiel der Fall. So konnten diese die »Ehrung« per Screenshot in Sekunden mit ihren Freunden teilen. Das schafft Neugierde und Traffic. Oder: Laden Sie zu einem Gastbeitrag auf Ihrem Blog beziehungsweise zu einem Interview ein. Beides wird der Influencer auf seinen eigenen Social-Media-Präsenzen teilen und so Reichweite für Sie erzeugen.

6. **Angebot machen:** *Sie* sollen sich einem Influencer anbieten? Ja, genau! Tun Sie alles Notwendige, um eine solide Kooperation anzubahnen. Augenhöhe ist hierbei ein wichtiges Stichwort. Exklusivität ist ein zweites. Sofern es um eine Vergütung geht, ziehen Sie auch Möglichkeiten in Betracht, die keinen Geldfluss erfordern: Produktsponsoring, Cross-Promotion zur Vergrößerung der Reichweite, Zugang zu Unternehmenswerten wie Büroräumen, Medienequipment, Netzwerken, Lernressourcen, Einladungen zu Topevents und so fort. Und darüber hinaus: Schmeicheln Sie dem Ego. Vielen Menschen ist ihre Bedeutung sehr wichtig.

7. **Zusammenarbeit steuern:** Ist der Deal unter Dach und Fach, dann geht es nun darum, die Botschaft und alles, was dazugehört, ansprechend aufzubereiten. Machen Sie dem Influencer die Arbeit so einfach wie möglich. Ein YouTuber braucht Videomaterial. Ein Blogger braucht Text (plus Bilder, Grafiken, Filme). Auch Audiomaterial kann hochinteressant sein, wie uns der Podcast-Spezialist Fabian Tausch, Gründer des Jungunternehmerpodcasts, versichert. Darüber hinaus muss die Motivation während einer laufenden Aktion hoch gehalten werden. Dank, Zuspruch, Anerkennung und regelmäßiges Feedback darüber, wie sich die Sache entwickelt, sind immer willkommen.

8. **Monitoring:** Nachdem es losgegangen ist, analysieren Sie regelmäßig die Aktionen des Influencers. Halten Sie die Erfolge fest, und steuern Sie, wenn nötig, sacht nach. Indem Sie erforschen, auf welche Weise er Ihre Produkte in seinem Netzwerk empfiehlt, gelangen Sie womöglich zu ganz neuen Vermarktungsstrategien.

Ein Zusatztipp: Jeder Mitarbeiter, der Kundenkontakt hat, kann ab sofort den expliziten Auftrag erhalten, Influencer zu identifizieren. Das spart Kosten und sorgt für Serendipity-Momente, also wunderbare Zufälle aus unerwarteter Richtung.

Fan-Communitys: So nutzt man Netzwerkeffekte optimal

Noch nie zuvor hatten Unternehmen die Chance, sich so einfach und dauerhaft mit ihren Kunden auszutauschen und zu vernetzen, wie heutzutage. Fan-Communitys machen das möglich. Vielen Unternehmen kann man den Aufbau einer solchen Community nur wärmstens empfehlen. Sie sind ein perfektes Auffangbecken für die Anhänger einer Marke. Hersteller, die noch über Zwischenhändler agieren, erhalten so endlich direkten Kundenkontakt. Fan-Communitys stärken die Bindung zu einem Anbieter und seinen Produkten, begünstigen positive Mundpropaganda und kurbeln die Vermarktung an. So hat zum Beispiel der Wuppertaler Haushaltsgerätehersteller Vorwerk den überragenden Erfolg seines Thermomix nicht zuletzt auch seiner sehr lebendigen Onlinecommunity zu verdanken.

Fan-Communitys garantieren unmittelbaren Kundenkontakt.

Community-Mitglieder sind Botschafter par excellence und in aller Regel sehr engagiert. Auf der Community-Plattform tauschen sie sich untereinander aus und helfen einander. Außerdem kann man sie in die Produktneu- und -weiterentwicklung involvieren. Der Output ist ergiebig, praxistauglich und qualitativ. Insofern eignen sich Fan-Communitys sehr gut auch zur Leistungsoptimierung. Meinungen, Einschätzungen und Empfindungen können eingeholt und Varianten iterativ getestet werden. Ad-hoc-Feedback lässt sich in Echtzeit abfragen – und all das zu sehr geringen Kosten.

Fangemeinden gab es natürlich schon immer, und manche sind geradezu legendär. Doch erst seit es das Internet und die sozialen Netzwerke gibt, entfalten Communitys ihre volle Kraft. Die physische und die virtuelle Welt lassen sich großartig miteinander verknüpfen. So hat die Zeitschrift *Impulse* ein Netzwerk für mittelständische Unternehmer geschaffen, die über Netzwerktreffen, Konferenzen, Lernreisen und Seminare miteinander im Austausch stehen. Vergleichbares bietet die Verlagsgruppe Handelsblatt ihrer Hauptzielgruppe Manager an.

Bei den Community-Varianten interessieren uns in diesem Kapitel besonders:

- **Marken-Communitys:** Sie wollen das Lebensgefühl, für das die jeweilige Marke steht, zelebrieren. Hier treffen sich Menschen, die eine Affinität zu dieser Marke beziehungsweise zu dem dahinterstehenden Produkt haben. Hauptziel ist es, die Mitglieder an die Marke zu binden und sie zu Markenbotschaftern zu machen.
- **Themen-Communitys:** Das sind Interessengemeinschaften Gleichgesinnter, die den Austausch zu beruflichen Themen, zu Hobbys oder zu Problemen des Lebens pflegen. Hierbei steht der Nutzen im Vordergrund. Solche Portale haben meist Ratgeberfunktion und/oder bieten Möglichkeiten zur Produktoptimierung.

Themenforen gibt es in vielen Branchen und für viele Fachgebiete. Interessierte besuchen diese Communitys freiwillig auf der Suche nach Inhalten, nach ähnlich gesinnten Menschen, nach Hilfe und nach Experten für spezifisches Wissen. Sie diskutieren die unterschiedlichsten Fragestellungen, ohne den direkten Kontakt zu einem Unternehmen zu suchen. Anbieter gehen hier am besten auf Horchposten. So können sie mehr über die Anliegen potenzieller Kunden erfahren und wertvolle Erkenntnisse für Produkt- und Serviceverbesserungen gewinnen.

> In Themenforen gehen Anbieter am besten auf Horchposten.

In den Niederlanden haben gute Freunde von Alex die Awesome Foundation gegründet. Das ist eine Community von Solvern. Solver sind Menschen, die motiviert und inspiriert an Verbesserungen im städtischen Umfeld arbeiten. Sie vernetzen sich, sammeln Wissen und kreieren Wege, um im privaten und gesellschaftlichen Kontext »Prozessoptimierung« zu betreiben. Bei der Awesome Foundation organisiert man sich in lokalen Einheiten, um mithilfe von Mikrofördergeldern Menschen zu unterstützen, die großartige Ideen zum

Wohl der Gemeinde haben. Die Community trifft sich monatlich zu einer Veranstaltung. Dort werden vorgefilterte Ideen einer Jury von 20 Investoren präsentiert. Die ausgewählte Idee erhält 1000 Euro und darf umgesetzt werden. So entsteht jeden Monat eine Verbesserung in der lokalen Umgebung.

Das Konzept als solches kann sehr einfach auch in den Unternehmenskontext übertragen werden, indem man eine Finanzierungscommunity für innerbetriebliche Ideen schafft. Es ist viel einfacher, eine Handvoll Mikroinvestoren davon zu überzeugen, einen kleinen Betrag ihres Budgets in ein neues Projekt zu stecken, und dann gleich loszulegen, als auf die große Budgetrunde einmal im Jahr zu warten. Wird das Projekt sogleich realisiert und erweist es sich als Erfolg, ist die weitere Finanzierung aus dem laufenden Projekt heraus gesichert. So macht das auch jedes Start-up.

Wie sich eine eigene Fan-Community aufbauen lässt

Communitys leben genauso wie die großen Plattformen vom Netzwerkeffekt. Doch nicht jeder will da sein, wo alle sind. So können feine kleine einträgliche Nischen entstehen. Und das wiederum ist eine riesige Chance für Themen- und Fan-Communitys. Natürlich ist auch hier die wichtigste Aufgabe die, eine solche Community in passender Weise »groß« zu machen. Dazu gibt es zwei Möglichkeiten:

o **Eine bestehende Community unterstützen:** Oft entstehen Fangemeinden und deren Community-Seiten ganz ohne das Zutun von Unternehmen und Marken, zum Beispiel auf Facebook. Hier gilt es, sich in die besonders interessanten Communitys einzuklinken, diese zu unterstützen und ihnen neue Mitglieder zuzuführen.
o **Eine neue Community gründen:** Existiert noch keine Community zu den von Ihnen favorisierten Themen oder zur Marke, bietet sich eine Neugründung an. Dazu wird eine Plattform bereitgestellt, auf der sich Interessierte virtuell treffen können.

Um eine werthaltige Fan-Community aufzubauen, braucht es Zeit und Ressourcen. Der Austausch der Mitglieder muss organisiert, sanft moderiert und durch kreative Aktionen angeregt werden. Unternehmen müssen dazu vor allem lernen, dass ihre Rolle primär im Zuhören und Beantworten von Fragen liegt und nicht in einem egozentrischen Sendungsbewusstsein. Mit Eigenwerbung hält man sich also in Foren und Communitys weitestgehend zurück. Sonst sind die Mitglieder schnell wieder weg.

Mit Eigenwerbung hält man sich in Foren und Communitys zurück.

Ein Community-Manager, der sich dem Erfolg der Community enthusiastisch verschreibt, ist beinahe Pflicht. Eine solche Person muss sorgfältig ausgewählt werden. Sie handelt strategisch – und zugleich menschlich nah. Sie besitzt eine Affinität für soziale Medien, Organisationsvermögen und Kommunikationsgeschick. Denkbar ist eine Rolle, die die Arbeit des Influencer-Verantwortlichen und des Community-Managers miteinander verbindet. In kleineren Unternehmen bietet sich dazu der Customer-Touchpoint-Manager an. Entfernen Sie jegliche Entscheidungs- und Genehmigungshürden. Diese gefährden nur den Spielraum, den der Community-Manager braucht, um die Community lebendig zu machen. Das bedeutet auch, die Community so weit wie möglich komplexen Corporate-Identity-Regeln zu entziehen.

Der Aufbau einer Community und der Austausch dort können gelegentlich recht turbulent sein. Das irritiert so manche kontrollsüchtige Führungskraft. Zudem ist eine Community kein PR-Instrument, denn dort kommen auch negative Dinge zur Sprache. Insofern ist sie ein perfektes Frühwarnsystem, wobei praktikable Lösungsvarianten oft gleich mitgeliefert werden. Schließlich ist eine Fan-Community kein Profitcenter, sondern eine markenbildende Maßnahme, die Zusatzverkäufe aus sich heraus generiert. Bestehende Kunden können Noch-nicht-Kunden überzeugen, erstmals zu kaufen. Vor allem aber finden die Fans dort eine Heimat, entwickeln Gemeinschaftsgefühl, bestärken sich gegenseitig und tragen von hier aus die frohe Botschaft in die Welt hinaus. Zudem reduziert eine rührige Community auch Serviceanfragen.

Ein Kunden-helfen-Kunden-Effekt stellt sich bei entsprechender Community-Größe quasi von selbst ein. Bei der A1 Telekom Austria konnten durch die Einführung einer Support-Community 25 Prozent der

Customer-Support-Kosten eingespart werden. Die Deutsche Telekom berichtet von 60 Power-Usern, die zusammen mehr als 10 000 Antworten auf vielerlei Anfragen verfassten. Damit haben sie sehr vielen Menschen geholfen. Ganz beiläufig haben sie sich ein enormes Fachwissen angeeignet, das sie der Community wiederum zur Verfügung stellen. Für gute Beiträge bekommen die Mitglieder »Kudos«, die Plattformwährung der Telekom-Community, sowie Auszeichnungen und Badges. »In jedem zweiten bis dritten Fall können sich die Nutzer gegenseitig helfen und machen ein Eingreifen eines Telekom-Mitarbeiters überflüssig«, berichtet die Plattformverantwortliche Eva Heinrichs.[83]

Durch kleine Wettbewerbe können die Community-Mitglieder angefeuert werden, sich rege zu engagieren, ihre Tipps und Tricks preiszugeben und Verbesserungsideen einzureichen. Ist ein vorgegebener Level erreicht, erhält der aktive User einen sichtbaren Sonderstatus, der verschiedene Privilegien umfasst. Die Hauptmotivation ist auch hier nicht monetärer Natur, sondern hat mit Ruhm und Ehre zu tun. Oder mit der Möglichkeit, durch eigenes Wissen zu glänzen. Oder mit dem guten Gefühl, gebraucht zu werden und das Leben anderer Menschen besser zu machen. Oder damit, sich die Zeit zu vertreiben, Spaß zu haben und eine für gut befundene Sache zu unterstützen. All die Manager, die immer noch glauben, Menschen ließen sich nur durch Geld zu erwünschtem Tun motivieren, können hier eine Menge lernen.

9. Das Aktionsfeld der Geschäftsleitung

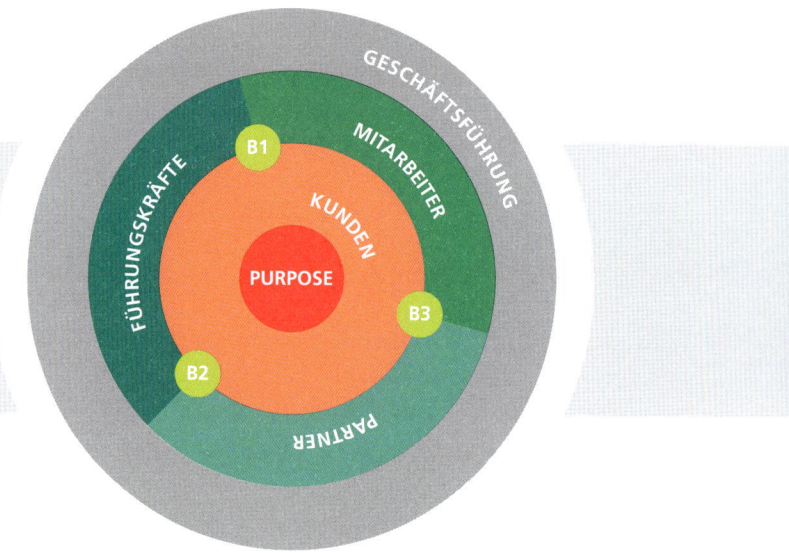

Die wesentliche Aufgabe einer Geschäftsleitung? Es ist die, das Unternehmen in die Zukunft zu führen und dessen Fortbestand dort zu sichern. Dazu müssen die internen Rahmenbedingungen stimmen – strukturell *und* kulturell. Alles steht und fällt letztlich mit dem Faktor Mensch. Agilität, Kollaboration und Disruptionsbereitschaft müssen verankert werden, um permanent transformationsfähig zu sein. Dies erfordert eine Strategie, die neben Evolution auch Revolution integriert. Der Wandel hin zu einem dynamischen, digitalisierten und kundenfokussierten Unternehmen, das fit für die Next Economy ist, braucht eine Grundsatzentscheidung von oberster Stelle.

Vier Motive können zum Wechsel in neue Formen der Zusammenarbeit führen:

- wirtschaftliche Gründe
- vom Wandel erzwungen
- ethisch-moralische Gründe
- einem Mindset-Update zufolge

Mit dem alten, schweren Gerät, das für festen Grund gebaut worden ist, geht man im digitalen Meer einfach unter. Will heißen: In stabilen Zeiten waren altehrwürdige Managementmethoden ganz genau richtig. Doch in einer fluiden Umgebung muss man schwimmen können. So werden Vorgehensweisen gebraucht, die Auftrieb geben und derart beweglich machen, dass die »Gewässer« der Zukunft erreicht werden können.

Das Schlechteste, was man bei steigendem Außendruck machen kann – und zugleich leider das Übliche: Daumenschrauben anziehen und den hierarchischen Innendruck stramm erhöhen. So erzeugt man nur Starre. Das Beste stattdessen: sich locker machen wie beim Sport vor dem Wettkampf, Leichtigkeit und Lebendigkeit in die Bude bringen und die Teams selbstorganisiert fliegen lassen. Die Tools dazu sind alle da, Sie haben sie in den vorangegangenen Kapiteln kennengelernt. Nun gilt es, sie zügig zu einer zukunftsfähigen Strategie zusammenzubauen.

> Daumenschrauben anziehen ist das Schlechteste, was man machen kann.

So bringen Sie die Zukunft ins Unternehmen

Theoretisch verstehen, dass sich die Welt längst schneller dreht als man selbst, ist das eine. Richtig erfassen lässt sich das Ganze aber erst dann, wenn man den Selbstversuch macht, also eintaucht in die neue Welt und mit allen Sinnen erlebt, was da abgeht. Gänsehaut muss man bekommen – und mit großen Augen fasziniert staunen. So lassen sich Berührungsängste abbauen und Chancenpotenziale werden glasklar erkannt. Nur das Unbekannte lässt uns fürchten.

Um also für Aufbruchsstimmung zu sorgen, das Neue ins Unternehmen zu lassen und bis ins letzte Eck den Wandelwillen in Gang zu setzen, empfehlen wir die folgenden Schritte. Wie immer gilt auch hier: Nicht alles passt für jeden. Manche Firmen sind weiter, andere sind weniger weit.

Unsere Anregungen und Impulse für mehr Aufbruchsstimmung

1. **Befassen Sie sich permanent mit der Zukunft – gemeinsam:** Welche Tragweite haben Zukunftstechnologien für Ihre Branche und die Kunden? Das ist die entscheidende Frage. »Wir waren nicht mutig genug, wir hätten früher anfangen müssen – viel früher.« So was hören wir heute oft. Beziehen Sie alle im Unternehmen mit ein, besonders die »unteren« Reihen und die jungen Talente. YouTuben Sie Zukunftsforscher und Wirtschaftsphilosophen oder lesen Sie deren Bücher. Ziehen Sie TEDx-Videos als Lernquellen heran. Buchen Sie Kurse renommierter Onlineuniversitäten. Holen Sie anerkannte Experten für Vorträge und Workshops ins Haus. Brechen Sie aus der Filterblase Ihrer eigenen Vorgehensweisen aus. »Draußen« in der Welt ist man sehr oft schon weiter. Besuchen Sie Zukunftskongresse. Befassen Sie sich mit Unternehmen, die Transformationsprozesse hinter sich haben und über ihre Erfahrungen *offen* berichten. Von glattgebügelten PR-Storys lernt niemand auch nur irgendwas. Vernetzen Sie sich mit Organisationen, die, so wie Sie, auf dem Weg sind. Bleiben Sie *kontinuierlich* an den Trendthemen dran. Die üblichen jährlichen Strategiemeetings reichen längst nicht mehr aus. Dreimonatige Updates sind Minimum, damit das Neue so schnell wie möglich im gesamten Unternehmen Fuß fassen kann. Hierzu sind Zukunftsszenarien hilfreich, um sich dann von dort aus zum aktuellen Stand zurückzudenken.

2. **Machen Sie sich mit der Szene der digitalen Jungunternehmen vertraut:** Statt mit Gleichgesinnten aus der eigenen Branche über das immer Gleiche zu reden, docken Sie besser an die neuen Innovationsökosysteme an. Besuchen Sie »Corporates meet Start-ups«-Veranstaltungen und Technologiezentren. Oder buchen Sie projektweise ein Innovation-Lab, um digital schnell besser zu werden, wie in Kapitel sieben

am Beispiel InnovationLabs.Berlin schon skizziert. Dabei präsentiert ein Unternehmen eine konkrete Problemstellung in Bezug auf ein neues Produkt oder Geschäftsmodell. Eine heterogene Gruppe aus Gründern und Experten erarbeitet daraufhin in wenigen Stunden mögliche Lösungsansätze. Oder gehen Sie in ein Innovation-Camp, wo Sie weit weg vom Alltag und in einem geschützten Raum neue Methoden der Arbeitsorganisation und des Innovationsmanagements kennenlernen. Oder arbeiten Sie auf Zeit in einem Coworking-Space. So ist zum Beispiel Gisbert Rühl, der CEO des Stahlhändlers Klöckner AG, mit seinem Vorstandsbüro für einige Wochen in das Berliner Betahaus gezogen, um komplett in diese Welt einzutauchen. Danach hat er sein Unternehmen digital umgebaut.

3. **Führen Sie ein Reverse-Mentoring-Programm ein:** Damit bringen Sie auf einfache Weise frischen Wind, digitale Denke und agiles Handeln ins Unternehmen und bereiten den Boden für größere Transformationsmaßnahmen vor. Geht es nämlich um technologische Errungenschaften, aktuelles Käuferverhalten und zeitgemäße Arbeitsbedingungen, dann ist die Generation der längst digital transformierten Millennials in ihrem Element. So drehen sich beim Reverse Mentoring die Rollen des klassischen Mentorings um: Der Junior coacht den Senior auf *den* Themengebieten, die »Jung« besser kann als »Alt«. Vornehmliches Ziel ist es, die digitale Fitness im gesamten Unternehmen zu erhöhen, altgewohnte Kommunikations- und Arbeitsweisen an die Erfordernisse der digitalen Ära anzupassen und Ältere mit der Lebenswelt der Millennials vertraut zu machen. Insgesamt ist das Reverse Mentoring ein hervorragendes Tool, um eine lernende Organisation aufzubauen. Genaueres dazu steht in *Fit für die Next Economy*.

4. **Installieren Sie eine digitale Sturmtruppe:** Die derzeitige Diskussion, wo die Digitalisierung verortet sein soll, bleibt in der Silodenke verhaftet, und genau das ist ein gravierender Fehler. In die IT-Abteilung gehört sie ganz sicher nicht, dort sitzen vor allem Systemerhalter. Die Digitalisierung der Geschäfts-, Produktions- und Kommunikationsprozesse betrifft abteilungsübergreifend alle im Unternehmen. Installieren Sie also, gegebenenfalls unter der Leitung eines Chief Digital Officers, der direkt der Geschäftsleitung beziehungsweise dem Vorstand

zugeordnet ist, eine interne digitale Taskforce, die sich komplett selbst-gesteuert organisiert. Sie tritt in digitalen Belangen als Brückenbauer zwischen den einzelnen Bereichen schnell in Aktion. Veranstalten Sie zudem Hackathons. Hackathons, eine Wortschöpfung aus »Hack« und »Marathon«, sind Events zur konzentrierten gemeinsamen Lösung von meist digitalen Aufgabenstellungen mit einem extrem engen Zeitplan. So kommt man zu hocheffizienten Ergebnissen – meist in der Hälfte der üblichen Zeit. Und das ist auch nötig, denn: Digitalisierte Systeme wollen mit digitalisierten Systemen zusammenarbeiten. Wer das nicht bieten kann, fällt bald durch den Rost.

5. **Veranstalten Sie Disrupt-me-Workshops:** Bei dieser Maßnahme geht es um die Selbstdisruption. Die entscheidende Frage: Was wird in unserem Bereich als Nächstes abgelöst und verschwinden? Wer sich für unverwundbar hält, hat schon verloren. Nutzen Sie also gute Zeiten, damit sie gut bleiben. Bevor *Sie* angegriffen werden, unterneh-men Sie besser, von einem Moderator angefeuert, den Selbstangriff, zumindest als theoretische Übung. So können Sie Ihre wunden Punkte ausfindig machen, bevor es andere tun, sich selbst ganz neu denken und eine entscheidende Grundlage schaffen, um zukünftige Geschäfts-felder zu erschließen. Viele Vorreiter der Digitalwirtschaft befassen sich ständig mit diesem Thema, um nicht von jüngeren, besseren Angreifern disruptiert zu werden.

Lassen Sie sich bei alldem von anderen inspirieren. Finden Sie aber de-finitiv Ihren eigenen Weg. Und, ganz entscheidend: Legen Sie explizit fest, dass Versuch und Irrtum unumstößlich zur Vorgehensweise Ihres Transformationsprozesses gehören.

Company-Redesign: Ihr Fahrplan in die Erneuerung

Die Erkenntnis ist da, nun geht es ans Handeln: Sie machen ein Com-pany-Redesign. Achtung dabei: Treffen Sie Ihre Entscheidung nicht einsam, sondern gemeinsam. Starten Sie einen kollektiven Beratungs-prozess. Zunächst die Standortbestimmung: Wo stehen Sie heute in

Bezug auf das Orbit-Modell? Was kann bleiben? Was muss schnellstens weg? Wo wollen Sie hin? Wo liegen dabei die Risiken, wo die Chancen? Startpunkt ist in aller Regel ein Strategiemeeting oder -workshop, im Zuge dessen die Grundsatzentscheidung fällt: Wir leiten den Transformationsprozess ein. Die wesentlichen Fragen, die dabei zu klären sind:

- Warum wollen wir uns verändern?
- Was passiert, wenn wir uns nicht verändern?
- Was wollen wir konkret erreichen?
- Was heißt das für alle Beteiligten?
- Was passiert mit denen, die partout nicht mitziehen?
- Mit welchen Schritten wollen wir starten?
- Woran merken wir, dass wir besser werden?
- Was könnte unser Vorhaben zerstören?
- Wie stellen wir sicher, dass wir nicht in alte Gewohnheiten zurückfallen?

Vor allen Dingen braucht es das Commitment der Führungsspitze zum Loslassen und zum Teilen von Macht. Dies kann sich etwa in folgenden Grundsätzen manifestieren:

- Kundenorientierung *vor* Gewinnmaximierung
- Iteration *vor* Dienst nach Plan
- Partizipation *vor* Hierarchie
- Selbstbestimmtes Arbeiten *vor* Top-down

Schließlich formulieren Sie schriftlich ein inspirierendes Zielbild-Statement, das verdeutlicht, was Ihre Transformationsinitiative erreichen will: kurz, prägnant, einprägsam, motivierend, unwiderstehlich. Danach machen Sie als Geschäftsleitung nur noch eins: Sie sorgen für die Bildung einer Projektgruppe, Ihres Transformationsteams.

Ihre Umbauexperten: Das Transformationsteam

Alle Schritte, die konkret zum Umbau gehören, werden durch das Transformationsteam initiiert. Die Geschäftsleitung ist *nicht* Teil dieses Teams. Die Gruppe besteht auch *nicht* nur aus Führungskräften, sie ist vielmehr von Anfang an ...

o interhierarchisch, das heißt, auch Mitarbeiter ohne Führungsverantwortung sind von Anfang an mit dabei,

o interdisziplinär, das heißt, alle unternehmerischen Bereiche, die das Vorgehen betrifft, sind zugegen,

o inhomogen, das heißt, verschiedenartige Charaktere sowie männliche, weibliche, junge und ältere Mitarbeiter sind dabei, in internationalen Unternehmen auch diverse Nationalitäten.

Idealerweise sind die Gruppenmitglieder Meinungsführer in ihrem Umfeld. Sie sind veränderungsoffen, kommunikationsfreudig, sozial kompetent und konzeptionsstark. Ferner brauchen sie Durchhaltevermögen. Die Teilnahme muss zudem freiwillig sein. Gibt es einen Betriebsrat, gehört dieser mit an Bord. Wird fachliche Expertise benötigt, stoßen zusätzliche Mitglieder vorübergehend dazu.

Das Kernteam sollte aus sieben Personen plus / minus drei bestehen, die für einen Prozentanteil x ihrer Arbeitszeit freigestellt werden. Scrum ist womöglich eine gute Arbeitsmethode, um zügig voranzukommen. Demzufolge gibt es einen Transformation-Owner, der zugleich Sprachrohr nach außen und direkter Ansprechpartner der Geschäftsleitung ist. Zudem wird ein Transformation-Master benötigt, der moderiert und sich um organisatorische Aspekte kümmert. Das Transformationsprojekt bekommt einen flotten Namen und ein dazugehöriges Logo. Die Visualisierung der anzugehenden Aufgaben erfolgt via Task-Board, einer offen zugänglichen Übersichtstafel. Im weiteren Verlauf wird hie und da eine Skalierung in Unterteams notwendig sein, um einzelne Maßnahmen gezielt anzugehen.

Manche Transformationsmaßnahmen kann das Transformationsteam selbst initiieren, die meisten jedoch nicht. In dem Fall kann es nur Vorschläge machen. Aus diesem Grund ist es entscheidend für das Ergebnis, dass die Führungskräfte aller Hierarchiestufen das Gesamtvorhaben unterstützen. Diese fühlen sich, wie wir schon sahen, oft von Transformationsprojekten bedroht. Denn alles Neue ist gefährlich für die, die vom Bestehenden profitieren. So stehen sie den Wandelinitiativen vor allem anfangs meist sehr viel zurückhaltender gegenüber als die »einfachen« Mitarbeiter. Wer allerdings auf die Führungskräfte kein besonderes Augenmerk richtet, wird eine mächtige Gruppe im Unternehmen gegen sich haben. Das Transformationsteam muss sich also auch mit psychologischen Aspekten befassen. Zudem sind Transparenz und laufende Kommunikation überaus wichtig. Damit das Gesamtprojekt dann auch wirklich gelingt, ist die sichtbare Rückendeckung der Geschäftsleitung, in der Scrum-Logik würde man sie den Transformation-Sponsor nennen, absolut essenziell.

Entscheidend ist, dass alle Führungskräfte das Vorhaben unterstützen.

Installieren Sie Transformation-Taskforces

Eine der ersten Entscheidungen Ihres Transformationsteams könnte es sein, dass ein paar schnelle Einsatztruppen gebraucht werden, um mit Akutem sofort zu starten. Solche Sturmtrupps nennen wir Transformation-Taskforces (TTs). Sie gehören zu keiner Business-Unit, sondern sind direkt der Geschäftsleitung beigestellt. Sie werden aus dem bestehenden Mitarbeiterstamm rekrutiert und, wenn nötig, um externe Profis ergänzt. Junge digitale Talente mit ihrem unverstellten Blick, mit frischen Ideen und dem immanenten Drang, die Dinge innovativer, agiler, digitaler und kollaborativer zu gestalten, sind als Taskforce-Mitglieder geradezu prädestiniert. Zudem sind sie mit modernen Methoden der Zusammenarbeit meist bestens vertraut. Entscheidend dabei:

1. Die jeweilige Taskforce darf von Bereichsleitern nicht an ihrer Arbeit gehindert werden.
2. Von aufgezeigten Widerständen, die aus allen Ecken kommen werden, darf man sich nicht blenden lassen.
3. Die Teams müssen selbstorganisiert arbeiten können, damit sie schnell Fahrt aufnehmen und entscheidungsfrei sind.

4. Verzichten Sie auf aufwendige Berichtsmaßnahmen und umfängliche Kontrollaktivitäten.
5. Lassen Sie Experimente und Irrwege und damit auch Fehlschläge zu.
6. Die unbedingte Rückendeckung der Geschäftsleitung ist essenziell.
7. Lassen Sie solche Projekte *nie* von einer externen Beratercrew machen.

Werden diese Punkte nicht beachtet, sind die Resultate, die Sie anvisieren, dahin.

Drei Transformation-Taskforces sollten sofort mit ihrer Arbeit beginnen:

○ eine digitale Sturmtruppe, die abteilungsunabhängig agiert, um mit notwendigen digitalthematischen Sofortmaßnahmen zügig zu starten,
○ eine Customer-Touchpoint-Manager-Taskforce, um kundenbezogene abteilungsübergreifende Schwachpunkte schnellstens auszumerzen,
○ eine Sturmtruppe für Bürokratie-Disruptionen.

Die dritte Taskforce geht, salopp ausgedrückt, auf interne Bürokratiemonsterjagd. Kleiner Tipp: Fangen Sie im Einkauf an. Da wird man besonders schnell fündig. Einmal hat sich der Bereichsleiter (!) eines größeren Mittelständlers unverfroren erdreistet, im Zuge eines Managementworkshops formlos bei Anne fünf Bücher für seine Abteilung zu kaufen. Kurz darauf schaltete sich eine Sachbearbeiterin ein. Sie erklärte, dass der Bereichsleiter nicht das Recht dazu habe, dass diese Bestellung vielmehr über den Einkauf auszulösen sei. Dem folgte ein stundenlanger E-Mail-Verkehr mit diversen Formularen, um das Ganze »offiziell« zu machen. Am Ende musste sogar die Rechnung neu geschrieben werden. Übrigens hatte jener Bereichsleiter im Vorbriefing noch stolz verkündet, dass sein Unternehmen schon »ganz schön weit sei mit allem«.

Bevor man sich um das Neue kümmert, müssen die Altlasten weg. Erst muss gejätet werden, damit die junge Saat aufgehen kann. Das würde auch jeder Gärtner so machen. Unter dem Stichwort #minus50 haben wir dieses Thema in *Fit für die Next Economy* ausführlich behandelt. Ein dicker Batzen Kostenersparnis ist damit gleich zum Start locker drin. Der ganze Administrationsfirlefanz, der nun verschwindet, das rechnet sich! Die Studie *The Workforce View in Europe,* an der knapp 10 000 Arbeitnehmer in acht europäischen Ländern teilnahmen, macht deutlich, dass mit knapp 20 Prozent ineffiziente Systeme und Prozesse die Hauptursache für mangelnde Produktivität am Arbeitsplatz sind. Veraltete Technologie folgt mit 19 Prozent auf Platz zwei.[84]

Ein Bürokratie-Disruptionsteam kann sich um überholte Abläufe quer durch das ganze Unternehmen kümmern. Zum Beispiel so: »Bisher dauert die Abwicklung von x eine Woche. Wie schaffen wir das an einem Tag?« So kann man Verfahren digitalisieren und mithilfe agiler Arbeitsmethoden die Effizienz deutlich steigern. Oha, Sie meinen, die einzelnen Abteilungen sollen sich selbst um Effizienzzuwächse kümmern? Genau das wird nicht klappen. Manager neigen zum Hinzufügen und Mehren, nicht zum Ausmerzen und Schrumpfen. Ausufernde Verfahrensweisen und Vorschriftenberge sind Selbsterhaltungsmechanismen und dienen der Bedeutungserhöhung. Durch einen Verwaltungsapparat, der letztlich vom Kunden bezahlt werden muss, und eine aufgeblähte Steuerungsadministration schaffen sich viele Bereiche überhaupt erst eine Existenzberechtigung. Das blockiert nicht nur, es verhindert auch Innovation.

> Wenn der ganze Administrationsfirlefanz durch kluges Weglassen verschwindet, rechnet sich das.

Eine hochrangige Mitarbeiterin in einem Automobilkonzern erzählte uns von einem Formularien-Marathon, der ihr jede Freude am Innovieren raubte. Für ein simples Projekt durchlief sie eine Bürokratiekleinkramschlacht, die sich über Wochen hinzog und das gesamte Vorhaben beinahe zum Scheitern brachte. Der steinzeitlich erscheinende Grund: Ständig trug sie physische Formulare von A nach B, um Minientscheidungen herbeizuführen. Ein Fokussieren auf die inhaltliche Arbeit war illusorisch. Sie berichtet: »Der organisationspolitische Wille zum Wandel fehlt. Fortlaufend werden denjenigen Steine in den Weg gelegt, die das Unternehmen ernsthaft voranbringen möchten.« Da kann man nur mit dem Kopf schütteln und wutentbrannt sagen: »Fortschritt verwehren« sollte geahndet werden!

Wie Sie neue Geschäftseinheiten erfolgreich entwickeln

Das Neue hat, wie schon beschrieben, oft dann die größten Chancen, wenn es sich abseits von althergebrachtem Denken entwickeln kann. Man trennt also das Kerngeschäft vom Zukunftsgeschäft. So machen Sie zunächst nur einen Teilbereich Ihrer Firma zum Experimentierraum für bahnbrechend Neues, den Griff nach den Sternen. Dazu braucht es dreierlei: Zeit, Geld und die richtigen Leute. Diese benötigen ein Umfeld, das Unternehmertum im Unternehmen ermöglicht. Die ersten Voraustrupps in Form von neuen Geschäftseinheiten werden am besten räumlich separiert oder ganz ausgesiedelt, um den Fesseln der Stammorganisation zu entkommen. In aller Regel gehen sie als autonome Teams selbstorganisiert an die Arbeit. Sie brauchen eine Verbindungsperson, die sie ins Mutterhaus hinein vertritt. Und sie brauchen die Rückendeckung von oben. Sonst werden das Rohrkrepierer.

Der Sprung in die Zukunft will nicht nur ambitioniert gewagt, sondern auch solide finanziert werden. Hierzu empfehlen wir folgende Schritte:

- Reduzieren Sie Ihre internen Bürokratiekosten um mindestens 50 Prozent.
- Konzentrieren Sie sich auf Ihre renditeträchtigsten Kernprodukte.
- Sondern Sie Nebenprodukte und die Aufwendungen dafür radikal aus.
- Investieren Sie einen Großteil des Profits in das Neue: Innovationen, Tools, Leute.
- Schaffen Sie Einheiten, die zügig Neues entwickeln und in den Markt bringen.
- Kaufen Sie fehlende Expertise zu, um bei allem Neuen rasch besser zu werden.

Derartiges Hochrüsten lohnt sich sehr schnell. Innovative Unternehmen sind sowohl für Mitarbeiter als auch für Kunden attraktiver. Zudem steigen, wie verschiedene Studien zeigen, die Gewinne solcher Firmen rasant. Von »um die 20 Prozent« wird oft gesprochen.[85]

Kommen wir nun zu den richtigen Leuten. Neben einer notwendigen fachlichen Expertise brauchen diese vor allem: Neugier, Wissensdurst,

Forscherdrang, Pioniergeist. Diese Eigenschaften sind, so wie jede andere Eigenschaft auch, in den Menschen verschieden stark angelegt. Wurde bislang alles nach Plan geregelt, wurden Querdenker mundtot gemacht und hat man seine Mitarbeiter für Konformismus belohnt, darf man sich natürlich nicht wundern, wenn es in der Firma nur wenige Talente mit diesen Persönlichkeitsmerkmalen gibt. Wird eine Person für schöpferische Leistungen oft kritisiert oder werden ihre Ideen ständig zurückgewiesen, entsteht ein Phänomen, das als »Kreativitätskränkung« bekannt ist: Die Neugier erlischt. Deshalb muss man nach Beschäftigten Ausschau halten, die Neues als Stimulus brauchen *und* Neugier nach wie vor in sich tragen. Zudem werden Biss und Durchhaltevermögen benötigt, um auf unbekanntem Terrain triumphieren zu können.

Natürlich gilt auch hier: Wer neue Geschäftseinheiten plant, darf dafür die Leute nicht abkommandieren. Die Vorreiter sollen sich freiwillig melden, über Organisationsstruktur und Arbeitsmethodik gemeinsam entscheiden und dann mit Vollgas starten können. Auch wenn zunächst nur einige wenige Innovationsteams agil und selbstorganisiert arbeiten wollen, müssen alle im Management das zulassen und mittragen. Zweckmäßige Ergebnisse, die aus solchen Einheiten kommen, müssen umgesetzt werden. Alibiaktivitäten und solche, die nur PR-Zwecken dienen, sind inakzeptabel. Sie bringen nichts, zerstören aber die interne Glaubwürdigkeit. Selbst die allerersten selbstorganisierten Einheiten dürfen niemals völlig abgekapselt agieren. Geheimhaltung in der Sache ist extrem kontraproduktiv. Transparent sollen die Teams vielmehr stetig davon erzählen, was sich bei ihnen tut. Zudem können Videos gedreht und / oder Angebote zum Mitarbeiten ausgesprochen werden, um das Vorgehen greifbar zu machen. So können die Vorreiterteams zu Keimzellen eines unternehmensweiten Struktur- und Kulturwandels werden. »Wie bekommen wir die Aufbruchsstimmung, das Miteinander und die Dynamik solcher Teams in die gesamte Firma?« Das ist die entscheidende Frage. Hürden, die das verhindern können, müssen weg.

Neugier, Wissensdurst, Forscherdrang und Pioniergeist werden gebraucht.

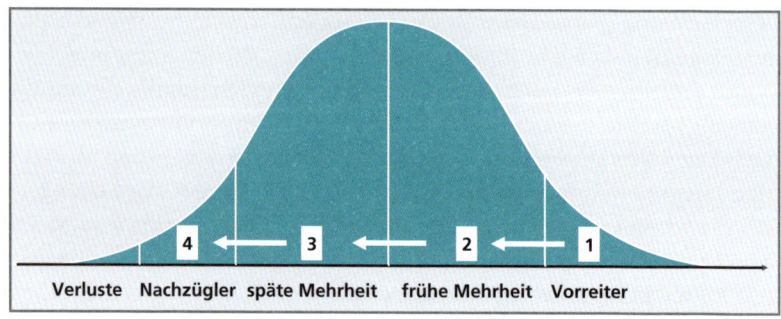

Abb. 16: Menschen reagieren unterschiedlich auf Veränderungen und sollten deshalb je nach Typ schrittweise an Veränderungsprozesse herangeführt werden (in Anlehnung an die Innovation Curve von Everett Rogers).

Die ganze Organisation wird dann nach und nach durch den Struktur- und Kulturwandel gehen. Wie Abbildung 16 verdeutlicht, ist die Stoßrichtung auch hier wieder horizontal – und nicht top-down. Von den Ersterfolgen inspiriert, rücken weitere Einheiten nach. Die frühe Mehrheit wird nichts versuchen, bevor es nicht andere ausprobiert haben. Wurden genügend Leute aus der frühen Mehrheit gewonnen, das Neue zu wagen, wird die späte Mehrheit dem folgen. Dort sitzen viele Bewahrer. Es bringt gar nichts, diese von Anfang an mitnehmen zu wollen. Vielmehr beruhigt man sie, indem sie zunächst nicht an den Veränderungen teilnehmen müssen. Bei den Nachzüglern sitzen die Bedenkenträger. Diese wird man erst dann überzeugen, wenn alle Gefahren beseitigt sind. Einige Leute wird man verlieren. Diese verlassen das Unternehmen, weil es nicht mehr zu ihnen passt. Oder man wird sich von ihnen trennen. Niemand hat heute noch Zeit, auf die zu warten, die den Wandel neophobisch verteufeln und stur an alten Ufern zurückbleiben wollen. Wer bremst, bringt alles zum Stehen. Dabei ist allerdings zu differenzieren: Konstruktive Skeptiker können durchaus nützlich sein, weil sie uns dazu bringen, gründlicher nachzudenken und bessere Argumente zu entwickeln. Hüten muss man sich vor den Boykotteuren, die Veraltendes chancenblind beschirmen oder in eigennütziger Absicht für die Bewahrung der Vergangenheit kämpfen. Solche Leute kann sich kein einziges Unternehmen weiterhin leisten.

> **Niemand hat Zeit, auf die zu warten, die Wandel verteufeln.**

Damit es zügig vorangehen kann und sowohl unternehmenskulturell-strukturelle als auch digital-innovative Maßnahmen schnell greifen, ist frisches »Blut« von außen meist unumgänglich. Leider wurde der Aufbau von diesbezüglichem internen Know-how vielfach versäumt. So bedeutet Digitalisierung ja eben nicht nur, dass Bestehendes digital aufgepeppt wird, sondern vor allem, dass *neue* digitalisierte Geschäftsideen entstehen. Verbünden Sie sich von daher systematisch, wie in Kapitel sieben dargelegt, mit geeigneten externen Partnern. Und sorgen Sie unbedingt dafür, dass sich die talentiertesten jungen Menschen bei Ihnen bewerben wollen – und passende »Spielfelder« bekommen, damit sie auch gerne bleiben.

Großgruppenworkshops: Ideal für Transformationsprozesse

Um Veränderungsprozesse im größeren Stil voranzutreiben, haben sich Großgruppenworkshops bewährt. Jedem Mittelständler würde das guttun. Immer mehr Unternehmen haben nun endlich auch den Mut, diesen Weg gemeinsam mit ihren Mitarbeitern zu gehen. Wieso Mut? Großgruppenanlässe entfesseln Basisdemokratie. Man legt nächste Schritte in die Hände seiner Mitarbeiter, ohne zu wissen, wohin diese steuern. Doch der Zugewinn ist gewaltig. Es geht gleichsam ein Ruck durch die gesamte Organisation. Neue Horizonte, neue Gedanken, neue Beziehungen und neue Kommunikationsnetze entstehen. Die Suche nach einer gemeinsamen Zukunft schweißt alle zusammen. Und die Lust am Umsetzenwollen ergibt sich ganz wie von selbst. Bei den alten Verkündungsprogrammen hingegen bleibt alles im kraftlosen Müssen.

Bei einem Großgruppenevent entfesselt sich die »Weisheit der Vielen«, von der wir schon sprachen. Perspektivenreichtum, Co-Kreativität und gegenseitige Befruchtung lassen Ideen geradezu sprudeln. Gemeinsam kommt man weiter als ganz allein. Um dieses Potenzial abzuschöpfen, können an einem einzigen Tag um die 50 bis 70 Mitarbeiter strukturiert sowie hierarchie- und abteilungsübergreifend an die zu bearbeitenden Themen herangeführt werden. Im Rahmen einer kompakten Tagesveranstaltung entstehen umsetzungsreife operative

Konzepte, die idealerweise noch vor Ort durch Gruppenentscheid abgesegnet werden und dann sofort in die Umsetzung gehen. Sie müssen also nicht erst die üblichen Gremien und Instanzenwege durchlaufen, was wieder nur unnötig aufhält und Initiativen versanden lässt. Unsere Erfahrungen zeigen zudem: Die Mitarbeiter steuern immer in die richtige Richtung, denn sie wissen besser, als mancher Manager glaubt, was dem Unternehmen guttut.

Am Vormittag steht ein Impulsvortrag zu den Themenfeldern auf dem Programm, die am Nachmittag weiterbearbeitet werden sollen. Solche Impulse von außen sorgen für einen Blick über den Tellerrand, sodass die Teilnehmer nicht nur aus Vorhandenem, sondern auch aus Neuem schöpfen können. Wenn wir selbst bei solchen Veranstaltungen Vorträge halten, verstehen wir uns als Querdenker, die neue Sichtweisen einbringen, psychologische Hintergründe darlegen, von den Besten des Fachs erzählen, vor Irrwegen warnen, auch unangenehme Wahrheiten zur Sprache bringen und hartnäckige Widerstände sacht lockern. Solches Querdenken ist zwar dringend nötig, aber für Interne meist viel zu gefährlich.

Am Nachmittag schlagen die Teilnehmer Themen vor, an denen sie gemeinsam arbeiten wollen. Talentierte Millennials spielen in solchen Arbeitsgruppen eine besondere Rolle. Sie sind oft die Ersten, die wahrnehmen, wenn in einer Firma was aus dem Ruder läuft. Sie spüren verstaubte Verfahren und überholte Prozesse am ehesten auf. Zudem haben sie meist den Mut, diese auch infrage zu stellen. Ferner sind sie mit zeitgemäßen Lösungen in aller Regel bestens vertraut. Sie sind hervorragende Zukunftsgestalter.

Sind mehrere Hierarchieebenen anwesend, arbeiten die Topführungskräfte in einer eigenen Arbeitsgruppe. Hierarchie bremst den Arbeitsfluss und Kontrolle killt Kreativität. Schon die pure Anwesenheit eines Oberen erzeugt bei vielen Menschen Stress, wie Untersuchungen zeigen. Und sein Machtwort erzeugt sofortige Stille. Nur wenn die Leute unter sich sind, können die abwegigsten Ideen mutig und unbefangen angegangen werden. Und nur in einer autoritätsfreien Umgebung werden selbst die unangenehmsten Themen rückhaltlos offengelegt. Indem Macht und Verantwortung an die »vielen« abgegeben werden, gehen die Ergebnisse immer in operativ akzeptablere Richtungen als bisher. Und, auch das ist unsere Erfahrung: Die Teilnehmer gehen mit dem gewährten Vertrauensvorschuss äußerst sorgfältig und sehr engagiert um.

Verbesserungsaktivitäten lassen sich sogar in ganz großem Stil organisieren, zum Beispiel im Rahmen von Innovation-Jams. Das sind Onlineveranstaltungen, die auf speziellen Jam-Plattformen über einen Zeitraum von ein bis drei Tagen stattfinden. Bei IBM wurden dazu bereits um die 150 000 Mitarbeiter, Kunden und Partner global involviert. Onlinegestützt diskutieren die Teilnehmer in moderierten Foren und bringen ihre Ideen ein. Software kanalisiert die Themen über Bewertungen, Rankings und Diskussionshitze. Bei der Deutschen Telekom fand so ein Jam mit 2500 Mitarbeitern statt. Um zwei Fragestellungen ging es dabei: Wie verbessert der Bereich seine Zusammenarbeit? Und: Welche neuen Geschäftsideen lohnt es sich zukünftig weiterzuentwickeln? Innerhalb von 72 Stunden wurden 170 konkrete Ideen generiert.[86]

> **Hierarchie bremst den Arbeitsfluss, Kontrolle killt Kreativität.**

Erfolgsfaktor Visualisierung: Das Transformation-Canvas

Die Idee, für die Entwicklung von Geschäftsmodellen ein Canvas, also eine Leinwand, zu nutzen, geht auf den Schweizer Business-Strategen Alexander Osterwalder zurück. Kernpunkt ist die Visualisierung, wodurch im Gegensatz zum langatmigen, textlastigen, klassischen Businessplan alles Wesentliche auf einen Blick sichtbar wird. So hilft diese Methode, sich strukturiert von einer Grundidee bis zum fertigen Geschäftsmodell vorzuarbeiten. Sie hat sich zu einem Standard für Start-ups entwickelt und wird mittlerweile weltweit auch von großen Marktplayern eingesetzt. Als Management-Canvas hat sie sogar Einzug in die Vorstandsetagen gehalten.

Das ursprüngliche Business Model Canvas zeigt in neun definierten Feldern baukastenartig das Grundgerüst und die zentralen Faktoren, die bei einem Geschäftsmodell zu berücksichtigen sind. So kann man sich einen schnellen Überblick über die einzelnen Aspekte und ihr Zusammenwirken verschaffen. Auf die jeweiligen Felder werden verschiedenfarbige Post-its geheftet. Diese können bei Bedarf wieder entfernt, verschoben oder ergänzt werden. So sind notwendige Überarbeitungen und angestrebte Weiterentwicklungen unkompliziert darstellbar.

Für eine übersichtliche Illustration der wesentlichen Schritte des in diesem Kapitel skizzierten organisationalen Transformationsprozesses haben wir auf Basis des Osterwalder-Modells ein Transformation-Canvas entwickelt. So können auf einem einzigen großen Board, am besten im DIN-A0-Format (84,1 x 118,9 cm), die einzelnen Aktivitäten und die dazugehörigen Überlegungen festgehalten und gemeinsam mit den Beteiligten bearbeitet werden. Dazu werden zunächst die Ziele des Projekts sowie dessen Chancen und Risiken definiert. Danach werden die ausgewählten Maßnahmen gelistet. Das Monitoring beschreibt Vorgaben, Messzahlen, Verantwortliche, Zeitachsen und Ergebnisse. Vor den Augen aller entsteht so offen und transparent ein stets wandelbares Gesamtbild mit den dazugehörigen Elementen.

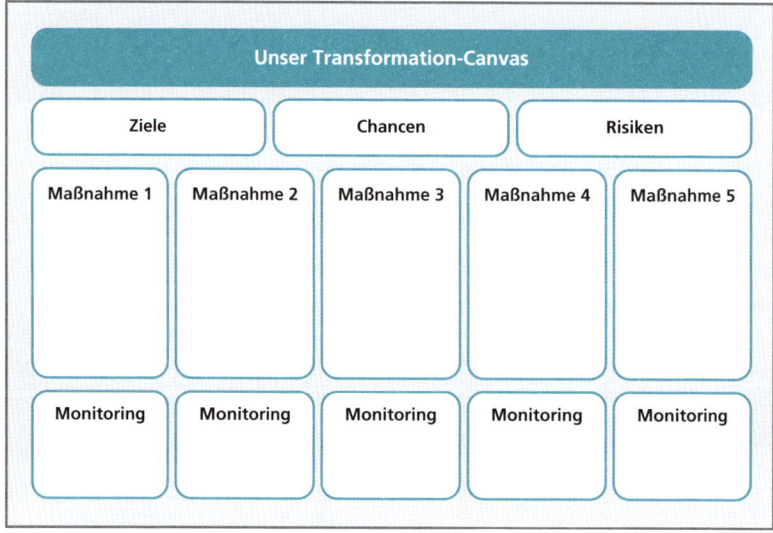

Abb. 17: Beispiel für ein Transformation-Canvas

Die fünf strategischen Maßnahmen, die einen gelingenden Transformationsprozess determinieren und somit auf das Canvas gehören, hier noch mal im Überblick:

1. Skizzieren Sie auf Basis des Orbit-Modells Ihr Company-Redesign und treffen Sie die Entscheidung zum Go.
2. Ernennen Sie ein Transformationsteam, das sich mit den notwendigen Umsetzungsschritten befasst.
3. Installieren Sie Transformation-Taskforces, um die dringlichsten Maßnahmen sofort in Angriff zu nehmen.
4. Entwickeln Sie neue Geschäftseinheiten, gründen Sie aus und / oder verbünden Sie sich mit geeigneten externen Partnern.
5. Initiieren Sie Großgruppenworkshops, um operative Transformationsaktionen aus der Mitte der Belegschaft heraus in Angriff zu nehmen.

Machen Sie bei alldem die hellsten jungen Köpfe zu Ihren engsten Beratern. Die Internetgeneration verändert die Spielregeln in sämtlichen Branchen. Sie definiert unsere Zukunft – und auch den Handlungsspielraum, den die Anbieter darin haben. Sich von jungen Gedanken, frischen Ideen und ganz neuen Vorgehensweisen durch den Wandel lotsen zu lassen, genau das macht *Sie* zu einem zukünftigen Überflieger der Wirtschaft. Wir sagen schon jetzt:

Viel Erfolg!

Anmerkungen

Alle Links wurden am 18.08.2018 aufgerufen.

1 Sie werden in diesem Buch eine ganze Reihe von englischen Begriffen finden, da diese in einer sich globalisierenden Wirtschaft inzwischen gang und gäbe sind. Wir werden diese, soweit nötig, ins Deutsche übersetzen.

2 Wir benutzen im Text aus Gründen der besseren Lesbarkeit die männliche Form von Manager, Mitarbeiter, Kunde, Chef etc., beziehen uns damit aber selbstverständlich auf Personen beiderlei Geschlechts.

3 In Anlehnung an ein Zitat aus *Fiesta* von Ernest Hemingway.

4 Vgl. https://www.youtube.com/watch?v=nrr0Gq65yGQ.

5 Kostenloser Download von *Wertschöpfung neu gedacht*: http://hub.kpmg.de/ki-studie-2018.

6 Vgl. http://www.turi2.de/aktuell/zitat-yuval-noah-harari-warnt-vor-falschen-verstaendnis-von-kuenstlicher-intelligenz/.

7 Zitiert aus: James Surowiecki: *Die Weisheit der Vielen*.

8 Vgl. https://www.youtube.com/watch?v=Sy6-qJmqz3w&t=303s.

9 Beide Begriffe wurden von Bestsellerautor Scott Berkun populär gemacht.

10 Vgl. https://www.hays.de/personaldienstleistung-aktuell/presse-mitteilung?friendlyUrl=presse-studie-wissensarbeit-im-wandel-2017.

11 Vgl. https://www.youtube.com/watch?v=eywi0h_Y5_U.

12 Vgl. https://www.lean-knowledge-base.de/prozessmanagement-leider-ungeil/.

13 Zitiert aus: Salim Ismail: *Exponentielle Organisationen*.

14 Vgl. https://www.youtube.com/watch?v=sboGELOPuKE, siehe auch: https://www.youtube.com/watch?v=m3QqDOeSahU.

15 Eric Brynjolfsson; Andrew McAfee: *Machine, Platform, Crowd*, Plassen, Kulmbach 2017.

16 Vgl. https://de.wikipedia.org/w/index.php?title=Wikipedia:Statistik&oldid=180080555.

17 Quelle: Grafik des Monats in der *Absatzwirtschaft*, 3/2018.

18 Vgl. http://blog.wiwo.de/look-at-it/2016/08/24/digitale-transformation-40-prozent-der-fortune-500-firmen-verschwinden-in-naechster-dekade/.

19 Siehe dazu auch: https://www.youtube.com/watch?v=qDrMAzCHFUU.

20 Vgl. https://hbr.org/2012/11/accelerate.

21 Zitiert aus: Hamel, Gary: *Worauf es jetzt ankommt.*

22 Zitiert aus: *Zukunftsstudie Handel 2036*, QVC Handel in Zusammenarbeit mit dem Trendbüro. Online einsehbar unter: http://trendbuero.com/wp-content/uploads/2016/10/QVC_Zukunftsstudie-Handel-2036.pdf.

23 Alles Weitere dazu in Simon Sineks Buch: *Frag immer erst: warum*; siehe auch: https://www.youtube.com/watch?v=u4ZoJKF_VuA&t=42s.

24 Zitiert aus: *ManagerSeminare*, Heft 243, Juni 2018.

25 Vgl. https://www.brandeins.de/archiv/2014/beobachten/herr-der-flieger/.

26 Siehe alles dazu in Clayton M. Christensen u.a.: *Besser als der Zufall.*

27 Vgl. http://www.changex.de/Article/interview_raschke_eine_andere_form_der_zusammenarbeit.

28 Mehr über die Millennials in unserem Buch *Fit für die Next Economy* oder auch in einem Interview mit Simon Sinek auf YouTube: https://www.youtube.com/watch?v=hER0Qp6QJNU.

29 Vgl. https://www.marketing-boerse.de/News/details/1749-Emotionen-bringen-mehr-als-Treueprogramme/142259.

30 Vgl. http://www.wiwo.de/unternehmen/handel/amazon-ceo-jeff-wilke-lebensmittel-auszuliefern-ist-nicht-so-einfach/19752750.html.

31 Vgl. https://www.marketing-boerse.de/News/details/1821-Studie-Yext-So-nutzen-Deutsche-Voice-Search/146025.

32 Wasserloch-Strategie® ist eine eingetragene Wortmarke von Norbert Schuster.

33 Quelle: Accenture Strategy, https://www.accenture.com/t20171122T194051Z__w__/us-en/_acnmedia/PDF-66/Accenture-Global_DD_GCPR-Hyper-Relevance_POV.pdf.

34 Quelle: *Viele Chancen, wenige Treffer*, in: *Horizont* 29/2015.

35 Vgl. »Im digitalen Zeitalter setzt die Vertriebskarriere neue Standards«, in: *SalesExcellence* 4/2018.

36 Kostenloser Download der Trendstudie *Kundendialog 2025* von 2b Ahead: https://www.5-sterne-redner.de/fileadmin/media/download/pdf/Trend-analysen_SGJ/janszky-trendstudie-2bAHEAD-Kundendialog-2025.pdf.

37 Vgl. https://www.esch-brand.de/wp-content/uploads/2018/04/Echte-Begeisterung-schaffen-l-MARKENARTIKEL-l-12-2017.pdf.

38 Quelle: Esch: *The Brand Consultants: Customer Touchpoint Management*, Whitepaper, November 2015.

39 Vgl. Daniel Kahneman: *Schnelles Denken, langsames Denken.*

40 Vgl. https://www.esch-brand.com/publikationen/studien/studie-zu-digital-brand-leadership/.

41 Katharina Büeler; Anja Heyden: »Die SBB setzt die Kundenbrille auf«, in: *Touchpoint Management* von Bernhard Keller und Cirk Sören Ott (Hrsg.).

42 Christian Belz: »Neue Zugänge zum Kunden benötigt«, in: *Sales Exzellence* 1–2/2018.

43 Vgl. https://www.pr-gateway.de/blog/content-marketing-b2b-kommunikation/.

44 Vgl. https://www.linkedin.com/pulse/die-r%C3%BCckf%C3%BChrung-des-marketing-aufbruch-aus-der-ein-appell-thunig/.

45 Vgl. https://www.demandgenreport.com/features/industry-insights/study-communication-is-greatest-challenge-for-sales-and-marketing-alignment.

46 Richard Graf: *Die neue Entscheidungskultur.*

47 Quelle: »Die neue Freiheit«, *Wirtschaftswoche* 49/2016.

48 Vgl. https://www.die-akademie.de/presse/entscheidungen-trifft-immer-noch-der-chef-akademie-studie-2016.

49 Vgl. https://www.presseportal.de/pm/56465/4010225.

50 Vgl. http://www.gfwm.de/fachlich/studien/der-ruf-nach-freiheit/

51 Florian Rustler: *Innovationskultur der Zukunft.*

52 Zitiert aus: Frederic Laloux: *Reinventing Organizations.*

53 Vgl. https://www.gore.de/ueber-gore/ueberzeugungen-und-werte

54 Häusling, André (Hrsg.): *Agile Organisationen – Transformationen erfolgreich gestalten.*

55 Eine Auswahl dazu finden Sie hier: https://blog.anneschueller.de/7964-2/#more-7964.

56 Quelle: *ManagerSeminare*, Heft 245, August 2018.

57 Vgl. https://corporate-rebels.com/frank-van-massenhove/.

58 Vgl. https://www.wiwo.de/erfolg/management/change-management-so-klappts-2017-mit-der-veraenderung/14910148.html.

59 Zu diesem Thema empfehlen wir folgendes Buch: Andreas Krebs; Paul Williams: *Die Illusion der Unbesiegbarkeit.*

60 Vgl. Lydia Schültken: *Workhacks – Sechs Angriffe auf eingefahrene Arbeitsabläufe.*

61 Vgl. https://warwick.ac.uk/newsandevents/pressreleases/new_study_shows/.

62 *Harvard Business Manager,* 10/2011.

63 Zitiert aus: *ManagerSeminare*, Heft 237, Dezember 2017.

64 Lesen Sie bei Interesse dazu: *Working Out Loud* von John Stepper.

65 Kostenloser Dowdload der Trendstudie *New Work Order*: http://www.birgit-gebhardt.com/new-work-order/New_Work_Order_Basisstudie_Deutsch.pdf.

66 In Anlehnung an: Richard Graf: *Die neue Entscheidungskultur.*

67 Vgl. https://www.haufe.de/personal/studie-leadership-30-vom-mitarbeiter-zum-mitentscheider_48_234884.html.

68 Details dazu finden Sie in: Hermann Arnold: *Wir sind Chef.*
69 Lesen Sie dazu von Daniel Pink: *Drive. Was Sie wirklich motiviert.*
70 Gefunden in: Svenja Hofert: *Agiler führen.*
71 Zitiert aus: *Wirtschaftswoche* 17/ 2018.
72 Einige finden Sie in Annes Buch *Das Touchpoint-Unternehmen.*
73 Dieter Lederer: *Veränderungsexzellenz.*
74 Steven Johnson: *Wo gute Ideen herkommen.*
75 Vgl. https://beta.apple.com/sp/de/betaprogram/.
76 Vgl. Erik Brynjolfsson; Andrew McAfee: *The Second Machine Age.*
77 Ebd.
78 Vgl. https://www.bvdw.org/fileadmin/bvdw/upload/studien/171128_IM-Studie_final-draft-bvdw_low.pdf.
79 Vgl. https://www.nielsen.com/id/en/press-room/2015/WORD-OF-MOUTH-RECOMMENDATIONS-REMAIN-THE-MOST-CREDIBLE.html.
80 Alles Notwendige dazu ausführlich in Annes Buch *Das neue Empfehlungsmarketing.*
81 Diese Generationenbezeichnungen stammen von Soziologen. Die Zuordnung der Jahreszahlen schwankt je nach Literatur.
82 Vgl. https://www.atkearney.com/consumer-goods/article?/a/the-consumers-of-the-future-influence-vs-affluence.
83 Zitiert aus: *Lead digital,* 08-2017.
84 Vgl. https://www.de-adp.com/wissen/adp-whitepapers/effektstrategien-zur-forderung-des-engagements-von-mitarbeitern-2018.
85 Vgl. https://www.smarter-service.com/wp-content/uploads/2018/03/Mind-Studienbericht-Digitale-Dividende-2018.pdf.
86 Thorsten Petry (Hrsg.): *Digital Leadership,* S. 330 ff.

Literaturverzeichnis

Arnold, Hermann: Wir sind Chef, Haufe Lexware, Freiburg
2016

Avery, Christopher u. a.: The Responsibility Process, Partnerwerks,
Comfort, TX (USA) 2016

Bauer, Joachim: Arbeit – Warum sie uns glücklich oder krank macht,
Blessing, München 2013

Berndt, Jon C.; Henkel, Sven: Future-ready!, Printamazing, München
2018

Bodell, Lisa: Kill the Company – 12 Killer-Tools für die Wiedergeburt
Ihres Unternehmens, Campus, Frankfurt a. M. 2013

Brandes-Visbeck, Christiane; Gensinger, Ines: Netzwerk schlägt
Hierarchie, Redline, München 2017

Brynjolfsson, Erik; McAfee, Andrew: Machine, Platform, Crowd,
Plassen, Kulmbach 2017

Brynjolfsson, Erik; McAfee, Andrew: The Second Machine Age,
Plassen, Kulmbach 2014

Buhr, Andreas; Feltes, Florian: Revolution? Ja, bitte. GABAL,
Offenbach 2018

Case, Steve: Die dritte Welle: Gewinnerstrategien für die Zukunft der
Tech-Branche, Plassen, Kulmbach 2016

Chouinard, Yvon: Let my people go surfing, Penguin Books, New
York 2016

Christensen, Clayton M. u. a.: Besser als der Zufall, Börsenmedien,
Kulmbach 2017

Christensen, Clayton M. u. a.: The Innovator's Dilemma, Vahlen,
München 2013

Cole, Tim: Digitale Transformation, Vahlen, München 2015

Dahmen, Dietmar; Bond, Marcus: Transformation. BAMM!,
Murmann, Hamburg 2017

Dark Horse Innovation: Thank God it's Monday!, Econ, München 2014

Diamandis, Peter H.; Kotler, Steven: Überfluss – Die Zukunft ist besser, als Sie denken, Plassen, Kulmbach 2012

Dueck, Gunter: Das Neue und seine Feinde, Campus, Frankfurt a. M. 2013

Dueck, Gunter: Schwarmdumm – So blöd sind wir nur gemeinsam, Eichborn, Frankfurt a. M. 2010

Eberl, Ulrich: Smarte Maschinen, Hanser, München 2016

Erbeldinger, Juergen; Ramge, Thomas: Durch die Decke denken – Design Thinking in der Praxis, Redline, München 2015

Ford, Martin: Aufstieg der Roboter, Plassen, Kulmbach 2016

Francis, Dave; Young, Don: Mehr Erfolg im Team, Windmühle, Hamburg 2013

Gaedt, Martin: Rock your Idea – Mit Ideen die Welt verändern, Murmann, Hamburg 2016

Giesa, Christoph; Schiller Clausen, Lena: New Business Order, Hanser, München 2014

Gladwell, Malcolm: David und Goliath – Die Kunst, Übermächtige zu bezwingen, Campus, Frankfurt a. M. 2013

Goleman, Daniel: Soziale Intelligenz, Knaur, München 2008

Graf, Richard: Die neue Entscheidungskultur, Hanser, München 2018

Hackl, Benedikt u. a.: New Work: Auf dem Weg zur neuen Arbeitswelt, Springer Gabler, Wiesbaden 2017

Hamel, Gary: Worauf es jetzt ankommt, Wiley, Weinheim, 2012

Harari, Yuval Noah: Homo Deus – Eine Geschichte von Morgen, C.H. Beck, München 2016

Häusel, Hans-Georg; Henzler, Harald: Buyer Personas, Haufe-Lexware, Freiburg 2018

Häusling, André (Hrsg.): Agile Organisationen – Transformationen erfolgreich gestalten, Haufe-Lexware, Freiburg 2017

Häusling, André; Römer, Esther: Praxisbuch Agilität, Haufe-Lexware, Freiburg 2018

Hermann, Silke; Pfläging, Niels: Open Space Beta, BetaCodex Publishing, Wiesbaden 2018

Hofert, Svenja: Agiler führen, Springer Gabler, Wiesbaden 2016

Hofert, Svenja: Das agile Mindset, Springer Gabler, Wiesbaden 2018

Hoffmann, Kerstin: Lotsen in der Informationsflut, Haufe-Lexware, Freiburg 2017

Hüther, Gerald: Biologie der Angst, Vandenhoeck & Ruprecht, Göttingen 2007

Ismail, Salim u. a.: Exponentielle Organisationen, Vahlen, München 2017

Jahnke, Marlis (Hrsg.): Influencer Marketing, Springer Gabler, Wiesbaden 2018

Jánszky, Sven Gábor (Hrsg.): Die Neuvermessung der Werte, Goldegg, Berlin 2014

Johnson, Steven: Wo gute Ideen herkommen, Scoventa, Bad Vilbel 2013

Kahneman, Daniel: Schnelles Denken, langsames Denken, Siedler, München 2012

Kawasaki, Guy: The Art of the Start, Vahlen, München 2013

Keese, Christoph: Silicon Germany, Knaus, München 2016

Keese, Christoph: Silicon Valley, Knaus, München 2013

Keller, Bernhard; Ott, Cirk Sören (Hrsg.): Touchpoint Management, Haufe-Lexware, Freiburg 2017

Knapp, Jake u. a.: Sprint – Wie man in nur fünf Tagen neue Ideen testet und Probleme löst, Redline, München 2016

Kotter, John P.: Accelerate, Vahlen, München 2015

Krebs, Andreas; Williams, Paul: Die Illusion der Unbesiegbarkeit, GABAL, Offenbach 2018

Kurzweil, Ray: Menschheit 2.0. Die Singularität naht, Lola Books, Berlin 2013

Laloux, Frederic: Reinventing Organizations, Vahlen, München 2015

Land, Karl-Heinz: Erde 5.0 – Die Zukunft provozieren, Future Vision Press, Köln 2018

Lanier, Jaron: Wem gehört die Zukunft?, Hoffmann & Campe, Hamburg 2014

Lederer, Dieter: Veränderungsexzellenz, Hanser, München 2018

Leonhard, Gerd: Technology vs. Humanity, Vahlen, München 2017

Lohmann, Detlef: … und mittags geh ich heim, Linde, Wien 2012

Lotter, Wolf: Innovation. Streitschrift für barrierefreies Denken, Edition Körber, Hamburg 2018

Lyons, Dan: Disrupted – My Misadventure in the Start-Up Bubble, Hachette, New York 2016

Markova, Dawna; McArthur, Angie: Collaborative Intelligence – Thinking with People Who Think Differently, Spiegel & Grau, New York 2015

Maurya, Ash: Running Lean – Das How-to für erfolgreiche Innovationen, O'Reilly, Heidelberg 2013

May, Jochen: Schwarmintelligenz in Unternehmen, Publicis, Erlangen 2011

Nowotny, Valentin: Agile Unternehmen, Business Village, Göttingen 2016

Oestereich, Bernd; Schröder, Claudia: Das kollegial geführte Unternehmen, Vahlen, München 2017

Osterwalder, Alexander u.a.: Business Model Generation, Campus, Frankfurt a.M. 2011

Osterwalder, Alexander u.a.: Value Proposition Design, Campus, Frankfurt a.M. 2015

Pépin, Charles: Die Schönheit des Scheiterns, Hanser, München 2017

Petry, Thorsten (Hrsg.): Digital Leadership, Haufe-Lexware, Freiburg 2016

Pfläging, Niels; Hermann, Silke: Komplexithoden, Redline, München 2016

Pfläging, Niels: Organisation für Komplexität, Redline, München 2014

Pink, Daniel H.: Drive – Was Sie wirklich motiviert, Ecowin Verlag, Salzburg 2010

Pinker, Steven: The Better Angels of Our Nature, Penguin Books, London 2011

Ries, Eric: Lean Startup, Redline, München 2014

Rustler, Florian: Innovationskultur der Zukunft, Midas Management, Zürich 2017

Sassenrath, Marcus: New Management, Haufe-Lexware, Freiburg 2017

Scheller, Torsten: Auf dem Weg zur agilen Organisation, Vahlen, München 2017

Schüller, Anne M.; Schuster, Norbert: Marketing-Automation für Bestandskunden, Haufe-Lexware, Freiburg 2017

Schüller, Anne M.; Steffen, Alexander, T.: Fit für die Next Economy – Zukunftsfähig mit den Digital Natives, Wiley, Weinheim 2017

Schüller, Anne M.: Das neue Empfehlungsmarketing, Business Village, Göttingen 2015

Schüller, Anne M.: Das Touchpoint-Unternehmen – Mitarbeiter-führung in unserer neuen Businesswelt, GABAL, Offenbach 2016

Schüller, Anne M.: Touch.Point.Sieg – Kommunikation in Zeiten der digitalen Transformation, GABAL, Offenbach 2016

Schüller, Anne M.: Touchpoints – Auf Tuchfühlung mit den Kunden von heute, GABAL, Offenbach 2016

Schültken, Lydia: Workhacks – Sechs Angriffe auf eingefahrene Arbeitsabläufe, Haufe-Lexware, Freiburg 2017

Sinek, Simon: Frag immer erst: warum, Redline, München 2014

Sprenger, Reinhard K.: Radikal Digital, Deutsche Verlags-Anstalt, München 2018

Stepper, John: Working Out Loud, Ikigai Press, 2015

Struck, Pia: Game Change – Das Ende der Hierarchie, GABAL, Offenbach 2016

Surowiecki, James: Die Weisheit der Vielen, Goldmann, München 2007

Taylor, Christina: Oops, Swisscom AG, 2016

Tegmark, Max: Leben 3.0. Mensch sein im Zeitalter Künstlicher Intelligenz, Ullstein, Berlin 2017

Thaler, Richard H.; Sunstein, Cass R.: Nudge – Wie man kluge Entscheidungen anstößt, Ullstein, Berlin 2011

Trost, Armin: Unter den Erwartungen – Warum das jährliche Mitarbeitergespräch in modernen Arbeitswelten versagt, Wiley, Weinheim 2015

Van Delden, Catharina: Crowdsourced Innovation, innosabi Publishing, München 2016

Vollmer, Lars: Zurück an die Arbeit, Linde, Wien 2016

Winters, Phil: Customer Strategy, Haufe-Lexware, Freiburg 2014

Zeuch, Andreas: Alle Macht für niemand – Aufbruch der Unternehmensdemokraten, Murmann, Hamburg 2015

Personen- und Stichwortverzeichnis

Über die Autorin Anne M. Schüller

Anne M. Schüller kennt die klassischen Unternehmensstrukturen aus dem Effeff. Weit über zwanzig Jahre lang hat sie in leitenden Positionen in internationalen Dienstleistungsunternehmen gearbeitet. »Einerseits war ich schon immer eine Querdenkerin und habe – zum Verdruss vieler – so manche der ›üblichen‹ Vorgehensweisen ad absurdum geführt. Andererseits habe ich vieles unhinterfragt mitgetragen, weil es damals einfach so Usus war«, sagt sie heute. Die Zeit der Shareholder-Value-Denke hat sie hautnah miterlebt.

2002 hat sie sich aus der Konzernwelt verabschiedet. Seitdem arbeitet sie als Keynote-Speaker, Managementdenker und Business-Coach. Zu ihrem Kundenkreis zählt die Elite der Wirtschaft im deutschsprachigen Raum. Ferner hat sie eine Reihe von Büchern geschrieben, in denen es, aus verschiedenen Blickwinkeln betrachtet, immer um das Zusammenspiel zwischen Kunde, Mitarbeiter und Organisation geht. Kundenfokussierte Unternehmensführung ist der Oberbegriff, den sie dafür geprägt hat.

Ihre Bücher sind nicht nur Bestseller, sondern auch preisgekrönt: *Kundennähe in der Chefetage* erhielt 2008 den Schweizer Wirtschaftsbuchpreis. *Touchpoints* ist Mittelstandsbuch des Jahres 2012. *Das Touchpoint-Unternehmen* wurde zum Managementbuch des Jahres 2014 gekürt.

Touch.Point.Sieg ist Trainerbuch des Jahres 2016. Für ihre Arbeit hat sie viele weitere Auszeichnungen erhalten. So wurde sie 2015 für ihr Lebenswerk in die Hall of Fame der German Speakers Association gewählt. Vom Business-Netzwerk LinkedIn wurde sie zur Top Voice 2017 und 2018 sowie vom Business-Netzwerk XING zum XING-Spitzenwriter 2018 gekürt. So zählt sie zu den wichtigsten Business-Influencern.

Ihre Vorträge rund um Digitalisierung & Menschlichkeit, eine zeitgemäße Unternehmensführung mithilfe des Orbit-Modells© und eine beispielhafte Kundenorientierung sind Kult: zugleich hochinformativ, praxisnah und unterhaltsam. Sie führt auch Management-Transformationsseminare und Mitarbeiter-Großgruppenworkshops durch und bildet zertifizierte Touchpoint-Manager aus.

Entdecken Sie mehr unter **www.anneschueller.de**.

Über den Autor Alex T. Steffen

Alex T. Steffen lebt Innovation mit Leichtigkeit. Er ist Vortragsredner, Leadership-Trainer und Unternehmer. In seiner Zusammenarbeit mit internationalen Unternehmen und Ministerien hilft er, das Digitale und das Menschliche besser zu einen. Hauptaugenmerk seiner Arbeit ist es, die digitale Kompetenz und die unternehmerische Denkweise zu fördern. Seine Zielsetzung: das Gestalten robusterer Organisationen und Teams in Zeiten des Wandels.

Alex ist bekannt als Möglichmacher für Perspektivenwechsel. Als Keynote-Speaker schlüpft er in die Rolle des Storytellers und macht Lernen erlebbar. So schafft er Neugier für Wandel und Freude an Transformation. Seine Vorträge auf Deutsch und Englisch zu Hochleistungsteams und Company-Redesign sind international gefragt. Sie sorgen dafür, dass Menschen ihre Vielseitigkeit und Wirksamkeit steigern.

Als Seminarleiter ist Alex ein Brückenbauer zwischen unterschiedlichen Welten. Er ist ausgerüstet mit über zehn Jahren internationaler Arbeitserfahrung und einer umfangreichen Kenntnis des Konzern- und Start-up-Alltags. Alex hat einen Bachelor-Abschluss in International Business und ist anerkannter Experte für Start-up-Ökosysteme und Innovation-Hubs. Als Vermittler unkonventioneller Denkansätze trägt er frische Herangehensweisen wie das Orbit-Modell© in Organisationen.

Alex konzentriert sich kompromisslos auf das Gestalten von sinn-
stiftenden und hyperrelevanten Unternehmen. Sein Unternehmen
Growth Masters bietet weltweit Mastermind-Trainings für Führungskräfte und Unternehmer. Durch den besonderen Fokus auf Community und Lernumgebung entstehen fruchtbare Ökosysteme für echte
Transformation.

Entdecken Sie mehr unter **www.alextsteffen.com**.

Anne M. Schüller bei GABAL

Die Bücher der mehrfach preisgekrönten
Bestsellerautorin

Dein
Business

Mittelstands-Buch 2012
Oskar-Patzelt-Stiftung

ISBN
978-3-86936-330-1
€ 29,90 (D)
€ 30,80 (A)

Managementbuch
des Jahres 2014

ISBN 978-3-86936-550-3
€ 29,90 (D) / € 30,80 (A)

Deutscher
Trainerbuchpreis 20

ISBN 978-3-86936-694-4
€ 29,90 (D) / € 30,80 (A)

ISBN 978-3-86936-501-5
€ 49,90 (D) / € 56,00 (A)

ISBN 978-3-86936-614-2
€ 49,90 (D) / € 56,00 (A)

ISBN 978-3-86936-887-0
€ 49,90 (D) / € 56,00 (A)

Alle Titel auch als E-Book oder MP3-Download erhältlich

gabal-verlag.de